Hans-Joachim Geist

Blitzschutz

Realisierbarkeit
und Grenzen

Elektor-Verlag Aachen

© 2002 Elektor-Verlag GmbH, Aachen
Alle Rechte vorbehalten

Die in diesem Buch veröffentlichten Beiträge, insbesondere alle Aufsätze und Artikel sowie alle Entwürfe, Pläne, Zeichnungen und Illustrationen sind urheberrechtlich geschützt. Ihre auch auszugsweise Vervielfältigung und Verbreitung ist grundsätzlich nur mit vorheriger schriftlicher Zustimmung des Herausgebers gestattet.

Die Informationen im vorliegenden Buch werden ohne Rücksicht auf einen eventuellen Patentschutz veröffentlicht.

Bei der Zusammenstellung von Texten und Abbildungen wurde mit größter Sorgfalt vorgegangen. Trotzdem können Fehler nicht vollständig ausgeschlossen werden. Verlag, Herausgeber und Autoren können für fehlerhafte Angaben und deren Folgen weder eine juristische Verantwortung noch irgendeine Haftung übernehmen.

Für die Mitteilung eventueller Fehler sind Verlag und Autor dankbar.

Umschlaggestaltung: Ton Gulikers, Segment, Beek (NL)

Grafische Gestaltung: Hans-Joachim Geist

Satz und Aufmachung: Jürgen Treutler, Headline, Aachen

Druck: WILCO, Amersfoort (NL)

Printed in the Netherlands

ISBN 3-89576-125-7
Elektor-Verlag, Aachen

019015-1/D

Inhalt

Vorwort 7

1. Allgemeines 9
1.1 Mythologie, Aberglaube und Geschichte 9
1.2 Gewittermeteorologie 17
1.3 Gewitterhäufigkeit und Dichte der Erdblitze 23
1.4 Blitzentladung und Blitzkennwerte 28
1.5 Der Kugelblitz 40
1.6 Blitzinformationssysteme 43
1.7 Blitzschäden 49
1.8 Verhaltensregeln 59
1.9 Erste Hilfe für Blitzopfer 64
1.10 Blitze fotografieren 67
1.11 Dunkelblitze (Spherics) 72

2. Äußerer Blitzschutz 77
2.1 Fangeinrichtung 78
2.2 Ableitung 86
2.3 Näherungen 92
2.4 Erdungsanlage 100
2.5 Antennenerdung 108
2.6 Erdungswiderstandsmessung 114
2.7 Erdwiderstandsmessung 123

3. Innerer Blitzschutz 129
3.1 Ursachen für Überspannungen 129
3.2 Das Schutzprinzip 135
3.3 Edelgasgefüllte Überspannungsableiter 138
3.4 Metalloxid-Varistoren (MOV) 144
3.5 Suppressor-Dioden 154
3.6 Gleitentladungsableiter 159
3.7 Kombinationsschaltungen 165
3.8 Prüfimpulse 172
3.9 Blitzschutz in Freileitungsnetzen 176
3.10 Hauptpotentialausgleich 187
3.11 Blitzschutzpotentialausgleich 191
3.12 Überspannungs-Schutzeinrichtungen der Anforderungsklasse B in TN-Systemen 194
3.13 Überspannungs-Schutzeinrichtung der Anforderungsklasse B im TT-System 211

Inhalt

3.14 Überspannungs-Schutzeinrichtungen der
     Anforderungsklasse C in TN- und TT-Systemen 215
3.15 Überspannungs-Schutzeinrichtung der
     Anforderungsklasse D 218
3.16 Energetische Koordination 229

4.   Schutzvorschläge 235
4.1 Heimelektronik 235
4.2 Funkanlagen 242
4.3 Telefonanlagen 247
4.4 Computersysteme 261

5.   Kleines USV-Lexikon 271

6.   Prüfung 279
6.1 Prüfung der Bauteile 279
6.2 Wirksamkeit der Überspannungs-Schutzgeräte 283
6.3 Störfestigkeit gegen Stoßspannungen 294

7.   Blitzschutzzonenkonzepte 297

8.   Häufig gestellte und interessante Fragen 303

9.   Fazit 323

Anhang 325
Grafische Symbole 325
Äußerer Blitzschutz für ein Wohnhaus
(3-D-Ansichtszeichnung) 326
Äußerer Blitzschutz für ein Wohnhaus (Planzeichnung) 327
Blitzschutznormen 328
Herstelleradressen 331
Internet-Adressen 337
Begriffserklärungen 373

Der Autor

Elektromeister Hans-Joachim Geist, Jahrgang 1954, absolvierte seine Ausbildung als Elektrofachkraft an der Berufsschule in Neumarkt/Opf. Nach mehreren Jahren Berufspraxis hat er 1975, vor den Prüfungsausschuss der Handwerkskammer Niederbayern-Oberpfalz, für seine hervorragenden Leistungen den Meisterbrief im Elektro-Handwerk erhalten. Während seiner langjährigen Tätigkeit als Montageleiter von Großanlagen konnte er sich umfangreiche Fachkenntnisse auf dem Gebiet der Elektroinstallation energie- und nachrichtentechnischer Elektroanlagen aneignen. Seit 1986 befasst sich der Autor in Theorie und Praxis mit dem Thema Blitz- und Überspannungsschutz. Bekannt wurde der Verfasser durch seine praxisorientierten Fachbücher zu den Fachgebieten Satellitenempfangsanlagen, Elektroinstallation, Alarmanlagen, Elektro-gerätereparatur, Kommunikationstechnik usw. Diese Bücher sind bei Auszubildenden, den Fachleuten sowie bei Selbermacher und Heimwerker gleichermaßen beliebt. Die Gründe dafür sind für jeden verständlich abgefasste Texte, die in erzählerischem Stil geschrieben sind. Aufgrund dessen eignen sich diese Fachbücher nicht nur als Nachschlagewerke, sondern sie ermöglichen ein durchgängiges Lesen von der ersten bis zur letzten Seite ohne langweilig zu werden. Wegen der großen Nachfrage wurden bereits einige dieser Werke in die holländische und französische Sprache übersetzt. Der Trend führt auch in unseren Nachbarländern zu der neuen Fachbuchqualität, die dem Fachmann und den Hobbyisten gleichermaßen zugute kommt.

Weitere Informationen über die Bücher von Hans-Joachim Geist erhalten Sie mit dem Elektor-Bücherkatalog, den Sie kostenlos anfordern oder einfach von den Internetseiten des Elektor-Verlags unter **www.elektor.de** downloaden können.

Vorwort

In unserer hoch technisierten Welt ist die Abhängigkeit von Computern, elektrischen Anlagen und elektronischen Geräten größer als je zuvor. Es können Millionenschäden entstehen, wenn die Naturgewalt eines Gewitters mit atmosphärischen Entladungen (Blitzen) ihr Unwesen treibt. Aber nicht nur finanzielle Nachteile können als Folge eines Blitzeinschlages entstehen, sondern Leib und Leben können in Gefahr sein, wenn Verhaltensregeln bei Gewittern keine Beachtung finden.

Angefangen mit der Mythologie, dem Aberglauben sowie der Geschichte über die Planung und Montage eines Äußeren Blitzschutzes (Blitzableiters) bis hin zum Inneren Blitz- und Überspannungsschutz für elektrische und elektronische Geräte enthält dieses Praxisbuch viel Wissenswertes zum Thema Blitz und Donner. Darüber hinaus befasst sich der Autor auch mit Blitzschutzzonenkonzepten, die neben den Maßnahmen des Äußeren und Inneren Blitzschutzes auch Gebäude- und Raumschirmung beinhalten.

Der Autor Hans-Joachim Geist befasst sich seit 1986 in Theorie und Praxis sehr intensiv mit der Problematik des Blitz- und Überspannungsschutzes. Er legt in diesem Buch besonderen Wert auf die klare und detaillierte Beschreibung der Wirksamkeit und Wirtschaftlichkeit der verschiedenen Schutzmaßnahmen und zeigt deutlich die Grenzen der modernen Blitzschutztechnik auf.

Durch seine jahrelange Erfahrung auf diesem sehr speziellen Gebiet verfügt der Verfasser über ein fundiertes Fachwissen, das er mit diesem Buch an interessierte Leser weitergibt.

1. Allgemeines

1.1 Mythologie, Aberglaube und Geschichte

Zeus galt in der griechischen Mythologie als höchster Gott. Er stürzte mit seinen Brüdern Poseidon und Hades die Herrschaft der Titanen. Die beiden Brüder von Zeus beherrschten das Meer und die Unterwelt. Zeus selbst galt als uneingeschränkter Herrscher über Himmel und Erde. Er sorgte unter anderem für Gerechtigkeit und die Einhaltung von Eid und Vertrag. Darüber hinaus wachte er auch über den sozialen und sittlichen Bereich. Verstöße gegen seine Gesetze pflegte er mit Blitzschlägen zu bestrafen (Bild 1.1.1).

Bei den alten Römern war Jupiter der höchste Gott. Beherrscher des Himmels, des Lichts, des Blitzes und des Regens. Er sorgte besonders für die Einhaltung von Recht und Wahrheit. Zugleich war Jupiter auch Beschützer des Staates und von Haus und Hof. Er war dem griechischen Gott Zeus gleichgestellt. Die Guten wurden vor den Bösen stets geschützt, die Bösen bestraft. Jupiter zu Ehren soll der Hauswurz (*semper vivium tectorum*) auch Jupiterbart (*jovis barba*) oder Donnerkraut genannt worden sein. Der Glaube, dass man gegen Blitzschlag geschützt war, wenn man Hauswurz auf dem Hausdach oder bei der Hauseinfahrt anpflanzt (Bild 1.1.2), ist heute noch in manchen Gegenden weit verbreitet. Der Hauswurz gilt auch im alemannischen Raum als Blitzschutzpflanze. Vor allem im Elsaß, der Schweiz und in Österreich ist dieser Aberglau-

Zeus: Urheber von Blitz und Donner

Bild 1.1.1.

Bild 1.1.2.

1. Allgemeines

be heute noch anzutreffen. Selbst den Brennnesseln sagen abergläubische Österreicher Kräfte nach, die vor Blitzeinschlägen schützen.

Über Jahrtausende hinweg beherrschten die Blitzgötter den Himmel. Thor (Donar), der alte germanische Gott, schleuderte seine Waffe, den Thorhammer, gegen Riesen, die den Regen zurückhielten. Zu seinen Waffen gehörten natürlich auch die Blitze, die das Vieh erschlugen, und der Hagel, der Ernten vernichtete.

In der westlichen Welt hielten sich die Mythen und Göttersagen viele Jahrtausende. Der jüdische Prophet Moses hat nach der Legende um 1.300 vor Christus einen großen Kondensator mit Gewitterelektrizität geladen und widerspenstige Israeliten mit Entladungsschlägen bestraft.

Um sein Volk zu beeindrucken, ließ sich Moses in einen Metallkäfig, zusammen mit der Bundeslade, an dem großen Kondensator vorbeitragen. Die Funkenüberschläge konnten ihm im Käfig nichts anhaben. Das brachte Moses große Ehrfurcht und starke Bewunderung.

Der bekannte Autor Erich von Däniken bringt diese Handlung mit außerirdischen Wesen von höherer Intelligenz in Verbindung. Seiner Meinung nach können die Menschen, was die Elektrizität betrifft, zu dieser Zeit noch nicht so weit gewesen sein.

Im Mittelalter wurden nicht mehr die Götter, sondern die Wetterhexen für Blitz und Donner verantwortlich gemacht. Hexen waren im Volksglauben Frauen, die mit dem Teufel im Bund stehen und über dämonische Kräfte verfügen. Als Erkennungszeichen galt, dass ihnen die Haare über das Gesicht hingen. Besonders von 1400–1700 gab es Hexenverfolgungen und Hexenprozesse, denen zahlreiche unschuldige Frauen zum Opfer fielen. Die Dominikaner führten die Hexenprozesse im großen Stil durch. Um Geständnisse für die Hexereien zu erzwingen, wurden grauenhafte Folter-

Bild 1.1.3.

Hexen erzeugen ein Gewitter
(Aberglaube im 16. Jahrhundert)

1.1 Mythologie, Aberglaube und Geschichte

methoden angewandt. Den Sagen nach gab es alte Frauen, die mit einem Haselstecken kreisförmige Bewegungen machten und zugleich unverständliches Zeug vor sich hin murmelten. Blickte die Frau in die Höhe, kamen kurze Zeit später schwere Gewitter. Wetterhexen sagte man auch die Fähigkeit nach, dass sie mit speziellen Rezepten ein Gewitter brauen können (Bild 1.1.3 und 1.1.4). Erst im 18. Jahrhundert wurde dieser Wahnsinn abgeschafft.

Die nachfolgend aufgeführten, uralten Blitzschutz-Ratschläge (Aberglaube) sind bis in die heutige Zeit überliefert worden. Es soll immer noch Menschen geben, die eine oder auch mehrere von diesen Regeln beachten.

Wetterzauber
Hexen erzeugen ein Unwetter,
Holzschnitt 16. Jahrhundert, aus Hammes, Hexenwahn und Hexenprozesse, Fischer Taschenbuch Nr. 11818, Frankfurt

Bild 1.1.4.

- Bei Gewitter dürfen keine schnellen Bewegungen gemacht werden.

- Im Haus sind Durchzug und Zugluft zu vermeiden.

- Dampf oder Rauch zieht Blitze an.

- Nach jedem Blitz soll man sich bekreuzigen.

- Nicht in der Türe stehen bleiben.

- Fenster und Türen müssen geschlossen sein.

- Sensen gegen Blitzschlag in einiger Entfernung vor dem Haus als Blitzableiter aufstellen.

- Keine metallischen Gegenstände wie Messer, Gabel, Schere oder Werkzeug berühren, da sie Blitze anziehen.

- Während des Gewitters unter eine Haselstaude begeben, dort bleibt man von Blitzen verschont.

- Herdfeuer bei Gewitter auslöschen.

1. Allgemeines

Bild 1.1.5.

- Geweihtes Holz zur Blitzabwehr unter lautem Beten verbrennen.

- Einen Lorbeerkranz (Bild 1.1.5) tragen. (Kaiser Nero hat sich bei jedem Gewitter einen Lorbeerkranz aufgesetzt.)

- Das Haus mit einem Margaritenkranz schützen, der über der Haustüre angebracht wird.

- Am Gründonnerstag oder Karfreitag das Ei einer schwarzen Henne über das Dach werfen. Anschließend das Ei an der Aufschlagstelle vergraben, so ist das Haus ein ganzes Jahr vor Blitzschlag geschützt.

- Männertreu, auch Donnerblume genannt, nicht ins Haus bringen. Diese Pflanze zieht den Blitz magisch an.

- Eulen und Fledermäuse sollen ebenfalls Blitze anziehen.

- Das Haus kann man vor Blitzschlag bewahren, indem man die Flügel einer Eule oder eine ganze Fledermaus an die Haustüre nagelt.

- Das Läuten einer geweihten Glocke bietet Schutz gegen Blitz und Hagel.

- Einen Donnerstein (versteinertes Skelett eines Seeigels) als Blitzschutzamulett tragen.

- Taucht man Pfeilspitzen in die magische Asche eines vom Blitz getroffenen Baumes, verleiht das dem Pfeil Kraft und Genauigkeit.

- „Von den Eichen sollst du weichen, die Weiden sollst du meiden. Zu den Fichten flieh mitnichten, doch die Buchen musst du suchen."

Grundsätzlich kann jeder Baum vom Blitz getroffen werden. Auf Grund dessen ist immer ein Mindestabstand zu Bäumen einzuhalten. Auch dann, wenn neue Statistiken über Blitzeinschläge in England zeigen, dass der Blitz tatsächlich in Eichen häufiger einschlägt als in Buchen. Also war die alte überlieferte Volksweisheit („Eichen sollst du weichen" usw.) doch nicht so abwegig und bestätigt vermutlich nur das, was unsere Vorfahren schon lange wussten.

1.1 Mythologie, Aberglaube und Geschichte

Und so oft schlug der Blitz in die verschiedenen Baumarten ein:

Eichen: 484, Pappeln: 284, Weiden: 87, Ulmen: 66,
Kiefern: 54, Eiben: 50, Buchen: 39, Eschen: 33,
Linden: 16, Lärchen: 11, Kastanien: 11, Ahorn: 11,
Birken: 9, Erlen: 7, Weißdorn: 1.

Bis zum Beginn der Neuzeit gab es keinen anderen Blitzschutz als diese heidnischen und christlichen Bräuche. Bis dahin betrachteten die Philosophen und Priester den Blitz als Himmelsfeuer. Die Angst der Leute vor dem Zorn der Götter war verständlich. Denn es gab kaum eine Stadt, die früher nicht durch Blitzeinschlag niedergebrannt ist. Früher, das heißt vor der Erfindung des Blitzableiters von Benjamin Franklin (Bild 1.1.6). Bei seinem berühmten Drachenexperiment, das er im Jahre 1752 mit seinem Sohn durchführte, hielt er an die Drachenschnur einen Schlüssel, aus dem elektrische Funken sprühten. Das war der Beweis dafür, dass der Blitz eine elektrische Erscheinung sein muss. Um das Experiment rankten sich viele Legenden. Eines steht fest: Der Blitz schlug nicht wirklich in den Drachen ein, sonst hätte Franklin mit Sicherheit nicht überlebt. In Wahrheit geschah Folgendes: Bald nachdem der Drachen in den Himmel gestiegen war, sprangen Funken über, die auf die Spannungsdifferenz zwischen der elektrisch geladenen Wolke und der Erde zurückzuführen sind. Zu einer energiereichen Blitzentladung kam es mit Gewissheit nicht. Sondern es handelt sich hier um Funkenüberschläge, wie sie auch bei einer statischen Entladung auftreten. Heute weiß man, dass die Atmosphäre auch bei schönem Wetter unter Spannung steht. Mit der Erfindung des Blitzableiters hat Franklin das Himmelsfeuer in seine Schranken gewiesen. Er sagte: Wenn der Blitz nur elektrischer Strom ist, kann man

Bild 1.1.6.

Benjamin Franklin: * 1706, † 1790
Schriftsteller, Physiker u. Politiker
(Erfinder des Blitzableiters)

1. Allgemeines

Bild 1.1.7.

Blitzableiterschirm von Barbeu Duburg. Ende 18. Jahrhundert.

Bild 1.1.8.

Schirm vom Blitz getroffen

Frau hatte Glück im Unglück

Der aufsehenerregenste Zwischenfall ereignete sich in Waltersberg (Gemeinde Deining). Auf dem Weg zum 100jährigen Jubiläum der Raiffeisenbank Waltersberg wurde eine 19jährige vom Blitz getroffen, genauer: Der Blitz schlug in die Eisenspitze ihres aufgespannten Regenschirms ein. Die junge Frau bemerkte zunächst nichts" lediglich aus ihrem Ring - der Kontakt zu den Metallteilen des Schirmes hatte - seien Funken geflogen. Die Passantin ging sogar noch ins Festzelt. Später wurde es ihr jedoch übel und der verständigte Notarzt wies sie sicherheitshalber zur Beobachtung ins Neumarkter Krankenhaus ein, das sie gestern bereits wieder verlassen konnte. Sie trug lediglich leichte Hautrötungen davon.

Quelle: Neumarkter Nachrichten 16.7.97

ihn mit einem elektrischen Leiter in die Erde leiten. Also dahin, wo er keinen Schaden anrichten kann.

Der Wunsch des Menschen, sich vor dem Blitz zu schützen, ist wahrscheinlich so alt wie die Menschheit selbst. Aus diesem Grund war auch die Begeisterung für diese Erfindung damals so groß, dass die Leute ihren eigenen Blitzableiter bauten. Sie trugen sogar Blitzableiter-Hüte, an denen ein auf der Erde schleifendes Drahtseil angebracht war. Heute kommt uns das lächerlich vor, aber damals war es eine Sensation, dass Blitze keine Waffen der Götter, sondern nur eine elektrische Erscheinung sind. Sogar praktikable Gegenmittel hatte man jetzt zur Verfügung, die natürlich auch angewendet wurden. Nur bei den Blitzableiter-Hüten ging man natürlich zu weit, denn dieser angebliche Blitzschutz zog die Blitze eher an, als dass er vor ihnen schützte. Wenn nämlich der Blitz durch den Draht in unmittelbarer Nähe der Beine in den Erdboden fährt, dann ist der Strom im Erdboden eine große Gefahr für den Hutträger. Hinzu kommt, dass ein Teil

1.1 Mythologie, Aberglaube und Geschichte

des Blitzstromes auch über den Hutträger oder über die Hutträgerin in die Erde fließt. Das gilt natürlich auch für die Blitzableiterschirme, die zur selben Zeit nicht nur als Schutz vor dem Regen, sondern auch als Blitzschutz getragen wurden (Bild 1.1.7).

Grundsätzlich kann man davon ausgehen, dass nicht jeder, bei dem der Blitz in den Regenschirm einschlägt, so ein unglaubliches Glück hat wie das 19-jährige Mädchen, das im Juli 1997 vom Blitz getroffen wurde (Bild 1.1.8). Wahrscheinlich hat, wie bei Franklins Drachenexperiment, der Blitz gar nicht wirklich in den Regenschirm eingeschlagen.

Franklin war aber nicht der Erste, der sich mit Blitz und Donner beschäftigte. Die Zusammenhänge zwischen einer elektrostatischen Entladung im Laboratorium und einer Blitzentladung wurden lange vor Franklins Zeit von dem Physiker und Ingenieur Otto von Guericke (1602–1686), der im Jahre 1670 mit Reibungselektrizität experimentierte, erkannt. Der Engländer William Wall entdeckte 1698, dass sich durch Reibung ein Stück Bernstein elektrisch aufladen lässt und durch die Entladung Miniaturblitze entstehen. Einen weiteren Beweis für Gewitterelektrizität lieferte der Franzose Thomas Francois Dalibard. Im Jahre 1752 baute er auf einem Hügel bei Paris eine 12 m hohe Eisenstange auf, die er gegen die Erde isolierte. Am 12. Mai konnte sein Gehilfe bei einem vorüberziehenden Gewitter 4 cm lange Funken aus dem Fuß der Eisenstange ziehen. Der Physikprofessor Georg Wilhelm Richmann wurde in Petersburg ein Jahr später getötet. Der Blitz schlug in die Eisenstange ein, als er versuchte, das Experiment des Franzosen zu wiederholen (Bild 1.1.9).

Bild 1.1.9.

1. Allgemeines

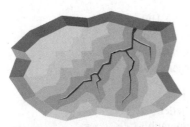

VERSTEINERUNG EINES BLITZES

Bild 1.1.10.

Nach Franklins Vorschlag für einen Gebäudeblitzschutz (Fangspitzen auf dem Dach, die über metallische Leiter mit der Erde verbunden werden) war die Zeit für die Installation der ersten Blitzableiter gekommen. Ein Priester errichtete im Jahre 1754 als einer der Ersten auf einem Kloster in Mähren einen Blitzableiter gemäß Franklins Vorschlag. Im Jahr 1760 baute Franklin in Amerika den ersten Blitzableiter für ein Gebäude. Dieser Blitzableiter bestand damals aus hohen metallischen Auffangspitzen und metallenen Ableitungen, die in das Grundwasser eingeführt wurden. Eines steht mit Sicherheit fest: Franklin, der geniale Politiker und Denker, hat das Fundament für die Erforschung der Elektrizität und für den modernen Blitzschutz gelegt. Durch Franklins Entdeckung haben die Menschen ihre Angst vor den Blitzgöttern verloren.

Blitze gab es auf der Erde, bevor sich das erste Leben entwickeln konnte. Einen Beweis für urzeitliche Blitze liefern versteinerte Blitze (Bild 1.1.10). Dass es sich bei diesen Versteinerungen um Blitze handelt, das wissen wir. Im Labor erzeugte Blitze, die zum Beispiel im Quarzsand einschlagen, schmelzen den Sand und formen Röhren, die fast genauso aussehen wie die Versteinerungen, die Forscher von atmosphärischen Blitzen fanden.

Bild 1.1.11.

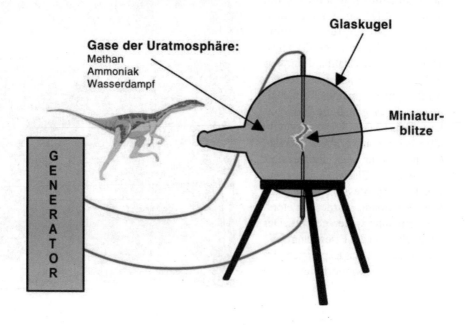

Aber jetzt zu der wichtigsten Geschichte von Blitz und Donner. Sie sollen dazu beigetragen haben, dass auf der Erde Leben entstehen konnte. Dazu müssen wir einige Milliarden Jahre zurück in die Urzeit. Die Erde war damals noch wüst und leer, ohne jedes Leben, und in der Lufthülle war kein Sauerstoff. Nur giftige Gase und Dämpfe waren vorhanden. Trotzdem hat das Leben auf der Erde begonnen. Ein amerikanischer Student hat mit seinem Experiment bewiesen, dass Blitze für die Entstehung des Lebens auf der Erde verantwortlich waren. In den fünfziger Jahren führte er ein geniales, aber einfaches Experiment durch. Der Student gab die Gase der damaligen Lufthülle (wie Ammoniak, Wasserdampf usw.) in eine Glaskugel und ließ es in der Kugel blitzen (Bild 1.1.11). Nach einigen Tagen waren in der Kugel organische Molekühle, so genannte Aminosäuren entstanden, die Grundbausteine allen Lebens auf der Erde. Das heißt: Durch Blitze wurden nicht nur Städte niedergebrannt, Menschen und Tiere getötet, sondern sie haben auch für die Entstehung allen Lebens auf der Erde das Rohmaterial geliefert.

1.2 Gewittermeteorologie

Der Begriff Meteorologie kommt aus dem Griechischen und bedeutet soviel wie *Wissenschaft, die sich mit dem In-der-Luft-Schwebenden befasst*. Der Mensch hat sich, besonders im letzten Jahrhundert, sehr weit von der Natur entfernt, und nur noch wenige interessieren sich für Dinge, die in der Luft schweben. Wir haben alle überlieferten Erfahrungen zum größten Teil vergessen. Daher sind wir auf die unverbindlichen Informationen der Wetterfrösche angewiesen. Gewittervorhersagen sind aber oft nicht richtig, weil man zwischen der Großwetterlage und ihrer Bedeutung für einen bestimmten Kleinbereich keine Verbindung mehr herstellen kann. Die regionale Auswirkung einer gemeldeten Großwetterlage sollte aber jeder selbst erkennen können. Dafür ist es wichtig, dass man wieder eine Vertrautheit zum Wetter herstellt, die es ermöglicht, die typischen Ankündigungen eines Gewitters bereits an der Wolkenbildung zu erkennen.

Als sichtbar gewordene Luftfeuchtigkeit sind die Wolken eine physikalische Folge unterschiedlicher Lufttemperatur und des Ausgleichs zwischen Gebieten mit hohem und niedrigem Luftdruck. Wegen der Erwärmung, die tagsüber durch die Sonnen-

1. Allgemeines

Bild 1.2.1.

einstrahlung entsteht, und der nächtlichen Abkühlung ist das Luftgewand der Erde in ständiger Unruhe. Im Bestreben nach Ausgleich gestalten die sichtbar gewordenen Luftmassen unser Wetter, mit allen Begleiterscheinungen wie Wind, Wolken, Regen und Gewitter.

Ideale Voraussetzung für die Geburtsstunde einer Gewitterwolke ist sehr feuchte und heiße Luft, die sich in einem Wolkengebirge auftürmt. Hoch oben kühlt sich der Wasserdampf ab und kondensiert. Luft steigt immer dann auf, wenn entweder die kräftige Sonneneinstrahlung im Sommer sie vom Boden ablöst oder wenn sie durch ein Hindernis, wie z.B. einem Bergrücken, gezwungen

Bild 1.2.2.

1.2 Gewittermeteorologie

wird, in die Höhe auszuweichen. Solche Hebungsvorgänge entstehen auch, wenn Kaltluft mit großer Kraft heranströmt und die wärmere Luft regelrecht in die Höhe schießt.

Wie kaum ein anderes Wetterereignis lässt sich die Entwicklung einer Gewitterwolke wunderbar verfolgen. Die ersten Anzeichen einer entstehenden Gewitterwolke (*Cumulonimbus colvus*) können schon gegen Mittag am Himmel zu sehen sein (Bild 1.2.1). Sie bildet sich aus so genannten Haufenwolken. Bei anhaltender Thermik werden die Haufenwolken weiter mit feuchtem Nachschub versorgt und wachsen schnell zu einer Gewitterwolke heran. Aus den kleinen weißen Wolken wird allmählich eine immer größere. Der Fuß einer Gewitterwolke färbt sich langsam dunkel, fast schwarz. Darüber wölbt sich, bis in eine Höhe von mehr als 10 km, ein massiger Wolkenturm mit gleißend hellen und dunklen schattigen Bereichen. Die Meteorologen sprechen bei Gewitterwolken von so genannten Cumulonimben (Bild 1.2.2).

In einer Höhe von 4.000 bis 9.000 Metern ist die ehemalige Haufenwolke nur noch in ihrem unteren Teil eine Wasserwolke, im kalten Oberteil, mit Temperaturen unter minus 10 °C, besteht sie aus feinen Eisnadeln. Durch die Vereisung im oberen Teil der Gewitterwolke verschwimmen die vorher scharfen Ränder, der Kopf des Gewitterturmes wirkt ausfließend glatt oder faserig und nimmt eine einem Amboss ähnliche Gestalt an. Aus dem kurze Zeit zuvor noch harmlosen kleinen Sommerwölkchen ist ein Wolkengigant, eine voll ausgebildete Gewitterwolke (*Cumulonimbus capillatus*) herangewachsen, der man ihre ungeheure Energie, die in ihr steckt, auch äußerlich ansehen kann. Gewitterwolken können zwei Entwicklungsphasen durchmachen. Glatzköpfig (*colvus*) und dann behaart (*copillotus*). Mit diesen sonderbaren Ausdrücken beschreiben die Meteorologen das Anfangsstadium und die endgültige Ausformung einer Gewitterwolke. Ihre Obergrenze ist am Ende nicht mehr eiförmig glatt. Die Wolke ist zu einen pilzförmigen Eisschild herangewachsen, deren Aussehen vom Winde verwehten, strähnigen weißen Haaren gleicht. Es führen bei weitem nicht alle Cumulonimbuswolken zu Gewittern. Oft bringt diese Wolkenart nur intensiven Regen, Hagel oder Schnee. Für die Entstehung eines Gewitters benötigt diese Wolke zusätzlich die Kombination von feuchter und warmer Luft, die wir als schwül und drückend empfinden. Die schwüle Luft ist das Lebenselexier und oftmals der Vorbote eines Gewitters.

1. Allgemeines

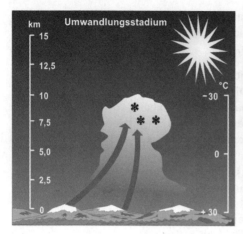

Bild 1.2.3.

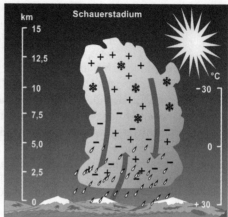

Bild 1.2.4.

Bild 1.2.5.

Die Bilder 1.2.3 bis 1.2.5 zeigen den Werdegang einer Wärmegewitterwolke vom Umwandlungsstadium bis zum Endstadium.

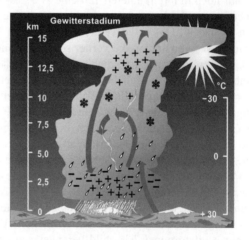

Ein Wärmegewitter kann sich im Gegensatz zu einem Frontgewitter nur tagsüber aufbauen. Jedoch kann es bis in die späten Nachtstunden, mit mächtigen Feuerstrahlen (Bild 1.2.6) und furchteinflößenden Donnern, sein Unwesen treiben. Die Wärmegewitter kommen am häufigsten vor. In der Sommerhitze entstehen sie überall in Mitteleuropa (Bild 1.2.7). Typisch für Wärmegewitterwolken ist, dass sich in ihren oberen und unteren Bereich die positiven Ladungen befinden. Die negativen Ladungen

1.2 Gewittermeteorologie

Bild 1.2.6.

entstehen im Normalfall bei Temperaturen zwischen minus 10 °C und minus 20 °C, im mittleren Teil der Gewitterwolke.

Auf dem Bild 1.2.8 sind die Temperaturen rund um den Globus in Abhängigkeit von der Höhe dargestellt.

Wärmegewitter sind keine Vorboten einer Schlechtwetter- oder Kaltwetterfront. Nachdem sie sich entladen und beruhigt haben (ca. 20 bis 120 Minuten), kommt meist das schöne Sommerwetter zurück.

Bild 1.2.7.

Tages- und Jahresgang der Gewitterwahrscheinlichkeit in Mitteleuropa

Quelle: Prof. Dr. Ing. Baatz, Mechanismus des Gewitters und Blitzes, VDE-Schriftenreihe 34

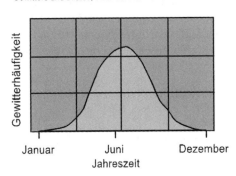

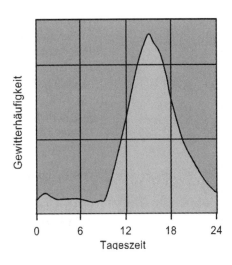

1. Allgemeines

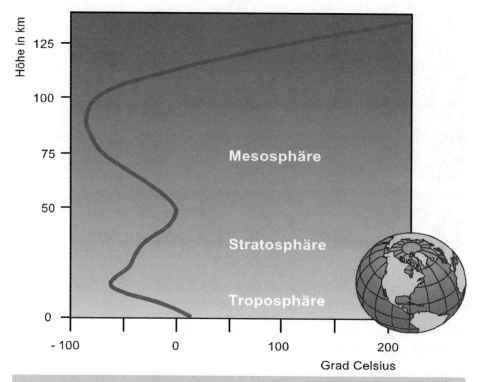

In der Troposphäre nimmt die Temperatur je km Höhe um ca. 6° ab

Bild 1.2.8.

Einen Wetterumschwung leiten dagegen die so genannten Kaltfrontgewitter ein. Sie entstehen, wenn eine Kaltfront auf warme Luftmassen trifft und diese schnell in die Höhe schiebt. Nach einem Kaltfrontgewitter im Sommer folgt oft starke Abkühlung, in Verbindung mit Regen. Entgegen den Wärmegewittern sind Frontgewitter weder an die Tages- noch an die Jahreszeit gebunden. Sie können uns auch in der Nacht und im Winter überraschen. Gewitter, die im Winter auftreten, sind allerdings sehr selten, weil in der Winterluft nur wenig Wasserdampf enthalten ist. Die Entladungen in einer winterlichen Gewitterwolke sind auf wenige Blitze beschränkt, die aber sehr energiereich sein können.

Die Cumulonimben einer Kaltfront sind keine regionalen Einzelgänger wie die eines Wärmegewitters. Sie können wie riesige elektrische Monster aus Wasser und Eis, über die gesamte Front, nebeneinander und hintereinander, ihr Unwesen treiben.

1.3 Gewitterhäufigkeit und Dichte der Erdblitze

Unter *Gewitterhäufigkeit* versteht man die Anzahl der Gewittertage pro Jahr. Die Meteorologen sprechen hier vom so genannten keraunischen Pegel. *Isokeraunen* nennt man die Verbindungslinien, die auf einer Landkarte ein Gebiet mit gleicher Gewitterhäufigkeit kennzeichnen.

Bild 1.3.1.

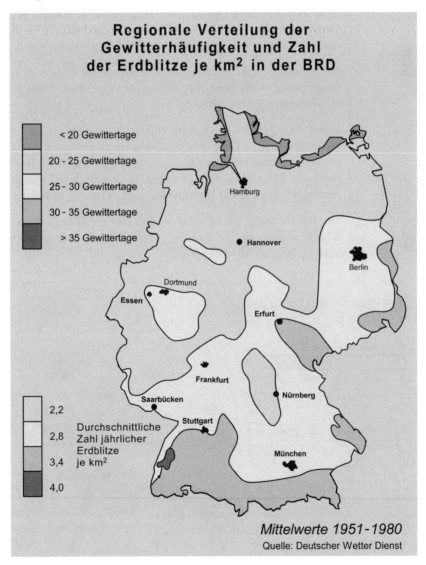

1. Allgemeines

Früher wurde jeder Tag, an dem an einer Beobachtungsstation nur einmal ein Donner gehört wurde, als ein Gewittertag registriert. Im Durchschnitt kann man einen Donner entsprechend den landschaftlichen Gegebenheiten, Windrichtung usw. ca. 15 bis 20 km weit hören. Das heißt, ein Beobachter registriert alle Gewitter, die sich in diesem Umkreis ereignen.

Bei ca. 20 bis 30 Gewittertagen blitzt es in Deutschland durchschnittlich 1.000.000-mal pro Jahr (Bild 1.3.1). Auch weltweit blitzt es etwa 1.000.000-mal, aber nicht pro Jahr, sondern pro Stunde; etwa 100 Blitze treffen jede Sekunde die Erde. Natürlich sind das nur ziemlich grobe Werte, daher die runden Summen.

In Österreich ist die durchschnittliche Anzahl der Gewittertage etwas höher als in Deutschland. Sie liegt etwa bei 25 bis 30 Gewittertagen im Jahr (Bild 1.3.2).

Kompetente Ansprechpartner für klimatologische Fragen sind in Deutschland beim Deutschen Wetterdienst zu erreichen. In elf regionalen Büros arbeiten Klimaexperten für die einzelnen Bundesländer. Das zentrale Gutachtenbüro in Offenbach ist für überregionale und regionale Kundenanfragen aus Hessen zuständig.

Der DWD verfügt seit November 1995 über die Daten aus dem Blitzortungssystem der Firma Siemens und ist selbstverständlich auch im Internet (**dwd.de**) präsent.

Bild 1.3.2.

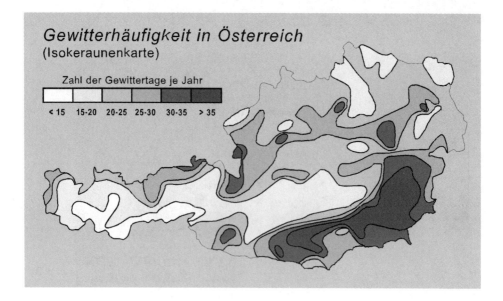

1.3 Gewitterhäufigkeit und Dichte der Erdblitze

Nach Expertenmeinung lässt die zu kurze Erfassungsperiode der sehr genauen Siemensdaten derzeit noch keine verbindlichen Angaben über die durchschnittliche Blitzhäufigkeit zu. Für statistisch gesicherte durchschnittliche Werte verwenden Klimatologen im Allgemeinen dreißigjährige Bezugsperioden. Erst solch lange Zeiträume gestatten zuverlässige Durchschnittswerte und Aussagen über die regionale Verteilung der Gewitterhäufigkeit in Deutschland. Sie berücksichtigen aber keine Änderungen des globalen Klimas, die sich als Folge der bekannten Umweltbelastungen ergeben könnten. Obwohl sehr viele Steuergelder in die Klimaforschung fließen, weiß man bis heute nicht, ob der Kohlendioxidanstieg (CO_2) Ursache oder Wirkung einer globalen Erwärmung ist. Eine globale Erwärmung, bzw. die damit verbundene Steigerung der Gewitterhäufigkeit, kann aber nur zuverlässig durch eine langjährige Statistik ermittelt werden. Das heißt, wir wissen erst dann Bescheid, wenn es eventuell schon zu spät ist.

Für Mitteleuropa gelten wie für Deutschland auch die durchschnittlichen 20 bis 30 Gewittertage pro Jahr (Bild 1.3.3).

Die Anzahl der Gewittertage nimmt, von Deutschland aus betrachtet, nach Norden hin ab. In Nordskandinavien zählen die Statistiker nur noch fünf Gewittertage pro Jahr. Die Gewitterhäufigkeit ist allerdings von Jahr zu Jahr und von Gebiet zu Gebiet sehr unterschiedlich. An den Küsten ist die Gewittertätigkeit geringer als über dem Binnenland. Auch größere Seen und Berge beeinflussen die Häufigkeitsverteilung.

Die meisten Gewitter ereignen sich in der Nähe des 40.075 km langen Äquators (Bild 1.3.4), der Teilungslinie zwischen der nördlichen und südlichen Halbkugel unserer Erde. Besonders oft blitzt es in den tropischen Teilen von Afrika und Südamerika sowie über Südostasien und Zentralamerika. Mit über 200 Gewittertagen pro Jahr toben in diesen Gebieten fast 70 % aller Gewitter. Nirgendwo sonst auf der Erde sind die Gewitter mit ihren Stromgiganten so gewaltig wie in Uganda, das mit einem Gebiet nördlich vom Viktoriasee den Weltrekord mit 242 Gewittertagen hält.

Allerdings gelten die 242 Tage nicht als langjähriger Durchschnitt, sondern es handelt sich hier um einen einmaligen Spitzenwert.

Die Tropen gelten heute als Motor des Weltklimas. Von hier werden Luftmassen und Meeresströmungen um unseren blauen Pla-

1. Allgemeines

Bild 1.3.3.

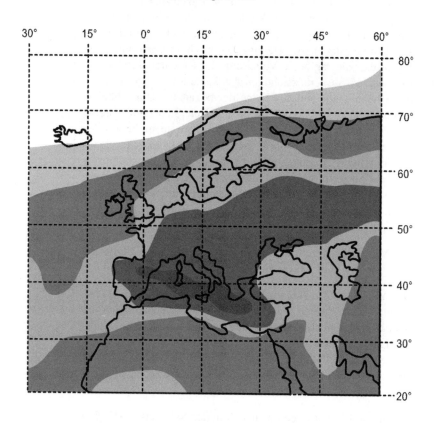

Gewitterkarte

Anzahl der Gewittertage im Jahr

Gewittertage im Jahr

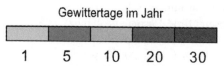

1 5 10 20 30

Quelle: World Distribution of Thunderstrom Days

neten gelenkt. Die kleinste Schwankung der Durchschnittstemperatur kann sich bis zum letzten Winkel der Erde auswirken.

Die nördlichste Ecke Australiens gilt während der Regenzeit als eine regelrechte Blitzküche. Hier entladen sich wegen der hohen Durchschnittstemperatur mehr Blitze als anderswo. Schon in den

1.3 Gewitterhäufigkeit und Dichte der Erdblitze

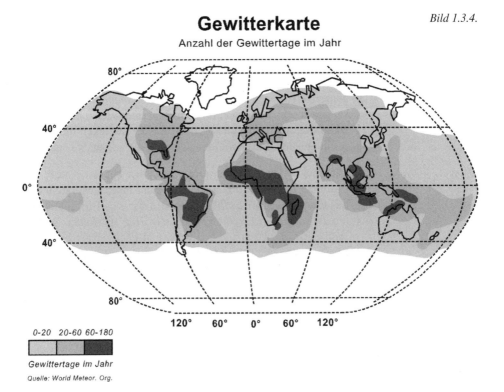

Bild 1.3.4.

früHen Morgenstunden steht eine fast unerträgliche Hitze über dem Land, die für extrem schwere Unwetter optimale Voraussetzungen bietet. In der Regenzeit verdampfen aus dem Schwemmland tagsüber große Wassermassen. Sie liefern Abend für Abend auf der Himmelsbühne ein sagenhaftes und faszinierendes elektrisches Schauspiel. Viele Berufs- und Hobbyfotografen nutzen dieses regelmäßige und immer wiederkehrende Ereignis, um die herrlichsten Aufnahmen von dem Naturereignis Gewitter zu schießen.

Über den Wüstengebieten und den tropischen Meeren ist dagegen die Gewitterhäufigkeit bedeutend geringer. Auch zu den Erdpolen hin nimmt die Gewitterhäufigkeit sehr schnell ab. Einige Wissenschaftler vermuten, dass eine globale Temperaturerhöhung um nur 1 °C über dem langjährigen Durchschnitt ausreicht, um die weltweite Gewittertätigkeit zu verdoppeln oder zu verdreifachen. Amerikanische Forscher beschäftigen sich mit einer Theorie, die das Klima, Wetter und Blitze als eine Einheit

1. Allgemeines

betrachtet. Mit einem einfachen Gerät messen Sie minimale Änderungen im elektrischen Feld der Erde. Eine Änderung der Feldstärke kann nach Expertenmeinung durch die weltweite Gewitteraktivität verursacht werden. Viele Millionen Blitze werden bei diesem Verfahren aufaddiert und als ein weltweiter Riesengenerator betrachtet. Es könnte durchaus sein, dass diese Messung in absehbarer Zeit eine Art Weltthermometer zur Verfügung stellt, das aus der Erhöhung der Gewitterhäufigkeit die daraus resultierende Klimaerwärmung zuverlässig erkennen kann.

Die Dichte der Erdblitze wird angegeben mit der Anzahl der Erdblitze, die sich pro Jahr auf der Fläche eines Quadratkilometers ereignen. Unter *Erdblitz* verstehen wir eine Blitzentladung, die zwischen der Gewitterwolke und Erde stattfindet. Wolke-Wolke-Blitze ereignen sich etwa 5-mal häufiger als Erdblitze. Ein Richtwert für die Dichte der Erdblitze ist 10 % von den Gewittertagen pro Jahr. Das heißt, in einem Gebiet mit 20 Gewittertagen pro Jahr kann mit einem durchschnittlichen Aufkommen von etwa zwei Erdblitzen auf einen Quadratkilometer gerechnet werden. Somit liegt in Europa die durchschnittliche Blitzdichte bei ca. zwei direkten Einschlägen pro Quadratkilometer.

1.4 Blitzentladung und Blitzkennwerte

Blitzentladung

Die heißen und feuchten Luftströmungen in unserer Atmosphäre sorgen nicht nur für stürmischen Wind am Boden, sie verursachen auch unterschiedliche elektrische Ladungen in den Cumulonimben am Himmel. Die schnell nach oben steigende schwüle Luft reißt Wasserpartikel mit sich, die hoch oben mit Eispartikeln kollidieren. In den eiskalten oberen Schichten der Wolke gefriert das Wasser, und Eiskristalle entstehen. Gewaltige Orkane tosen mit Windgeschwindigkeiten von 200 km/h und wirbeln die Eiskristalle durcheinander, bis die Blitze herangereift sind. Wissenschaftler haben entdeckt, dass die positiven und negativen Ladungen während eines Gewitters scheinbar chaotisch in der Gewitterwolke verteilt sind. Überwiegend befinden sich aber die positiven Ladungsträger in den oberen und unteren Regionen, während die negativ geladenen Eisteilchen von der Mitte aus absinken. So können sich zwischen den Wolken (oder den Wolken und der Erde) gigantische Spannungen aufbauen. Kommen

1.4 Blitzentladung und Blitzkennwerte

sich die irdischen und himmlischen Potentiale zu nahe, springen die Funken bei 0,5 bis 10 kV/cm über. Die vom Blitz erhitzte Luft wird explosionsartig auseinander getrieben und erzeugt eine Druckwelle – den Donner, das Explosionsgeräusch.

Blitze erreichen Spannungen von einigen Hundert Millionen Volt mit einem Frequenzspektrum, das sich auf den Bereich zwischen 1 und 150 kHz konzentriert. Ströme bis ca. 400.000 Ampere können bei einer Blitzentladung zum Fließen kommen. Der Blitz ist also ein Gigawattkraftwerk, aber nur für einige hundert Mikrosekunden. Er wird 5-mal so heiß wie die Sonnenoberfläche und erhitzt die Luft so stark, dass sie buchstäblich zum Glühen kommt. Blitzschnell durchfließt der Blitz mit einer Geschwindigkeit von 100.000 Kilometern pro Sekunde die Erdatmosphäre. Etwas überraschend ist, dass der Blitzkanal bis fünfzehn Kilometer lang sein kann, bei einer Dicke, die nur wenige Zentimeter beträgt, und trotzdem jeder Meter des Kanals so hell aufleuchtet wie einige 100.000 Halogenscheinwerfer. Bis auf wenige Ausnahmen bahnen sich Blitze ihren Weg von oben nach unten, von den Wolken zum Erdboden. Es ist für uns nicht zu sehen, wie sich der Blitz seinen Weg nach unten bahnt. Im Normalfall bildet sich zuerst ein so genannter negativ geladener Leitblitz (Bild 1.4.1/1). Er kommt aus der Wolke und springt in etwa 45 m langen Stufen, deren mittlere Pausenzeit 50 µs beträgt, ruckartig sowie zügig nach unten zur Erde (Bild 1.4.1/2). Erst ca. 30 bis 90 m, bevor der so genannte Leitblitzkopf die positiv geladene Erde erreicht, baut sich ihm, von der Erde aus, eine Fangentladung entgegen (Bild 1.4.1/3). Treffen beide zusammen, kommt es zu dem für das Auge sichtbaren Teil der Blitzentladung, den wir grell aufleuchtend sehen können (Bild 1.4.1/4).

Das Leuchten eines Blitzes kommt also meistens nicht vom Himmel, sondern fährt von der Erde aus nach oben. Der gesamte Vorgang spielt sich innerhalb weniger Millisekunden ab und ist meist viel zu schnell für unsere Sinneswahrnehmung, die nur ein ganz kurzes blendendes Aufleuchten sieht.

Dieses Geschehen kann sich viele Male wiederholen. Man nennt diese Wiederholungen *Folgeblitze*. Im gleichen Blitzkanal, der aus der vorionisierten heißen Luftstrecke besteht, haben es die Nachzügler leicht und finden praktisch wie von selbst ihren Weg zur Erde – und alle treffen das gleiche Ziel. Am 26. Dezember 1995 wurde auf der Koralpe in Kärnten, Österreich, mehrere

1. Allgemeines

Entwicklung eines negativen Wolke-Erde-Blitzes

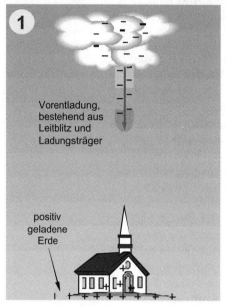

Bild 1.4.1.

1.4 Blitzentladung und Blitzkennwerte

Hauptblitze mit bis zu 40 Folgeblitzen innerhalb einer Sekunde registriert. Für unser Auge sieht ein Hauptblitz mit mehreren Folgeblitzen aus wie ein Blitz, der ein wenig flackert.

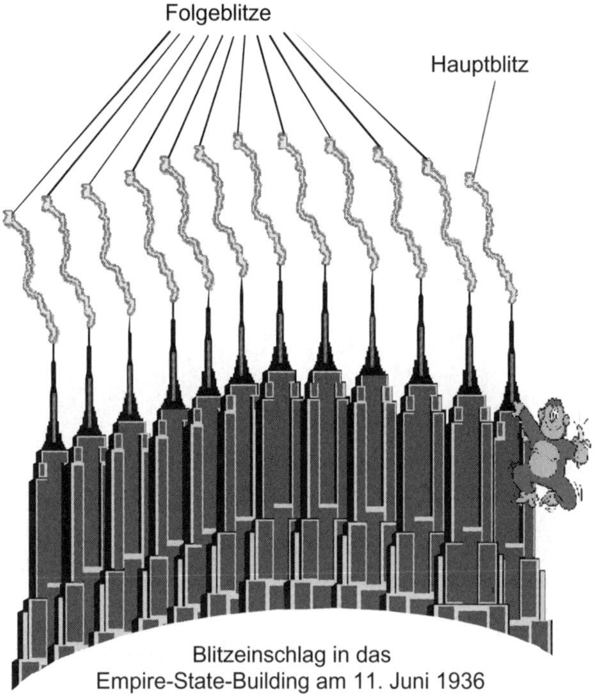

Das Empire-State-Building gehört mit durchschnittlich 23 direkten Blitzeinschlägen pro Jahr zu den baulichen Anlagen, die am häufigsten von Blitzen heimgesucht werden. Während eines Gewitters wurde dieses Gebäude innerhalb von 30 Minuten achtmal getroffen. Am 11. Juni 1936 konnten Spezialisten zum ersten Mal Folgeblitze von einem direkten Blitzeinschlag in das Empire-State-Building aufnehmen. Auf dem Bild, das von einer Spezialkamera mit schnell bewegtem Objektiv hergestellt wurde, sind elf Folgeblitze zu erkennen (Bild 1. 4.2).

Bild 1.4.2.

Blitzeinschlag in das Empire-State-Building am 11. Juni 1936

Diese und andere zeitlich aufgelöste Kameraaufnahmen von Blitzentladungen haben mit Sicherheit einen wichtigen Beitrag zum heutigem Verständnis des Blitzentladungsmechanismus geleistet. Auf dem Bild 1.4.3 können Sie das Standbild und das zeitlich aufgelöste Bild eines Blitzes sehen.

Aber nur ein Teil des Blitzinfernos kommt zur Erde. Die meisten Blitze entladen sich innerhalb der Wolke bzw. von Wolke zu Wolke (Bild 1.4.4). Die wenigen Blitze, die den Weg von der Wolke zur Erde finden, wachsen oft aus dem unteren und negativ geladenen Teil der Gewitterwolke hinab zur Erde. Diese Blitzart nennen wir einen negativen Wolke-Erde-Blitz. Bei einem Sommergewitter kommen die negativen Wolke-Erde-Blitze häufiger vor als Wolke-Erde-Blitze, die aus einem positiv geladenen Teil der Gewitterwolke entstehen.

1. Allgemeines

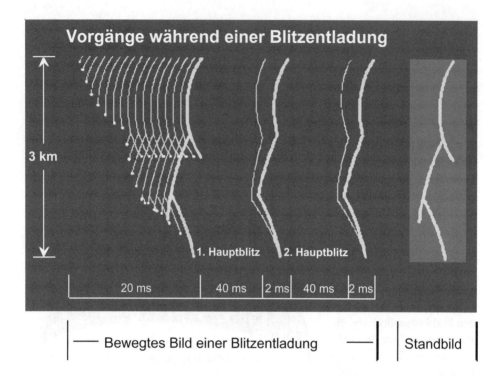

Bild 1.4.3.

Im Vergleich zu den negativen Wolke-Erde-Blitzen sind positiv geladene Abwärtsblitze viel energiereicher und zerstörerischer. Das Bild 1.4.5 zeigt den unterschiedlichen Energieinhalt, der zwischen einem positiven und negativen Wolke-Erde-Blitz möglich ist. Eine Wärmegewitterwolke ist in der Regel nur 20 bis 120

Bild 1.4.4.

1.4 Blitzentladung und Blitzkennwerte

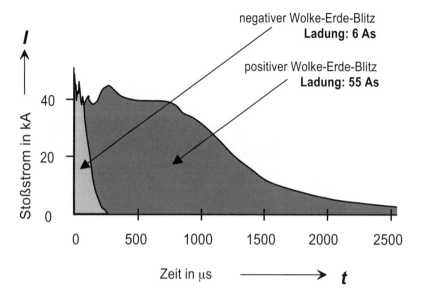

Bild 1.4.5.

Der Energieinhalt eines positiven und negativen Wolke-Erde-Blitzes im Vergleich
(nach Prof. Berger)

Minuten aktiv und erzeugt während dieser Zeit etwa drei Blitze je Minute. Im Gegensatz zu den Sommergewittern ereignen sich bei Wintergewittern wesentlich mehr positiv geladene Wolke-Erde-Blitze. Wobei das Wintergewitter im Verhältnis zum Sommergewitter nur einige wenige Blitzentladungen zustande bringt.

Verhältnismäßig selten sind Blitze, die sich ihren Weg, von der Erde ausgehend, zur Wolke hin bahnen. In der Fachsprache sind das die so genannten Erde-Wolke-Blitze, die sowohl als positive und auch als negative Blitze ihr Unwesen treiben. Sie sind meist viel energiereicher als Wolke-Erde-Blitze. Fast immer suchen sich die Erde-Wolke-Blitze einen prädestinierten bzw. hoch gelegenen Punkt, wie die Spitze eines Fernmeldeturms oder den Gipfel eines Berges, von dem aus sie ihren Weg beginnen. Die Erde-Wolke-Blitze erkennen wir an den nach oben zur Wolke hin führenden Verzweigungen. Bei den Wolke-Erde-Blitzen ist das umgekehrt, sie verzweigen sich in Richtung Erde (Bild 1.4.6). Der Blitz muss aber nicht immer in die Spitze eines hohen Gebäudes einschlagen, er macht oft, was er will, und trifft zum Beispiel auch mal den mittleren oder unteren Bereich eines hohen Fern-

1. Allgemeines

Bild 1.4.6.

Bild 1.4.7.

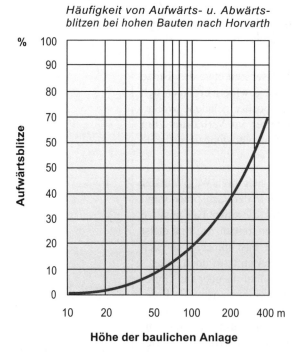

Häufigkeit von Aufwärts- u. Abwärtsblitzen bei hohen Bauten nach Horvarth

Höhe der baulichen Anlage

Gleichwertige Fläche und relative
Einschlaggefahr als charakteristische
Ausdrücke des Schutzeffektes von Blitzableitern.
Quelle: Horvarth T., Int. Blitzschutzkonferenz, München 1971

meldeturms, so dass es große Betonteile von den Mauern des Funkturms absprengt.

Hohe Gebäude, die zudem noch auf Berggipfeln errichtet sind, ziehen im wahrsten Sinne des Wortes das kilometerlange Himmelsfeuer an. Je höher die Lage oder die Bauform eines Gebäudes ist, umso wahrscheinlicher ist die Gefahr, dass ein energiereicher Erde-Wolke-Blitz bzw. Aufwärtsblitz einschlägt (Bild 1.4.7).

Blitzkennwerte

Folgende vier Blitzstromgrößen sind maßgebend für die zerstörerischen Auswirkungen eines Blitzeinschlages:

- Scheitelwert des Blitzstroms
- Steilheit des Blitzstroms
- Ladung des Blitzstroms
- Energie des Blitzstroms

1.4 Blitzentladung und Blitzkennwerte

Maximalwert des Blitzstromes

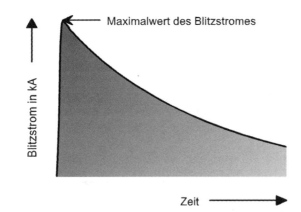

$U = I \cdot R_E$

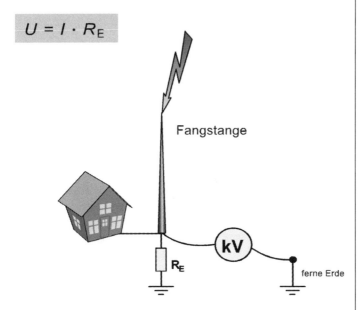

Bild 1.4.8.

Der **Scheitelwert** des Blitzstroms ist der Wert, der für die Spannungsanhebung einer vom Blitz getroffenen Anlage gegenüber einer fernen Erde verantwortlich ist (Bild 1.4.8). Das heißt, dass ein Blitzstrom von 100.000 Ampere an einem Erder, dessen Erdungswiderstand 10 Ohm beträgt, eine Spannungsanhebung auf eine Million Volt verursacht.

1. Allgemeines

Bild 1.4.9.

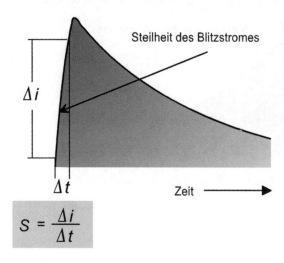

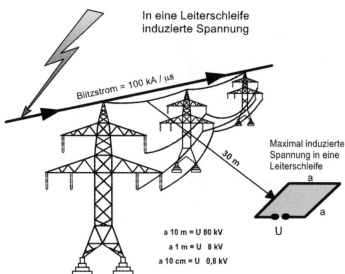

Für den Fundamenterder eines Einfamilienwohnhauses ist der Erdungswiderstand 10 Ohm ein typischer Durchschnittswert. Die Erfahrung zeigt, dass entsprechend der Art und Beschaffenheit des Erdreiches sowie der Größe der von einem Fundamenterder umschlossenen Fläche der Erdungswiderstand meist zwischen 5

1.4 Blitzentladung und Blitzkennwerte

und 15 Ohm liegt. Der Erdungswiderstand für größere Gebäude mit Fundamenterder, wie Lager-, Industrie- oder Sporthallen, liegt im Regelfall unter 1 Ohm.

Die **Blitzstromsteilheit** ist die Zeit, die der Blitzstrom benötigt, um seinen Scheitelwert zu erreichen. In der Regel vergehen nur wenige Mikrosekunden, bis der Blitzstrom seinen Maximalwert erreicht.

Folgeblitze sind wesentlich steiler als der Erstblitz. Sie erreichen ihren Scheitelwert innerhalb weniger 100 Nanosekunden. Je steiler der Anstieg des Blitzstromes, umso höher ist die Spannung, die der Blitzimpuls in Leiterschleifen induziert.

Bei einer Blitzstromsteilheit von nur 100 Kiloampere pro Mikrosekunde beträgt zum Beispiel die in eine 30 m entfernte Leiterschleife mit 10 × 10 m Kantenlänge eingekoppelte Spannung ca. 80.000 Volt (Bild 1.4.9).

Die elektrische Ladung entsteht durch einen Mangel oder Überschuss an Elektronen in der Gewitterwolke und auf dem Erdboden. Bewegte bzw. sich ausgleichende Ladungen zwischen den Gewitterwolken und zwischen den Gewitterwolken und der Erde stellen den Blitzstrom dar. Die Ladung eines Blitzstromimpulses kann im Extremfall einige 100 Amperesekunden betragen. Unter anderem bewirkt die Ladung des Blitzstromes das Durchschmelzen von Metallblechen oder Ausschmelzungen an den Ein- bzw. Austrittsstellen eines vom Blitzstrom durchflossenen metallischen Leiters (Bild 1.4.10).

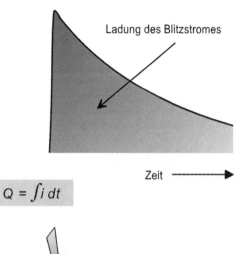

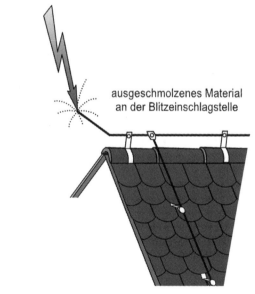

Bild 1.4.10.

1. Allgemeines

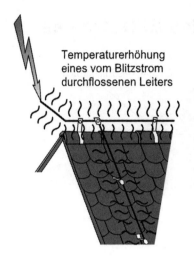

Temperaturerhöhung eines vom Blitzstrom durchflossenen Leiters

Bild 1.4.11.

Die Energie des Blitzstromes ist neben der elektromagnetischen Kraftwirkung auch für die Temperaturerhöhung eines vom Blitzstrom durchflossenen Leiters verantwortlich (Bild 1.4.11). Während sich die Temperatur eines Kupferleiters bei einer Million Amperequadratsekunden (A_2s), nur um 50 °C erhöht, erreicht ein Leiter aus Edelstahl (V4A) beim gleichen Wert bereits eine über den Schmelzpunkt hinausgehende Temperatur (Bild 1.4.12). Aus diesem Grund sollten Werkstoffe mit einem guten elektrischen Leitwert, wie z.B. Kupfer oder Aluminium, für die Errichtung eines Äußeren Blitzschutzes verwendet werden. Die mechanischen, thermischen, elektrischen und magnetischen Energieformen können ineinander umgerechnet und weitgehend auch umgewandelt werden.

So wird beispielsweise die Energie des Blitzstromes zum Teil in Wärmeenergie und mechanische Energie umgewandelt. Energie kann weder erzeugt noch vernichtet werden. Alle Prozesse bedeuten daher letztlich nur eine Umwandlung von einer Energieform in eine andere. Die Energie, die in einer durchschnittlichen Blitzentladung steckt, können wir auch in Kilowattstunden (kWh) angeben. Sie beträgt ca. 10 Kilowattstunden. Das entspricht in etwa der Energie, die ein Elektroherd umwandelt, wenn seine vier Kochplatten einschließlich der Backröhre eine Stunde auf der höchsten Schaltstufe in Betrieb sind. Ein sehr energiereicher Blitz könnte den Elektroherd unter denselben Bedingungen für etwa zehn Stunden mit ausreichender Energie versorgen.

Könnten wir Blitze einfangen und mit ihnen einen Akkumulator aufladen, wäre die Nutzung des auf diese Weise erzeugten Stroms wegen des hohen technischen Aufwands und der für solche Zwecke verschwindend geringen Energie, die Blitzentladungen enthalten, höchst unwirtschaftlich.

Die zuvor beschriebenen Daten und die Häufigkeit von Blitzen sind unter anderem aus der umfangreichen Blitzforschung bekannt, die auf dem Monte San Salvatore bei Lugano in den Jahren 1963 bis 1971 durchgeführt worden sind (Bild 1.4.13).

1.4 Blitzentladung und Blitzkennwerte

Temperaturanstieg von Leitungen

Bild 1.4.12.

Stromquadratimpuls	$\int i^2 dt$ in A²s	10^6	10^7
Werkstoff und Schmelztemperatur	Querschnitt mm	Temperaturanstieg °C	
Kupfer 1083 °C	10	50	> 1083
	16	15	330
	35	2	40
	50	*	15
Aluminium 658 °C	16	50	> 658
	50	3	50
	80	*	17
Stahl 1350 °C	35	40	720
	50	20	230
	100	4	50

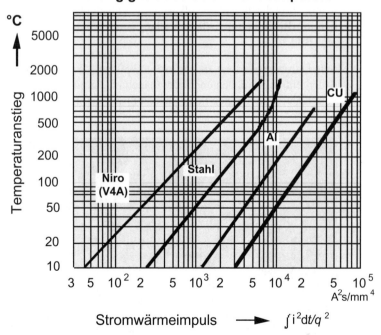

Quelle: Prof. Dr. Ing. Baatz, Mechanismus des
Gewitters und Blitzes, VDE-Schriftenreihe 34

1. Allgemeines

Häufigkeit	%	50	10	1
Scheitelwert des Stoßstromes	kA	30	80	200
Maximale Stromsteilheit	kA/μs	20	90	100
Ladung oder Stromimpuls $\int i dt$	As	10	80	400
Stromquadrat-Impuls $\int i^2 dt$	A²s	10^5	10^6	10^7

Quelle: Berger K, Methoden und Resultate der Blitzforschung auf dem Monte San Salvatore bei Lugano in den Jahren 1963 bis 1971. Bull. Schweiz Elektrotechn. Verein. Bd. 63 (1972). Nr. 24. S. 1403-1422.

Bild 1.4.13.

1.5 Der Kugelblitz

Früher wurden die Kugelblitze für „Geister" gehalten, weil sie in der Luft schweben, Gegenstände verschwinden lassen, Metallteile verbiegen und durch Wände gehen. Heute sind sich die Gewitterexperten einig – es besteht kein Zweifel mehr an der Existenz der Kugelblitze. Augenzeugen berichten, dass ein Kugelblitz rötlich leuchtet. Er soll während schwerer Gewitter plötzlich im Blickfeld auftauchen und langsam schwebend umherirren (Bild 1.5.1).

Sein Durchmesser liegt zwischen 5 und 50 cm. Die Erscheinung dauert einige Sekunden und endet manchmal lautlos oder mit einem Knall. Gravierende Schäden sind bisher nicht bekannt.

Bild 1.5.1.

(Holzschnitt aus W. de Vonville, Éclaires et Tonnères, Paris 1847)

1.5 Der Kugelblitz

Bilder von Kugelblitzen (Bild 1.5.2) gibt es viele, doch keines ist bisher wissenschaftlich anerkannt. Die Existenz des Kugelblitzes wurde bisher immer wieder bestritten. Wahrscheinlich, weil es immer noch keinen wissenschaftlichen Beweis für dieses Phänomen gibt. Früher galten diese Erscheinungen als Geister. Das ist kein Wunder, denn es werden diesen leuchtenden Bällen sonderbare Eigenschaften nachgesagt: Sie sollen Wände durchdringen, Gegenstände verschwinden lassen, Metallteile verbiegen und sich anschließend mit oder ohne Knall in Luft auflösen.

Bei einem Gewitterkongress, der im September 1993 in Salzburg stattfand, waren sich die Teilnehmer (ernsthafte Wissenschaftler) trotzdem einig. Es gibt den Kugelblitz, einige tausend Augenzeugen, darunter namhafte Persönlichkeiten, haben die sagenumwobene Feuerkugel selbst gesehen. Sie können nicht alle phantasieren. Auch der Autor dieses Buches hatte das Glück und konnte während seiner Kindheit dieses Phänomen beobachten. Er sah eine orangenfarben leuchtende Kugel, etwa so groß wie ein Fußball, die sich auf einem Gehweg, entlang der Bordsteinkante, ca. 10 cm über dem Betonboden schwebend langsam von ihm weg bewegte. Nach ungefähr fünf Metern stieg der Feuerball an einem Holzzaun empor und glitt auf der anderen Seite des Zaunes wieder langsam hinab in eine ungemähte Wiese. Nachdem die Feuerkugel über dem Zaun war, holte der Junge seine Großeltern herbei, um ihnen das Naturschauspiel zu zeigen, doch es war nicht mehr da, und der kleine Zeuge dieses Ereignisses wurde als Phantast abgestempelt.

Bild 1.5.2.

Besonders häufig sind Kugelblitze in Russland zu sehen. Aber nicht nur dort sind sie zu Hause, sondern auf allen Kontinenten erzählt man sich Legenden von den kugeligen Blitzen. Die Japaner haben es zum Erstaunen mancher Physiker geschafft, Kugelblitze im Labor nachzubilden. Mit Hilfe von Plasma und Mikrowellen wurde ein künstlicher Kugelblitz erzeugt, der in einem Metallkäfig eine Steinplatte durchdringen konnte, ohne Spuren

1. Allgemeines

zu hinterlassen. Nicht einmal Rauchspuren waren zu sehen. Augenzeugen berichten immer wieder, dass Kugelblitze durch Wände gehen. Das haben die japanischen Forscher mit ihrem Experiment bestätigt. Kugelblitze sind also kein Märchen mehr, aber wie sie in der Natur entstehen, weiß man immer noch nicht genau.

Für die Entstehung der seltsamen Leuchterscheinungen gibt es mehrere Theorien. Ein Russe macht Entladungen in Metalldämpfen verantwortlich.

Ein belgischer Kernphysiker vermutet eine Fusionsreaktion des atmosphärischen Stickstoffs, ein österreichischer Geophysiker geht davon aus, dass ein Kugelgebilde von Wassertropfen mit unterschiedlichen Ladungen den Kugelblitz entstehen lässt. Nach neueren Berichten soll die Blitzkugel aus ionisiertem Gas bestehen, das elektrisch leitend ist und eventuell von magnetischen Kräften zusammengehalten wird.

Zum Beispiel schreibt der Physiker Antonio Ranada aus Madrid im „Journal of Geophysical Research", wie eine Kugel aus Magnetfeldern entstehen kann, in der das Plasma für 10 bis 15 Sekunden überlebt – so lange, bis es ausgebrannt ist. Unter bestimmten Bedingungen könnten sich zwei magnetische Ringe in der Nähe eines Blitzkanals vereinigen und in ihren Zentrum Plasma einfangen. Beim Abkühlen des heißen Gases würden sich die Elektronen wieder mit den Atomen vereinigen, wodurch die Stromleitung im Plasma abnehme. Wegen des erhöhten Widerstands würden die umgebenden Magnetfelder langsam abgeschwächt. Diese Theorie soll auch erklären, warum ein Kugelblitz fast keine Hitze abstrahlt. Der größte Teil des Magnetballes sei tatsächlich kühl, nur entlang der Magnetfeldlinien und an einigen Auswürfen, die aus der Kugel kämen, würden Temperaturen bis ca. 16.000 Grad herrschen. Natürlich ist auch das für andere Naturwissenschaftler kaum zu glauben, da ihnen Ähnliches nur in Fusionsreaktoren mit gigantischen Magnetfeldern gelingt.

Eines ist sicher, Forscher und Wissenschaftler werden noch viel Zeit benötigen, bis sie das Phänomen Kugelblitz befriedigend erklären können.

Unter **http://www.freeyellow.com/members/pagel.html** erhalten Sie auch im Internet Informationen zum Thema Kugelblitz.

1.6 Blitzinformationssysteme

Durch den Einsatz von Blitzortungssystemen werden völlig neue Maßstäbe im Bereich der Gewitterbeobachtung gesetzt. Es ist dadurch möglich geworden, ein deutlich klareres Bild über das Gewittergeschehen zu bekommen. Genaue Informationen über den Ablauf von Gewitterfronten können gewonnen werden. Die Daten von Blitzortungssystemen sind heute eine perfekte Ergänzung zu meteorologischen Beobachtungen.

Blitzeinschläge lassen sich nicht verhindern, aber die Früherkennung eines Gewitters leistet einen großen Beitrag zur effektiven Schadensbegrenzung in vielen Anwendungsbereichen. Aus diesem Grund haben bereits in den 70er Jahren Atmosphärenphysiker in den USA Blitzsensoren entwickelt, die elektrische Felder eines herannahenden Gewitters wahrnehmen. Dadurch wurde es möglich, ein landesweites Blitzerkennungssystem zu errichten.

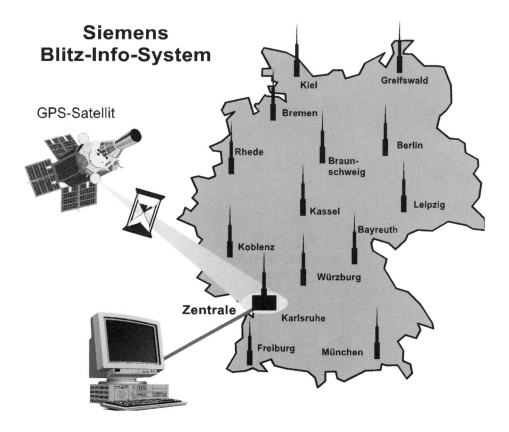

Bild 1.6.1.

1. Allgemeines

Bild 1.6.2.

Von der Kommandozentrale in Arizona gesteuert, überwacht ein Netzwerk von weit über 100 Blitzsensoren die gesamte Fläche der USA. Schlägt ein Blitz ein, kann das System den Einschlagpunkt bis auf 400 Meter genau orten. Nicht nur in Amerika, sondern auch in Europa stehen derzeit moderne Blitzinformationssysteme zur Verfügung. Seit 1991 betreibt die Firma Siemens in Europa eines der größten Blitzortungssysteme. Siemens liefert mit seinem Blitzinformationsdienst (BLIDS) exakte Daten über die Gewittertätigkeit. Dazu registrieren über 20 Messstationen in Deutschland (Bild 1.6.1), der Schweiz, den Benelux-Staaten (Bild 1.6.2) und in Österreich (Bild 1.6.3) die von Blitzen ausgehenden elektromagnetischen Wellen.

Jeder kann den Blitz sehen, wenn er am Himmel aufleuchtet. Die entscheidende Frage ist aber, wo hat er eingeschlagen, und genau das können Blitzortungssysteme berechnen. Die genaue Kenntnis über eine Einschlagstelle ist zum Beispiel notwendig, um Reparaturmaßnahmen an Freileitungen rationell durchführen zu können. Der Einsatzleiter erhält zudem wichtige Informationen über neue heranziehende

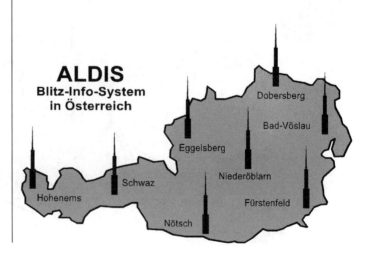

Bild 1.6.3.

44

1.6 Blitzinformationssysteme

Gewitterfronten, so dass mögliche Gefahren für die Reparaturmannschaft erheblich reduziert werden.

Die Blitzentladung erzeugt ein elektromagnetisches Feld, das sich wellenförmig in alle Richtungen mit Lichtgeschwindigkeit ausbreitet. Diese elektromagnetischen Wellen werden von Messstationen registriert. Die Messsensoren in den Stationen enthalten zwei um 90° versetzte Rahmenantennen, die einerseits die Richtung, aus der die Wellen kommen, bestimmen und andererseits den exakten Zeitpunkt der Ankunft einer durch Blitzschlag ausgelösten Welle messen.

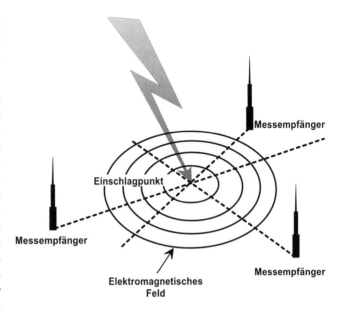

Bild 1.6.4.

Ein Zentralrechner der Firma Siemens in Karlsruhe ermittelt aus der Laufzeit der Signale, im Zentrum von Deutschland bis auf 300 Meter genau, den Ort des Einschlags; an den Grenzen von Deutschland kann der Einschlagort immerhin noch auf ca. 1.000 m genau ermittelt werden. Eine sehr wichtige Aufgabe des Messsystems besteht darin, die Signale von Wolke-Erde-Blitzen aus der Vielzahl von Impulsen, die in der Natur auftreten, zu selektieren. Nur die Blitze, die wirklich auf der Erde einschlagen, sollen registriert werden.

Die hohe Messgenauigkeit dieses Systems basiert auf dem patentierten *time-of-arrival*-Prinzip (TOA-Prinzip). Der Einschlagort errechnet sich aus der von den Messstationen aufgezeichneten Zeitdifferenz. Die Mess- und Berechnungsmethode ermöglicht nicht nur, jeden Blitz mit großer Genauigkeit zu lokalisieren, sondern auch Teilblitze innerhalb eines Gesamtblitzes zu erkennen. Durch den Zusammenschluss der Messstationen zu einem Netzwerk kann man durch Einschneiden von mehreren gemessenen Einfallsrichtungen (Winkelmessungen) den Einschlagpunkt ziemlich genau ermitteln (Bild 1.6.4).

1. Allgemeines

Die Empfänger sind in Abständen von 150 km bis 300 km installiert. Obwohl sich das elektromagnetische Feld mit Lichtgeschwindigkeit ausbreitet, das heißt mit 300.000 km in der Sekunde (das entspricht einer Strecke von 100 m in nur 0,0000003 Sekunden), kann man heute diesen unvorstellbar geringen Zeitunterschied auswerten. Dafür sind extrem genaue Uhren erforderlich, die Signale des GPS-Satellitensystems (*Global Positioning System*) jede Sekunde neu synchronisieren.

Neben den Koordinaten des Einschlagpunktes werden von jedem registrierten Blitz die genaue Uhrzeit, die Polarität der Entladung, die Blitzstromstärke und die Anzahl der Folgeblitze bestimmt. In vielen Einsatzbereichen werden die Blitzinformationen seit langem sinnvoll genutzt. Dazu gehören die Landwirtschaft, Sportveranstaltungen, Golfplätze, Energieversorger, Feuerwehr, Technisches Hilfswerk, Militär, Freizeitparks, Gärtnereien, Flugplätze, Bergwacht, Rundfunk, Fernsehen, Tageszeitungen, Elektroplaner, Versicherungen, Gefahrenguttransporte, Deutscher Wetterdienst (DWD) usw.

Vor allem in der Luftfahrt sind für die Routenplanung und das Betanken von Flugzeugen die Blitzinformationen zu einer unverzichtbaren Entscheidungshilfe geworden.

Der Siemens-BLIDS-Alarm informiert über Gewitteraktivitäten in einem vorher festgelegten Gebiet. Wird in diesem Gebiet ein Blitz registriert, überträgt das System automatisch die Meldung. Das ermöglicht unter anderem auch das rechtzeitige Einstellen des Seilbahnbetriebes und des Badebetriebs in Schwimmbädern. Sogar Privatleute können sich automatisch über Mobiltelefon, Fax oder Funkrufempfänger über das Herannahen eines Gewitters informieren bzw. warnen lassen.

Das an Siemens BLIDS angeschlossene Blitzortungssystem ALDIS (*Austrian Lightning Detection & Information System*) in Österreich wurde im Jahr 1992 errichtet und in Betrieb genommen. Die Kernstücke dieses Systems sind acht Messsensoren, die in Österreich meist auf kleinen Sportflugplätzen installiert sind.

Die Zentralrechner der Blitzortungssysteme können die aktuellen Blitzdaten auf jeden Computer übertragen. Mit der Visualisierungssoftware stehen dem Nutzer, kurze Zeit nach einem Blitzschlag, alle wichtigen Informationen über ein Gewitterereignis

1.6 Blitzinformationssysteme

zur Verfügung. Im Onlinebetrieb kann auch das Herannahen eines Gewitters live beobachtet werden. Die Wolke-Erde-Blitze werden als Symbole auf dem Bildschirm dargestellt. Suchfunktionen nach geografischen Koordinaten, Städtenamen oder Blitze in einem festgelegten Zeitbereich unterstützen die Beobachtung. Zudem sind archivierte Blitzdaten von Gewitterfronten für nachträgliche Analysen abrufbar. Allerdings ist der Bezug dieser Blitz- bzw. Gewitterinformationen meist mit erheblichen Kosten verbunden.

Unter den Internetadressen **http://www.wetterzentrale.de** und **http://www.worldmeteo.ch** stehen kostenlose Blitzdaten für ganz Europa zur Verfügung. Die Blitzkarten von **wetterzentrale.de** beruhen auf einem erdgebundenen Ortungssystem. Es arbeitet auch nach dem Prinzip der Laufzeitdifferenz der vom Blitz ausgesandten elektromagnetischen Impulse. An sieben Stationen, die über ganz Europa verteilt sind, werden die Ankunftszeiten der Impulse ermittelt. Die Daten haben eine Genauigkeit von 0,5 Grad und stammen jeweils aus der zweiten Hälfte vor jeder vollen Stunde. Gewitter, die kürzer als eine halbe Stunde sind oder nur eine einzige Entladung hervorbringen, werden bei diesem System eliminiert, um das Datenaufkommen gering zu halten. In den Landkarten wird zur Visualisierung der Blitze ein Farbschema verwendet, das die Blitze nach dem Zeitpunkt des Auftretens einfärbt.

Eine weitere Karte zeigt zusätzlich die Anzahl der Blitzentladungen an der jeweiligen Stelle, was auf die Intensität des Gewitters schließen lässt. Darüber hinaus zeigt ein Videofilm die Blitzereignisse des aktuellen Tages, angefangen von null Uhr bis zur letzten Aktualisierung. Alle Zeitangaben sind wie in der Meteorologie üblich in UTC. Die Daten stammen aus dem weltweiten meteorologischen Messnetz (GTS).

Die Aktualisierung der Deutschlandkarten erfolgt um ca. 1, 7, 13, 19 UTC. Die Europa- (Bild 1.6.5) und Weltweitkarten (Bild 1.6.6) werden um ca. 3, 9, 15, 21 UTC aktualisiert. In den Seiten der Wetterzentrale gibt es auch eine Liste der WMO-Wetterstationen und Übersichtskarten unter „Europa" und „weltweit". Hier werden einzelne meteorologische Messwerte im kontinentweiten Überblick dargestellt.

Für wenig Geld (etwa fünf Euro) sind einfache Geräte für die Gewitter-Entfernungsmessung im Handel erhältlich. Diese Ge-

1. Allgemeines

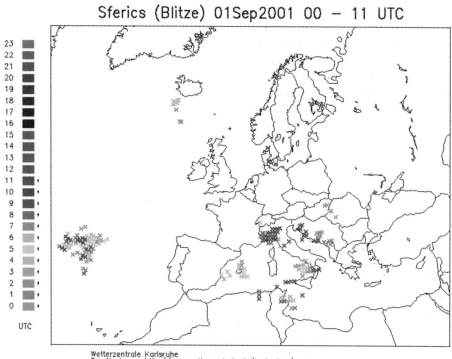

Bild 1.6.5.

Bild 1.6.6.

räte messen die Zeitdifferenz zwischen dem hell aufleuchtenden Blitz und dem danach folgendem Schall des Donners.

Das Licht eines Blitzes breitet sich mit einer Geschwindigkeit von 300.000 km/s aus. Die Schallwellen des Donners bewegen sich in der Luft mit einer Geschwindigkeit von 330 m/s. Aus die-

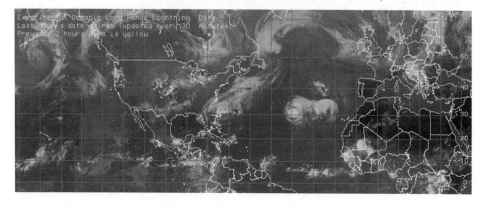

sem Grund können wir den Donner erst einige Zeit, nachdem der Blitz zu sehen war, hören (Bild 1.6.7). Der Schall benötigt pro Kilometer etwa 3 Sekunden mehr Zeit als das Licht, das ergibt eine Zeitdifferenz von annähernd 0,3 Sekunden pro 100 Meter. Gewitter-Entfernungsmessgeräte setzen nun die theoretischen Kenntnisse in die Praxis um. Sobald man den Blitz sieht, wird der Gewitterentfernungsmesser durch kurzes Betätigen eines Tasters gestartet. Sobald der Donner hörbar wird, unterbricht der Beobachter durch eine weitere Betätigung eines Tasters den Zählvorgang.

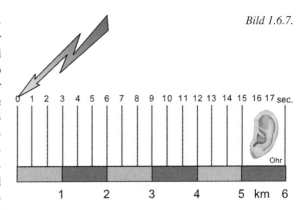

Bild 1.6.7.

Anschließend ist die Entfernung vom eigenen Standort bis zum Gewitter an der Anzeige des Gerätes in Metern oder Kilometern ablesbar.

Anmerkung:

Zu berücksichtigen ist die Reaktionszeit, die das Messergebnis um einige hundert Meter verfälschen kann.

1.7 Blitzschäden

Blitze sind lebensgefährlich und gehören trotzdem zu den spannendsten und interessantesten Phänomenen der Natur. Was wie ein Schmiedefeuer am Himmel aufleuchtet, sind elektrische Entladungen mit sagenhafter Zerstörungskraft. Ein Blitzstoßstrom von 100.000 Ampere setzt innerhalb von Sekunden Häuser in Brand. Der Blitz entwickelt eine Temperatur von 30.000 °C, das ist ein Mehrfaches von der Temperatur, die auf der Sonnenoberfläche herrscht. Wen wundert es da noch, wenn ein direkter Blitzeinschlag in ein Gebäude einen Brand auslöst. Wegen der leicht entzündbaren Materialien, die in landwirtschaftlichen Scheunen oder Stallungen lagern, kommt es dort, nach einem direkten Blitzeinschlag, besonders oft zu einer Feuerkatastrophe (Bild 1.7.1 und 1.7.2), die unter Umständen ganze Anwesen vernichtet und auch benachbarte Bauernhöfe zerstört. Meist können

1. Allgemeines

Bild 1.7.1.

Bild 1.7.2.

nur durch den schnellen und vorbildlichen Einsatz der Freiwilligen Feuerwehr noch größere Schäden bzw. Brandkatastrophen verhindert werden. Auch bei einem Gebäude mit einem Äußeren Blitzschutz kann ein direkter Blitzeinschlag zum Brand führen. Der Grund dafür ist häufig eine durch Korrosion zerstörte und nicht mehr funktionsfähige Erdungsanlage oder zu geringe Abstände von Installationen im Inneren des Gebäudes zu den außen am Haus verlegten Leitungen des Äußeren Blitzschutzes.

Obwohl die „Blitzschützer" viel Beratungsarbeit leisten, ist bei der Bevölkerung immer noch ein großer Informationsbedarf vorhanden. Ein Beispiel dafür ist der Blitzeinschlag, der sich in eine Kirche im fränkischen Wassermungenau ereigne-

1.7 Blitzschäden

te. Augenzeugen berichteten, dass der Blitz vom Kreuz der Dorfkirche abprallte und von dort in ein gegenüberliegendes landwirtschaftliches Anwesen geschleudert wurde, das danach lichterloh brannte. Natürlich kann der Blitz nicht wirklich vom Kreuz der Kirche abprallen. Vermutlich verzweigte er sich, so dass die Kirche sowie der Bauernhof nahezu gleichzeitig getroffen wurden (Bild 1.7.3).

Es lag mit Sicherheit am funktionsfähigem Äußeren Blitzschutz, dass die Kirche als Folge des Blitzeinschlags kein Feuer fing. Einen Beweis für den Einschlag in den Kirchturm lieferte zum einen die Ausschmelzung, die am Einschlagpunkt, dem Kirchturmkreuz, zu sehen ist (Bild 1.7.4), und zum anderen die Turmuhr, die als Folge des Blitzeinschlages stehen blieb. Die Beschädigung der Uhrenanlage kann man mit großer Wahrscheinlichkeit auf den fehlenden Inneren Blitzschutz der Kirche zurückführen.

Die Sachschäden, die durch Blitzeinschläge entstehen, betragen jährlich mehrere 100 Millionen Euro. Wobei die Anzahl der Schäden, die durch direkte Blitzeinschläge verursacht werden, in etwa gleich bleibt und die indirekten Schäden, die als Folge von Überspannungen, Nullleiterunterbrechungen, Schalthandlungen, Blitznah- und Blitzferneinschläge entstehen, deutlich zunehmen.

Obwohl heute in vielen Gebäuden Überspannungs-Schutzmaßnahmen realisiert sind und die Hersteller von Blitzstrom- und Überspannungsableiter in nur wenigen Jahren Umsätze von mehreren Milliarden Euro verzeichnen konnten, ereignen sich immer noch sehr viele Elektronikschäden, so dass die Schadenversicherer nach wie vor einen Anstieg der indirekten Blitzschäden und Überspannungsschäden melden. Die Ursachen dafür sind erfahrungsgemäß Montagefehler bei der Schutzgeräte-

Bild 1.7.3.

Bild 1.7.4.

1. Allgemeines

Bild 1.7.5.

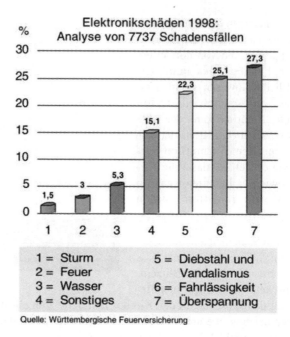

Quelle: Württembergische Feuerversicherung

Bild 1.7.6.

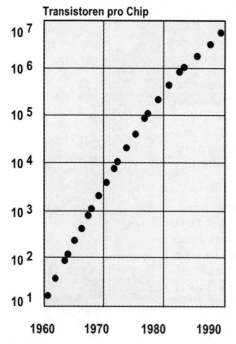

Quelle:
ELEKTRONIK ACTUELL Magazin

installation, nicht richtig ausgewählte Schutzgeräte sowie eine fehlende Koordination von Blitzstromableitern mit Überspannungsableitern. Hinzu kommt, dass die Elektronik aufgrund der zunehmenden Integrationsdichte der Bauteile immer sensibler auf Unregelmäßigkeiten im Netz reagiert.

Das Bild 1.7.5 zeigt, dass die Überspannungsschäden immer noch den größten Anteil am Gesamtschadensaufkommen bei der Württembergischen Feuerversicherung besitzen.

Während die Integrationsdichte 1960 bei nur einigen Transistorfunktionen pro IC (integriertem Schaltkreis) lag, waren bereits 1990 zehn Millionen Transistoren in einen Mikrochip integriert (Bild 1.7.6).

Heute ist man dabei, Schaltungen zu entwickeln, die mehr als 1 Milliarde Transistorfunktionen beinhalten. Die Abstände zwischen

1.7 Blitzschäden

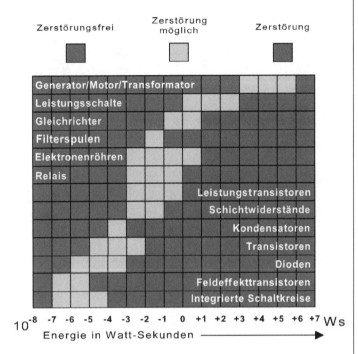

Bild 1.7.7.

den Strukturen eines handelsüblichen Chips sind kleiner als ein Mikrometer. Das ist nur ein Tausendstel Millimeter. Die meisten wissen heute, dass zwischen zwei elektrischen Teilen umso eher ein Funkenüberschlag stattfindet, je kleiner der Abstand zwischen den Teilen ist. Durch die kleinen Mikrostrukturen in den heutigen Chips wird die Gefahr eines Überschlags (und somit die Gefahr der Zerstörung des Chips) immer größer. Integrierte Schaltkreise werden mit Spannungen von wenigen Volt betrieben. Erhöht sich die Spannung für den Bruchteil einer Sekunde nur um einige Volt, kann der Mikrochip Schaden nehmen. Maßgebend für die zerstörende Wirkung ist allerdings nicht nur die Höhe der Spannung, sondern auch die Energie, die ein Überspannungsimpuls beinhaltet. Um ein Relais zu zerstören, ist das Hundertfache von der Energie nötig, die zur Zerstörung eines Transistors oder einer Diode notwendig ist. Für die Zerstörung eines integrierten Schaltkreises reicht ein Bruchteil von der Energie aus, die einen Leistungstransistor beschädigt (Bild 1.7.7).

1. Allgemeines

Bild 1.7.8.

Mikrochips reagieren sehr empfindlich auf Überspannungen. Schadensbilder zeigen, dass integrierte Schaltkreise unter der Einwirkung einer verhältnismäßig energiereichen Überspannung regelrecht explodieren. Auf dem Bild 1.7.8 ist der IC des Tuners in einem Videorecorder abgebildet, der durch eine Blitzüberspannung zerstört wurde.

Aber nicht nur Videorecorder sind durch Überspannungen besonders gefährdet, sondern alle anderen Geräte mit hochintegrierten elektronischen Bauelementen. Vor allem Computer überleben die Folgen eines direkten Blitzeinschlags oder eines Blitznaheinschlags meistens nicht. Eine weitere Ursache für die erhebliche Zunahme der Überspannungsschäden ist die sehr schnell wachsende Vernetzung von elektronischen Anlagen und Systemen. Heute will man die Leistung eines Zentralrechners direkt am Arbeitsplatz nutzen. Auch dann, wenn sich der Zentralrechner am anderen Ende der Erde befindet. Es werden laufend neue Kabel und Leitungen verlegt, um die Übertragung von immer mehr Daten zu ermöglichen. Somit erhöht sich auch die Gefahr, dass Überspannungen in die an einem Netzwerk angeschlossenen Computer gelangen.

Bei einem Blitzeinschlag zerstört das elektromagnetische Feld des Blitzkanals, im Umkreis von mehreren hundert Metern, sensible Elektronik. Das energiereiche Feld wirkt zum einen direkt auf Geräte; zum anderen induziert der Blitz hohe Spannungen in

1.7 Blitzschäden

das immer dichter werdende Netz der nachrichten- und energietechnischen Leitungen. Störungen beim Fernseh- und Radioempfang sowie Unterbrechungen der Stromversorgung und zahlreich beschädigte Geräte sind heute, nach einem Blitzeinschlag, die Regel.

Am Anfang der fünfziger Jahre waren die Schäden, die durch Blitzeinwirkung entstanden sind, sehr gering. Zu dieser Zeit kamen die Elektronenröhren- und Relaistechniken zum Einsatz (Bild 1.7.9).

Telekommunikationslagen, Rundfunkgeräte, Fernseher, Computer usw. arbeiteten fast alle noch mit diesen Bauteilen, die eine hohe Spannungsfestigkeit gegenüber moderneren Bauelementen aufweisen. Die nächste Gerätegeneration reagierte schon sensibler auf Überspannungen und war bis zum Ende der fünfziger Jahre mit Transistoren bestückt. Seit 1971 sind nahezu in allen leistungsfähigen elektronischen Geräten integrierte Schaltkreise eingebaut, die wesentlich empfindlicher sind als die in der Vergangenheit üblichen Bauelemente.

Jeder Telefonapparat enthält heute eine Vielzahl von sensiblen elektronischen Bauteilen (Bild 1.7.10). Die Fernsprecher von früher besitzen dagegen eine einfache, aber dafür robuste und unempfindliche Technologie, bei der die technischen Funktionen überwiegend mit elektromechanischen Mitteln realisiert sind (Bild 1.7.11). Zur Herstellung der gewünschten Telefonverbindung wurden damals elektromechanische Wähler verwendet. Eine Vielzahl von Relais übernahm die notwendigen Steuer- und Schaltfunktionen.

Von der Elektronenröhre zum Mikroprozessor

Elektronenröhre 1907 - 1948

Transistor 1948 - 1960

Integrierte Schaltung 1960 - 1971

Mikroprozessor 1971 -

Bild 1.7.9.
Bild 1.7.10.

1. Allgemeines

Bild 1.7.11.

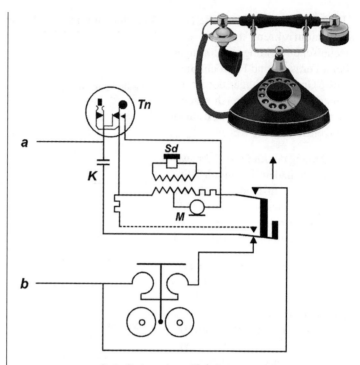

Schaltplan eines Telefonapparates,
Fabrikat Ericsson, Baujahr 1938

Viele weitere Informationen über die Funktion von nachrichtentechnischen Anlagen und Geräten enthält das „Große Praxisbuch der Kommunikationstechnik" (ISBN 3-89576-109-5).

Bild 1.7.12.

Jumbo im Gewitter Passagiere schleuderten an die Decke

Von JOCHEN LEIBEL

Die Fluggäste schliefen. Als sie aufwachten, klebten sie unter der Decke. Katastrophenflug Nummer 437 von Johannesburg nach Paris. Nachts um 3.43 Uhr, 10 000 m über Westafrika. An Bord der Air-France-Boing 747 sind 203 Pasagiere, 18 Besatzungsmitglieder.

Der Pilot sieht auf den Radarschirm, schimpft: Verdammt, wir fliegen in ein gigantisches Tropengewitter. Über Bordfunk warnt er die Passagiere: Turbulenzen, bitte schnallen sie sich an. Sekunden später sackt das Flugzeug ruckartig durch. Mindestens 100 m.

Ein Blitz trifft die Maschine. Wer nicht an geschnallt ist hebt ab .... 29 Passagiere bleiben verletzt liegen, stöhnen vor Schmerzen. Knochenbrüche, Prellungen, Nasenbluten. Ein deutscher Arzt zufällig an Bord kümert sich um sie. Der Pilot geht in Marseille runter - Notlandung.

Quelle: BILD 6. 9. 1996

1.7 Blitzschäden

Bild 1.7.13.

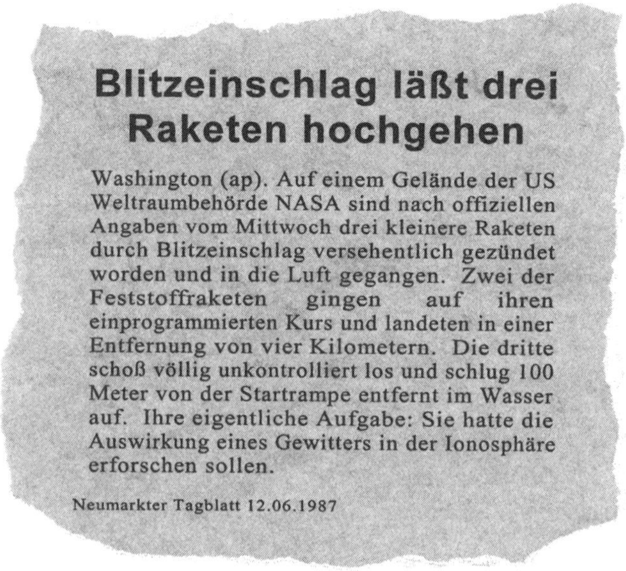

Blitzeinschlag läßt drei Raketen hochgehen

Washington (ap). Auf einem Gelände der US Weltraumbehörde NASA sind nach offiziellen Angaben vom Mittwoch drei kleinere Raketen durch Blitzeinschlag versehentlich gezündet worden und in die Luft gegangen. Zwei der Feststoffraketen gingen auf ihren einprogrammierten Kurs und landeten in einer Entfernung von vier Kilometern. Die dritte schoß völlig unkontrolliert los und schlug 100 Meter von der Startrampe entfernt im Wasser auf. Ihre eigentliche Aufgabe: Sie hatte die Auswirkung eines Gewitters in der Ionosphäre erforschen sollen.

Neumarkter Tagblatt 12.06.1987

Nur verhältnismäßig hohe Überspannungen konnten Geräte, die in Relaistechnik aufgebaut waren, beschädigen. Selbst wenn sich ein Schaden durch Blitzüberspannungen ereignete, blieb er meist auf einige wenige Bauteile begrenzt. Die Beschädigungen waren in der Regel gut sichtbar, so dass die defekten Bauteile schnell ersetzt werden konnten.

Auch in der Luft- und Raumfahrt sind Überspannungen zu einem großen Problem geworden. Beispielsweise wurde ein im Landeanflug über Chicago kreisendes Flugzeug innerhalb von 20 Minuten viermal vom Blitz getroffen. Gewitter verursachten Abstürze von Flugzeugen und ließen auch Raketen versehentlich hochgehen (Bild 1.7.12 und 1.7.13).

Die Forschung auf dem Gebiet des Blitzschutzes kam anfangs nur mühsam voran. Der entscheidende Schaden entstand im November 1969 bei der Apollo-12-Mission, die fast als Katastrophe endete, weil einige Sekunden nach dem Start mehrere Blitze die Bordelektronik zerstörten. Die Politiker reagierten darauf mit bisher nie dagewesenen Mitteln, die für die Blitzforschung zur Verfügung gestellt wurden. Die Piloten der NASA jagten durch mehrere hundert Gewitter, bis sie entdeckten, dass ein Blitz nicht in ein Flugzeug einschlägt, sondern vom Flugzeug selbst ausgelöst

1. Allgemeines

Bild 1.7.14.

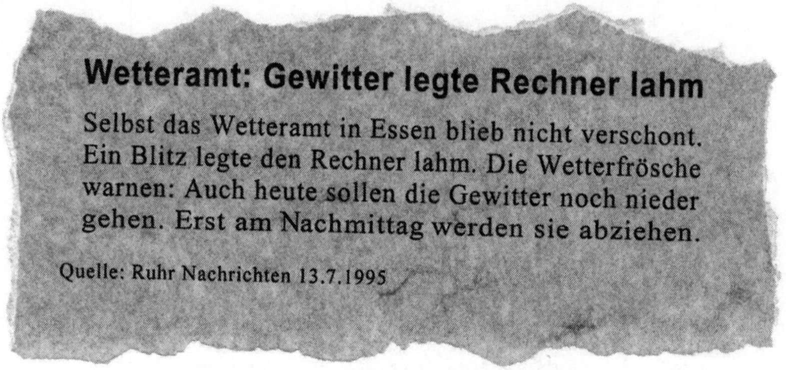

> **Wetteramt: Gewitter legte Rechner lahm**
>
> Selbst das Wetteramt in Essen blieb nicht verschont. Ein Blitz legte den Rechner lahm. Die Wetterfrösche warnen: Auch heute sollen die Gewitter noch nieder gehen. Erst am Nachmittag werden sie abziehen.
>
> Quelle: Ruhr Nachrichten 13.7.1995

wird bzw. von ihm ausgeht. Das Flugzeug reißt die Ladung förmlich aus den Wolken. Natürlich kann der Blitz auch an Bordcomputern von Flugzeugen erhebliche Schäden anrichten.

Im 20. Jahrhundert wurden Blitze vielen Flugzeugen zum Verhängnis. Der Grund dafür war oft fehlender Überspannungsschutz und die mangelhafte Abschirmung von elektrischen Leitungen und der Bordelektronik. Das Verhindern von Blitzschäden an Flugobjekten war einst eine große Herausforderung für die Forschung und Entwicklung.

Es liegt in der Natur der Blitze, dass sie Katastrophen anrichten können. Darüber hinaus verstehen sie es auch, ihr Eintreffen zu verheimlichen, indem sie ganz einfach den Rechner des Wetteramtes lahm legen (Bild 1.7.14). Das Himmelsfeuer schreckt auch nicht vor den Funkanlagen von Polizei, Rettungsdienst und Feuerwehr zurück, so dass es nach einem Blitzeinschlag in Gelsenkirchen zum Ausfall der Rettungskommunikation kam (Bild 1.7.15).

> **Unwetter wütete über dem Revier-Norden**
>
> In Gelsenkirchen und Recklinghausen setzte der Blitz die Funkzentralen von Polizei und Feuerwehr außer Betrieb.
>
> Quelle: WAZ 14.7.95

Bild 1.7.15.

1.8 Verhaltensregeln

Die Gewittergefahr kündigt sich meistens an, bevor sie gefährlich nahe kommt. In der Abenddämmerung oder in der Nacht erkennen Sie ein heranziehendes Gewitter bereits sehr früh am so genannten Wetterleuchten. Das Wetterleuchten verursacht Blitze, die einige zehn Kilometer entfernt den Horizont erhellen. Das Geräusch eines Donners kann bei Gewittern, die wesentlich weiter als zehn Kilometer entfernt sind, nicht wahrgenommen werden. Erst wenn leises Donnergrollen zu hören ist, kann die Gefahr innerhalb kurzer Zeit da sein. Die Gewitterwolke bewegt sich mit einer Geschwindigkeit von ca. 60 km/h. Das heißt, in 15 bis 20 Minuten, nachdem sie den ersten Donner gehört haben, ist das Gewitter da, wenn es in Ihre Richtung zieht.

Durch die hohe Ausbreitungsgeschwindigkeit des Lichtes (300.000 km/s) wird der Blitz, auch in weiter Entfernung, ohne einen für den Menschen erkennbaren Zeitunterschied wahrgenommen. Der Schall des Donners benötigt aber eine Sekunde für 330 m. Wenn Sie nach dem Aufleuchten eines Blitzes zu zählen beginnen, können Sie feststellen, wie weit der Blitz entfernt war. Liegt die Zeit zwischen Blitz und Donner bei etwa 10 Sekunden, ist das Gewitter nur noch drei Kilometer entfernt und somit bereits gefährlich nahe.

Bild 1.8.1.

Die Gefahr ist am größten, wenn man in freier Natur von einem Gewitter überrascht wird und keine Schutzhütte kurzfristig erreichbar ist. Unter keinen Umständen darf man unsinnige Regeln einhalten, z.B. „Weiden sollst du meiden", „Buchen musst du suchen" oder „Eichen musst du weichen" usw. Die Erfahrung zeigt, dass der Blitz in frei stehende Bäume bzw. Baumgruppen und in Bäume, die am Waldrand stehen, besonders gerne einschlägt. Grundsätzlich sollten mindestens 3 m Abstand zu jedem Baum und seinen Ästen eingehalten werden (Bild 1.8.1).

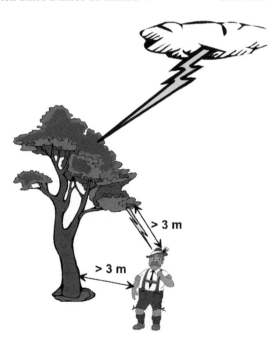

Der Abstand zu einem Baum und seinen Ästen sollte mindestens 3 m betragen

1. Allgemeines

Bild 1.8.2. *Bild 1.8.3.*

Bild 1.8.4.

Auch in größerer Entfernung zu Bäumen besteht durch explosionsartig abgesprengte Baumteile das kleine Restrisiko einer Verletzung. Das Bild 1.8.2 zeigt eine vom Blitz getroffene Fichte; auf dem Bild 1.8.3 ist ein abgesprengtes Teil des vom Blitz getroffenen Baumstammes zu sehen, das, etwa 30 m vom Baum entfernt, wie eine Lanze im Erdreich steckte.

Liebespaar vom Blitz getroffen

Ein Liebespaar bummelt nachmittags auf den Dreifaltigkeitsberg bei Spaichingen (Baden-Württemberg). Plötzlich verdunkelt sich der Himmel, ein tosendes Gewitter zieht auf. Die beiden flüchten unter einen Baum, kuscheln sich aneinander. Da trifft sie der Blitz. Mann (30) tot Freundin schwer verletzt.

Quelle: Bild 29.7.1996

Viele Wanderer, Sportler, unerfahrene Bergsteiger usw. suchen während eines Gewitters oft Schutz unter Bäumen, um nicht vom Regen nass zu werden. Das Ergebnis sind Schlagzeilen in der Tageszeitung wie „Blitz tötet acht Wanderer unter Baum" oder „Angler unter einer Eiche vom Blitz erschlagen". Ein altes Sprichwort lautet: „Gott schützt die Liebenden". Aber trotzdem sollten auch Liebespaare während eines Gewitters Bäume meiden (Bild 1.8.4).

Es ist bekannt, dass der Blitz mit Vorliebe in hoch gelegene Gegenstände einschlägt. Dabei unterscheidet er nicht zwischen Personen und Bäumen. Vermeiden Sie es deswegen immer, der höchste Punkt in der Landschaft zu sein, wenn Sie von einem Gewitter im Freien überrascht werden.

1.8 Verhaltensregeln

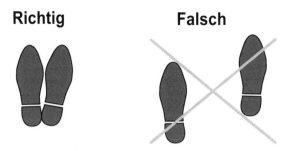

Bild 1.8.5.

Im Freien sollte Sie Schutz in einer Bodensenke suchen und dort mit geschlossenen Füßen (Bild 1.8.5) die Hocke-Stellung einnehmen. Der einzige Nachteil bei dieser Geschichte ist, dass man ganz schön nass werden kann, aber lieber nass als vom Blitz getroffen.

Bild 1.8.6.

Durch die geschlossene Stellung der Schuhe verhindert man bei einem Blitznaheinschlag das Abgreifen einer lebensgefährlichen Schrittspannung. Der Blitz verursacht an der Einschlagstelle eine Spannungsanhebung des Erdreiches. Es entsteht ein so genannter Potentialtrichter, der mit zunehmender Entfernung von der Blitzeinschlagstelle eine geringer werdende Spannung verursacht. Die vorhandene Spannungsdifferenz kann lebensgefährdend sein, wenn z.B. eine Person auf die Blitzeinschlagstelle zugeht oder sich von dieser entfernt (Bild 1.8.6).

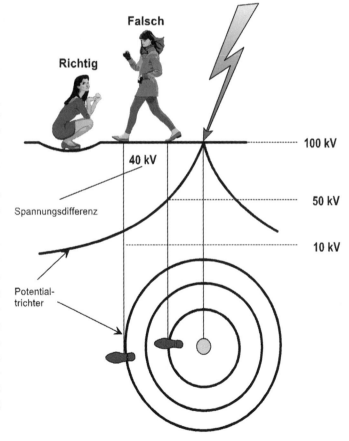

1. Allgemeines

Bild 1.8.7.

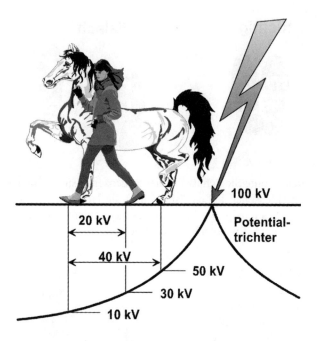

Je größer der Abstand zwischen den Füßen ist, desto höher ist auch die Spannung, die auf den Menschen einwirken kann. Bei Personen beträgt die Schrittweite ca. einen Meter. Großtiere wie Pferde, Rinder usw. sind noch mehr gefährdet, da sie mit vier Beinen auf der Erde stehen und der Abstand von den Vorder- zu den Hinterbeinen mit zwei Metern doppelt so groß ist wie die Schrittlänge des Menschen (Bild 1.8.7).

Bei Gewitter zu baden ist sehr leichtsinnig. Selbst wenn der Blitz einige hundert Meter neben dem Schwimmer einschlägt, kann das lebensgefährlich sein. Aber nicht nur in Badeseen oder Freibädern ist das Baden während eines Gewitters gefährlich, sondern auch in Hallenbädern und zu Hause in der Badewanne ist man in Gefahr, vor allem dann, wenn der so genannte Blitzschutz-Potentialausgleich nicht vorhanden ist oder nicht fachgerecht ausgeführt wurde.

Nach Möglichkeit sollten Sie versuchen, ein Haus mit Blitzschutzanlage zu erreichen. Darüber hinaus bietet auch ein Auto mit Ganzmetallkarosserie einen hervorragenden Schutz, weil die Karosse einen „Faradayschen Käfig" bildet, in den der Blitz nicht einzudringen vermag. Bei einem direkten Blitzeinschlag in das

1.8 Verhaltensregeln

Auto fließt der Blitzstrom außen an der Karosserie entlang und sucht sich seinen Weg über die Reifen oder direkt über die Karosserie zum Erdboden (Bild 1.8.8). Obwohl viele glauben, die Isolation der Reifen gegenüber dem Erdreich bewirke den Schutzeffekt, wirken sich bei dem ganzen Geschehen die Reifen eher nachteilig aus. Unter Umständen kann der Blitz einen Autoreifen beschädigen.

Hinzu kommt die Gefahr, dass der Fahrer eines KFZs vom Blitz geblendet werden kann und dadurch eventuell einen Unfall verursacht. Das heißt, während eines Gewitters runter vom Gas und bei der nächsten möglichen Gelegenheit anhalten und warten, bis das Gewitter vorbei ist.

Das Auto bietet den Schutz eines „Faradayschen Käfigs"

Bild 1.8.8.

Wenn Sie folgende Regeln beachten, kommen Sie verhältnismäßig sicher durch ein Gewitter:

- Runter von hoch gelegenen Orten wie Aussichtstürmen, Sprungtürmen, Hügeln, Bergen usw.

- Abstand halten von hohen Gegenständen wie Bäumen, Masten, Türmen usw.

- Abstand halten von Metallzäunen und Brücken.

- Nicht baden und nicht duschen und raus aus ungeschützten Holzbooten.

- Nicht telefonieren (gilt nicht für Handys und schnurlose Telefone) und keine ans Netz angeschlossene Elektrogeräte berühren.

- Nicht Fahrrad oder Motorrad fahren.

- Nicht gehen, laufen oder reiten.

- Nach Möglichkeit nicht mit dem Auto fahren. Besonders gefährdet sind Kabrios und alle Autos, die keine geschlossene Ganzmetallkarosserie besitzen.

- Personengruppen, die während eines Gewitters im Freien sind, sollten nicht dicht zusammenstehen. Um im Blitzeinschlagsfall viele Verletzte und Tote zu vermeiden, sollte jeder einen Abstand von einigen Metern zur nächsten Person einhalten.

1. Allgemeines

Nutzen Sie vor allem bei langen Wanderungen und Bergtouren moderne Informationsdienste, die Sie rechtzeitig über Funkempfänger oder Handy vor einem herannahenden Gewitter warnen, so dass Sie rechtzeitig vor dem Eintreffen des Gewitters einen sicheren Aufenthaltsort erreichen.

1.9 Erste Hilfe für Blitzopfer

Forschungen über die Wirkung des elektrischen Stromes auf den Menschen und die Auswertung von Stromunfällen haben das Wissen um die Gefährdung des Menschen bedeutend erhöht. Heute wissen wir, dass bei einem Blitzschlag ein Strom auf den menschlichen Körper einwirkt (Bild 1.9.1), der gegebenenfalls zum Herzstillstand oder zu einem unregelmäßigen Herzschlag führt. Die Befehle, die das Gehirn an die Muskeln sendet, kommen nicht mehr zur Ausführung. Im Körper des Menschen wird jede Muskelbewegung durch elektrische Impulse gesteuert. Die Höhe der Steuerspannung des menschlichen Gehirns beträgt ca. 100 mV. Werden diese vom Gehirn ausgesendeten Impulse oder das Nervensystem durch äußere Fremdspannungen beeinflusst, kommt es zu Störungen des Bewegungsablaufes. Beim Stromdurchfluss durch den Körper sind unterschiedliche Einflüsse von Bedeutung. Dazu zählen als wichtigste Kriterien:

- Höhe der elektrischen Spannung
- Stärke des elektrischen Stromes
- Frequenz
- Widerstand des menschlichen Körpers
- Einwirkdauer des Stromes auf den Körper

Die im Körper umgesetzte elektrische Energie ist ausschlaggebend für das Ausmaß der Verletzungen. Durch Blitzeinwirkung kann der natürliche Pumprhythmus des Herzens gestört werden. Es stellt sich Herzkammerflimmern ein (Bild 1.9.2), und der Blutdruck verändert sich. Eine ausreichende Blutzirkulation ist nicht mehr gegeben, und bereits drei bis fünf Minuten in diesem Zustand können wegen der fehlenden Sauerstoffversorgung zu einer Schädigung des Gehirns oder gegebenenfalls zum Tode führen.

Bild 1.9.2.

1.9 Erste Hilfe für Blitzopfer

Aus diesem Grund kann oft nur sofortige Hilfe an Ort und Stelle das Leben eines Blitzopfers retten. Weiterhin ist die schnelle Alarmierung eines Notarztes erforderlich. Ein Handy kann in solchen Notfällen Leben retten. Vor allem dann, wenn man mit dem Blitzopfer allein in freier Natur und einige Kilometer von der nächsten Ortschaft entfernt ist.

Folgende Symptome können bei einem Blitzschlagverletzten auftreten:

- Muskellähmung
- Nervenlähmung
- Sehstörung
- Hörstörung
- erhöhter Blutdruck
- schwacher Pulsschlag
- unregelmäßige und schwache Atmung
- stark erweiterte Pupillen
- Bewusstseinsstörungen
- Bewusstlosigkeit
- Verbrennungen ersten bis dritten Grades
- Herzstillstand

Gibt sich ein Herzstillstand des Blitzopfers, durch stark erweiterte Pupillen (Bild 1.9.3) und am Aussetzen der Atmung sowie an einem nicht mehr ertastbaren Pulsschlag, zu erkennen, muss sofort mit der Ersten Hilfe bzw. mit der Herzdruckmassage begonnen werden.

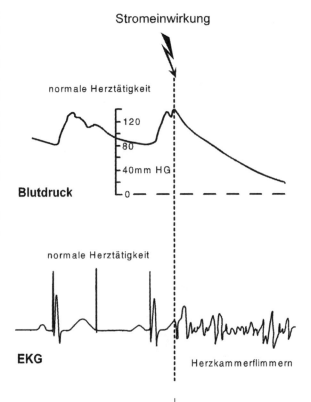

Bild 1.9.2.

Bild 1.9.3.

1. Allgemeines

Bild 1.9.4.

Herzdruckmassage

Die Herzdruckmassage ist eine Notfallmaßnahme, mit der man einen Minimalkreislauf trotz Herzstillstands gewährleisten kann. Grundsätzlich muss die Herzdruckmassage auf einer harten Unterlage erfolgen. Durch Verlagerung des Körpergewichtes auf die gestreckten Arme und die übereinander gelegten Handballen (Bild 1.9.4) wird mit einer Frequenz von 80 bis 100/min ca. 10-mal ein rhythmischer Druck auf das Herz ausgeübt. Der Druck soll senkrecht von oben und beim Erwachsenen bis in eine Tiefe von vier bis fünf Zentimeter erfolgen. Anschließend wird die Atemspende bzw. Mund-zu-Mund-Beatmung durchgeführt.

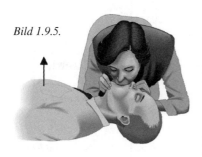

Bild 1.9.5.

Dabei wird der Atem eingeblasen, bis sich der Brustkorb hebt (Bild 1.9.5). Nach dem Einblasen und dem Senken des Brustkorbs den Vorgang noch viermal wiederholen. Danach soll die Herzdruckmassage wieder zum Einsatz kommen. Die Beatmung und Herzdruckmassage wird abwechselnd angewendet, bis ein Herzschlag und die Atmung wieder hergestellt sind oder bis der Notarzt eintrifft. Entfernt man sich vom Ort des Geschehens, um Hilfe zu holen, so ist es wichtig, dass der Verletzte zuvor in die stabile Seitenlage gebracht wird (Bild 1.9.6).

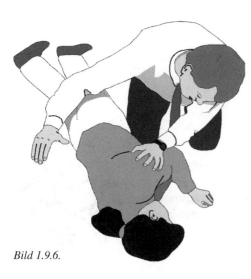

Bild 1.9.6.

Oft bildet sich während der Blitzeinwirkung auf einen Menschen ein Gleitüberschlag entlang der Körperoberfläche. Der dabei entstehende Gleitlichtbogen kann zur Zerfetzung und Verbrennung von Kleidern sowie zu schweren Hautverbrennungen führen (Verbrennungen sind nach Möglichkeit steril zu bedecken). Meist sind auf der Haut farnkrautartige verzweigte Blitzfiguren zu sehen. Der größ-

1.10 Blitze fotografieren

te Teil des Blitzstromes fließt dabei aber nicht durch den Körper, sondern außen über die Körperoberfläche. Auf Grund dessen konnten viele Personen, die vom Blitz getroffen wurden, überleben.

Erste Hilfe kann nur dann schnell und wirkungsvoll durchgeführt werden, wenn der Helfer an einem Erste-Hilfe-Kurs teilgenommen hat. Darüber hinaus ist es wichtig, dass die Kenntnisse auf dem Gebiet der Ersten Hilfe durch regelmäßiges Wiederholen des Kurses aufgefrischt und aktualisiert werden.

In den USA werden jährlich etwa 100 Menschen vom Blitz erschlagen, die meisten sollen nach Angaben der Amerikaner beim Golfspielen durch die Naturgewalt der Blitze ums Leben kommen. Nach Angaben des Amerikanischen Wetterdienstes starben von 1959 bis 1994 über 3.000 Personen an den Folgen von Blitzeinwirkungen, und fast 10.000 Menschen wurden im selben Zeitraum von Blitzen verletzt. Aufgrund der kleineren Fläche von Deutschland und Österreich sterben bei uns und unseren Nachbarn durchschnittlich „nur" ca. zehn Personen pro Jahr an Blitzschlag (Bild 1.9.7 und 1.9.8).

Tödliche Unfälle durch direkten Blitzeinschlag

Bild 1.9.7.

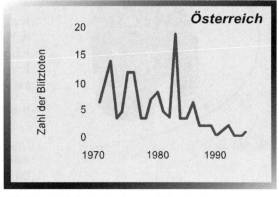

Tödliche Unfälle durch direkten Blitzeinschlag

Bild 1.9.8.

1.10 Blitze fotografieren

Blitze zu fotografieren gelingt meist nur in der Abenddämmerung oder in der Nacht. Um einen Blitz mit der Kamera einfangen zu können, ist eine Belichtungszeit von mehreren Sekunden bis zu mehreren Minuten erforderlich. Mit diesen verhältnismäßig langen Belichtungszeiten kann man tagsüber nicht fotogra-

1. Allgemeines

Bild 1.10.1.

Bild 1.10.2.

Bild 1.10.3.

fieren. Der Grund dafür ist, dass bei Tageslicht diese langen Zeiten zur Überbelichtung der Aufnahmen führen würden.

Um zu verhindern, dass die Aufnahme verwackelt, ist ein Stativ (Bild 1.10.1) erforderlich. Die Verwackelungsgefahr steigt mit zunehmender Länge der Belichtungszeit. Als Faustregel gilt, dass die Belichtungszeit nicht länger sein sollte als die Brennweite des Objektives. Das heißt, für eine Aufnahme mit einem Objektiv, dessen Brennweite z.B. 100 mm beträgt, darf die Belichtungszeit nicht länger als eine Hundertstel Sekunde sein, wenn ohne Stativ aufgenommen wird.

Die Kamera muss eine eingebaute Vorrichtung für die Dauerbelichtung besitzen. Die Einstellung für Langzeitbelichtung ist am Zeitwähler, bzw. dem Programmwähler der Kamera mit „B" gekennzeichnet. Beim Kauf der Kamera ist zu beachten, dass diese Einstellung möglich ist, denn moderne Kameras verfügen oft nur mehr über eine Programmautomatik, die Langzeitbelichtungen nicht zulässt.

Bei der Kameraeinstellung „B" für Langzeitbelichtung bleibt der Verschluss des Objektives so lange geöffnet, wie man den Auslöser betätigt bzw. gedrückt hält. Durch das Berühren der Kamera während der Dauerbelichtung besteht wieder das Risiko des Verwackelns. Auf Grund dessen ist entweder eine Kamera mit Drahtauslöser (Bild 1.10.2) oder noch besser mit Funkauslöser (Bild 1.10.3) zu verwenden. Beim Kauf einer geeigneten Kamera ist zu beachten, dass der Anschluss eines Draht- oder Funkauslösers an die Kamera möglich ist.

Um das himmlische Feuerwerk zu fotografieren, ist kein besonderer Film erforderlich. Mit einem Standardfilm, der eine Empfindlichkeit von 21 DIN (100 ASA) besitzt, lassen sich die gute Ergebnisse erzielen.

1.10 Blitze fotografieren

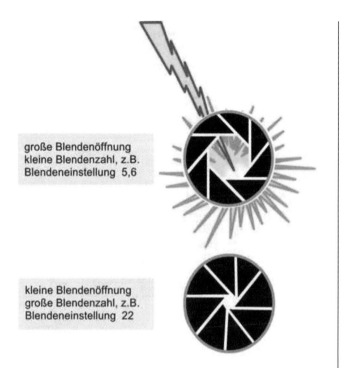

Bild 1.10.4

Sehr eindrucksvolle Bilder entstehen durch die Verwendung eines Weitwinkelobjektives und einer Belichtungszeit, die so gewählt wird, dass mehrere Blitze hintereinander das gleiche Bild belichten. Die Blende kann für Panoramaaufnahmen weit geöffnet sein. Für eine große Blendenöffnung ist der Blendenring auf eine kleine Blendenzahl, für eine kleine Blendenöffnung ist das Einstellen einer großen Blendenzahl erforderlich (Bild 1.10.4).

Für Panoramaaufnahmen ohne Vordergrundmotiv kann die größte mögliche Blendenöffnung des Objektives eingestellt werden. Bilder, die ein Motiv im Vordergrund zeigen, sind mit kleineren Blendenöffnungen zu fotografieren. Eine kleine Blendenöffnung bewirkt eine größere Tiefenschärfe des Bildes. Unter Tiefenschärfe versteht man den Bereich, der auf einem Bild scharf dargestellt ist.

Die Tiefenschärfe ist aber nicht nur abhängig von der Blende, sondern auch von der Entfernung, auf die scharf gestellt wird, und von der Brennweite des Objektives. Objektive mit großer Brennweite erreichen nur eine geringe Tiefenschärfe. Das Bild 1.10.5 zeigt im Vergleich die Tiefenschärfe eines Objektives mit

1. Allgemeines

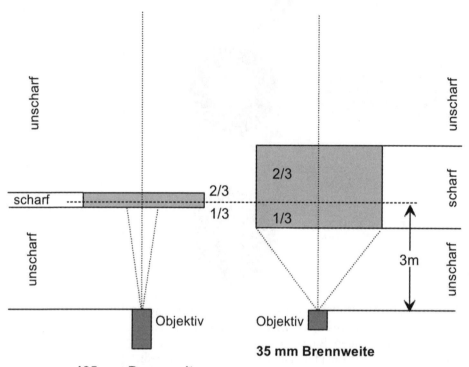

Bild 1.10.5.

135 mm und eines Objektives mit 35 mm Brennweite. Die so genannte 1/3-zu-2/3-Regel besagt, dass grundsätzlich ein Drittel des Vordergrundes und zwei Drittel des Hintergrundes von dem Abstand, auf den das Objektiv eingestellt ist, scharf auf dem Bild dargestellt werden.

Die Abhängigkeit der Tiefenschärfe von der Brennweite des Objektives ist auf der vergleichenden Darstellung von Bild 1.10.6 für die Brennweiten 18 mm, 50 mm und 100 mm zu sehen. Den größten Tiefenschärfenbereich erhält man mit der kleinsten Blendenöffnung des Objektives. Beispielsweise ist bei einem Objektiv mit 50 mm Brennweite (Normalobjektiv), das auf eine Entfernung von drei Meter eingestellt ist, der gesamte Bereich von zwei Metern bis unendlich scharf. Bei einer großen Blendenöffnung (z.B. Blende 1,4) und dem gleichen Objektiv, bei gleicher

1.10 Blitze fotografieren

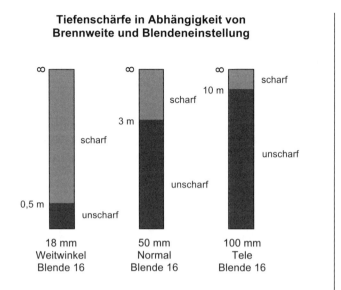

Bild 1.10.6.

Entfernungseinstellung, wird nur der Bereich von etwa 2,9 bis 3,2 Meter scharf dargestellt (Bild 1.10.7). Besonders schöne Effekte sind möglich, wenn Sie zu Beginn der Langzeitbelichtung den Vordergrund mit einem Blitzlichtgerät aufhellen.

Bild 1.10.7.

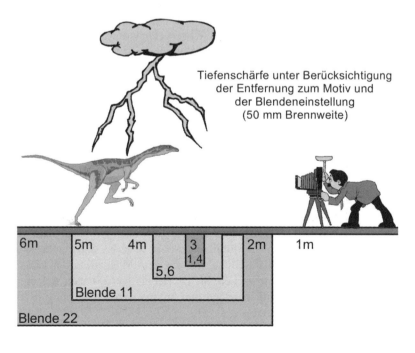

1. Allgemeines

Sehr wichtig ist, dass Sie beim Fotografieren ihre eigene Sicherheit nicht vernachlässigen und für die Erstellung der Aufnahmen einen geschützten bzw. ungefährlichen Standort auswählen. Für Aufnahmen, die nur von einem risikoreichen Standort aus möglich sind, sollte nach Möglichkeit ein Funkauslöser zum Einsatz kommen.

Kameras, die alle Voraussetzungen für die Blitzfotografie besitzen, sind kaum noch im Handel erhältlich, da bei den modernen Kameras fast alle Einstellungen automatisch erfolgen und meist auch keine Anschlüsse für Fernauslöser vorhanden sind. Ein zur Blitzfotografie geeignetes bzw. älteres Kameramodell können Sie, mit ein wenig Glück, sehr preisgünstig in Europas größter Internet-Auktionshalle (**http://www.ebay.de**) erwerben. Das ebay.de-Angebot enthält meist mehrere 100 Fotokameramodelle; auch das erforderliche Zubehör ist fast immer in sehr großer Auswahl vorhanden.

1.11 Dunkelblitze (Spherics)

Seit vielen Jahren liegen wissenschaftliche Beweise vor, dass Wetterfühligkeit (*Meteorotropismus*) keine Einbildung ist. Es handelt sich hier vermutlich um einen Vorkrankheitszustand, der sich eventuell als Folge einer Wetterveränderung, durch verschiedene Gesundheits- und Befindensstörungen bemerkbar macht.

Zum Beispiel konnte der Großvater des Autors, der im Zweiten Weltkrieg ein Bein verlor, mehrere Jahrzehnte danach bei einer Wetteränderung die fehlenden Gliedmaßen als schmerzend empfinden. Nach neuen Erkenntnissen hat diese Wetterfühligkeit nicht nur mit Wettereigenschaften wie Wärme, Kälte, Nässe oder Luftdruck zu tun. Auslöser der Wetterfühligkeit sind auch elektromagnetische Schwingungen, die zum Beispiel durch atmosphärische Entladungen (Blitze) entstehen.

So genannte *Spherics* (abgeleitet vom englischen Begriff *atmospherics*) sind die Vorboten von Wetterumschlägen und werden von den Wetterfühligen gespürt. Spherics sind Dunkelblitze bzw. unsichtbare Blitze, die mit dem Magnetfeld der Erde in Zusammenhang stehen. Sie dauern nur ca. 200 Mikrosekunden bis einige Millisekunden und breiten sich kugelförmig in alle

1.11 Dunkelblitze (Spherics)

Richtungen mit Lichtgeschwindigkeit aus. Die Raumwellen-Spherics entstehen meist bei Gewitter und können in etwa 80 km Höhe von der Ionosphäre reflektiert werden, so dass sie in über 1.000 km Entfernung noch spürbar sind. Das heißt, Spherics, die in Mitteleuropa aufgenommen werden, können in Gewitterzellen über Afrika oder Südeuropa entsehen. Die Bodenwellen-Spherics breiten sich, ohne von der Ionosphäre reflektiert zu werden, innerhalb der Troposphäre aus und können deswegen nur verhältnismäßig geringe Entfernungen zurücklegen. Neben den Gewittern können starke Spherics-Aktivitäten auch durch andere meteorologische Ereignisse, wie zum Beispiel Wirbelstürme, entstehen.

Die Aktivitäten der Spherics sind mitunter abhängig von der Sonne und der Erddrehung. In der Mittagszeit erreichen die Spherics-Aktivitäten ihren Höhepunkt; ihr Nullpunkt liegt in der Mitternachtszeit. Während sich die Spannungen beim Gewitter mit sichtbaren Blitzen entladen, geschieht dies bei den Spherics im Unsichtbaren, aber dennoch für viele Leute spürbar, da sie in Abhängigkeit von der Frequenz einen mehr oder weniger großen Einfluss auf die Biologie des Menschen ausüben.

Ähnlich dem Wetterfrosch verfügen auch Ameisen, neben ihrer Fähigkeit, ultraviolettes und polarisiertes Licht wahrzunehmen, über einen zusätzlichen Sinn, der Spherics im 28-kHz-Bereich erkennt. Mit diesem „Spheric-Sinn" können sie einen Wetterumschlag einige Tage im Voraus erkennen, so dass es ihnen fast immer gelingt, ihre Nester rechtzeitig abzudichten. Sie erkennen durch die Intensität und Frequenz der Spherics auch die Art des herannahenden Niederschlages und bestimmen auf Grund dieses Wissens eine dementsprechende Abdichtungsweise für ihre Behausungen. Da diese Tiere nie im Regen herumkrabbeln, ist ein Ameisenhaufen, ohne sichtbare Ameisen, ein nahezu sicherer Hinweis auf das Heranziehen eines Gewitters.

Vermutlich waren die Spherics zu Neandertalers Zeiten eine große Hilfe für die ersten Menschen. Sie hatten wahrscheinlich, wie Ameisen und Frösche, die Fähigkeit, Wetterveränderungen zu spüren, und konnten die Art des bevorstehenden Wetters erkennen. Im Laufe der Zeit und mit der „Zivilisation" hat sich dieser Sinn zurückgebildet. Die heute weit verbreiteten wetterabhängigen Beschwerden sind eventuell das, was von diesem einst nützlichen sechsten Sinn übrig blieb.

1. Allgemeines

Zu den Krankheiten, die unter Spherics-Einwirkung ausgelöst werden können, gehören zum Beispiel Kopfschmerzen, Schwindelgefühle, Übelkeit, Rheuma, Epilepsie, Asthma, Koliken, Migräne, Krämpfe und Herzleiden. Zu Zeiten hoher Spherics-Aktivitäten steigt angeblich auch die Anzahl der Geburten, Narkosezwischenfälle, Verkehrsunfälle usw. Derzeit werden Untersuchungen durchgeführt, die eine Abhängigkeit von den verschiedenen Spheric-Frequenzen zu den unterschiedlichen Krankheitserscheinungen bestätigen sollen, so dass in Zukunft verlässliche Vorhersagen für Risikopatienten möglich sind. Wie heute bei der Pollen-Vorhersage des Deutschen Wetterdienstes könnten die Untersuchungsergebnisse eine Spheric-Vorhersage ins Leben rufen, die dem Betroffenen hilft, rechtzeitig Schutzmaßnahmen zu ergreifen. Darüber hinaus könnte das aus dem Spherics-Forschungsergebnis resultierende Wissen die Grundlage sein für die Entwicklung von Geräten, die das Raumklima in Büros (usw.) mit künstlich erzeugten Feldern so beeinflussen, dass sie den Stress abbauen und zur Ausgeglichenheit sowie zum Wohlbefinden des Menschen beitragen.

Es ist heute bereits erwiesen, dass durch die Beeinflussung der Spherics das Gehirn bei einem heranziehendem Gewitter seine Aktivitäten ändert. Über den Zeitraum von vier Jahren hat eine Diplompsychologin insgesamt 200 Versuchspersonen einem künstlichen Gewitter ausgesetzt. Das Ergebnis war, dass Gewitter-Spherics die Produktion des Hormon Serotonin beeinflussen. Selbst wenn ein Gewitter noch weit entfernt ist, kann sich das bereits auf den Gemütszustand, das allgemeine Wohlbefinden und auf die Gesundheit des Menschen auswirken.

Die Wirkung des Serotonins ist noch nicht ausreichend erforscht. Wir wissen aber, dass es aus der Aminosäure „Tryptophan" gebildet wird und eine Erregung oder Information von einer Nervenzelle auf eine Organzelle übertragen kann.

Die Freisetzung des Serotonins verursacht wahrscheinlich auch die typische Frauenkrankheit Migräne. Darüber hinaus kann das Serotonin auch Auslöser für starke Depressionen und Tobsuchtsanfälle sein. Im Orient werden bei einer Urteilsfindung unter anderem Spherics-Beeinflussungen als strafmildernder Umstand berücksichtigt.

Aber nicht nur Menschen werden durch die Spherics beeinflusst; auch die Herstellung von Gelatine, die für ein bestimmtes Druck-

1.11 Dunkelblitze (Spherics)

verfahren erforderlich ist, kann misslingen, wenn diese Wetterstrahlung mit einer Frequenz von 10 kHz bzw. 28 kHz auftritt. Unsere Vorfahren kannten keine Spherics, wussten aber, dass die Milch sehr schnell sauer werden kann, wenn ein Gewitter heranzieht. Heute wissen wir, dass diese immer noch sehr geheimnisvolle und niederfrequente Strahlung für die viel zu schnell sauer gewordene Milch verantwortlich ist.

Ein wichtiger Punkt für alternative Heilmethoden ist die Annahme, dass im Krankheitsfall ein „Energiefluss" im Körper gestört ist, der positiv beeinflusst werden muss. Das kann zum Beispiel mit den Produkten der Firma Nikken geschehen, die ein künstliches Magnetfeld ausstrahlen, das sich positiv auf das allgemeine Wohlbefinden des Menschen auswirkt. Zugleich soll diese magnetische Strahlung das Leiden von wetterfühligen Personen erheblich reduzieren. Weitere Informationen zu diesen Produkten erhalten Sie unter **http://www.nikken.com**.

Wer sich über Spherics und die unteren Frequenzbereiche ELF/ULF sowie VLF aktuell informieren möchte, der wird im Internet viele private Homepages, Forschungsinstitute und Hochschulen finden, die sich mit diesem Thema befassen und ausführlich darüber berichten, wie zum Beispiel: **www.aatis.de** und **http://schippke.tripod.com.** Viele Internet-Adressen zu diesem Thema werden aufgelistet, wenn Sie in der Internet-Suchmaschine **http://www.metager.de** den Suchbegriff *Spherics* eingeben.

Den Funkamateuren vieler Länder wurden mittlerweile Frequenzbereiche um 136 kHz zugewiesen, somit sind auf diesem Gebiet auch experimentelle Möglichkeiten über Ländergrenzen hinweg gegeben. Diese leidenschaftlichen Hobbyisten werden mit Sicherheit das Wissen über Spherics erweitern und einen Grundstock an Informationen liefern, der auch den Herstellern von modernen medizintechnischen Geräten nützt.

Grundsätzlich sind heute die Spherics mit ihren Wirkungen auf Mensch und Tier nicht ausreichend erforscht. Aber welche Beschwerden die Wetterlage hervorrufen kann oder verschlimmert, ist seit langer Zeit aus Erfahrung bekannt (Bild 1.11.1).

1. Allgemeines

Wetterabhängige Beschwerden

Bild 1.11.1.

2. Äußerer Blitzschutz

Blitzableiter setzten sich in Amerika rasch durch. In Europa dagegen war man anfangs skeptisch. Kirchliche Kreise sahen die Blitzableiter zunächst als eine Vermessenheit des Menschen, sich dem Gerichte Gottes entziehen zu wollen. Da sich die Blitze sehr häufig in Kirchtürmen entluden und infolge dieses göttlichen Zorns innerhalb von 33 Jahren 103 Klöckner beim „schützenden" Gewitterläuten zu Tode kamen, wurde das Wetterläuten um 1785 amtlicherseits auch in Bayern und Österreich verboten. Seit dieser Zeit setzten sich immer mehr Geistliche für den Blitzableiter ein, weil sie erkannt hatten, dass das Glockenläuten gegen Gewitter nicht nur nutzlos, sondern auch lebensgefährlich ist. Es war auch ein Geistlicher – der schlesische Abt Felbiger –, der auf dem Gebiet Blitzschutz Pionierarbeit leistete, als er den ersten Blitzableiter im deutschen Reich errichtete.

Der Blitzschutzvorschlag von Schriftsteller und Physikprofessor Georg Christoph Lichtenberg lässt erkennen, dass sich in den vergangenen 200 Jahren am Grundprinzip des Blitzableiters nicht viel geändert hat (Bild 2.1.0) und dass mit den historischen Blitzableitern durchaus ein wirkungsvoller Blitzschutz möglich war.

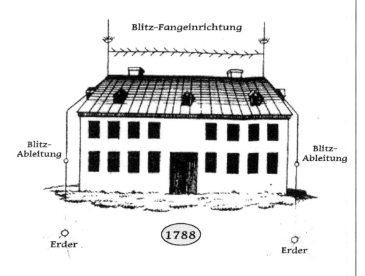

Bild 2.1.0.

Blitzableiter nach dem Vorschlag Lichtenbergs
(Krünitz Oeconomische Encyclopädie, Bd. 18)

2. Äußerer Blitzschutz

Wie damals besteht der Blitzableiter auch heute noch aus der Blitz-Fangeinrichtung auf dem Dach, den Blitz-Ableitungen und der Erdungsanlage.

Die nachfolgenden Seiten zeigen deutlich den Unterschied von einem modernen Blitzableiter zu dem historischen Blitzschutz von Lichtenberg. Vor allem die Besonderheiten, über die neuartige Blitzschutzanlagen verfügen sollten, um einen besseren Schutz von Gebäuden und den darin enthaltenen elektrischen und elektronischen Geräten zu ermöglichen, werden sehr ausführlich vorgestellt.

2.1 Fangeinrichtung

Blitz-schutz-klasse	Maschen-weite
1	5 x 5 m
2	10 x 10 m
3	15 x 15 m
4	20 x 20 m

Fangeinrichtung nach VDE V 0185 Teil 100

Bild 2.1.1.

Bild 2.1.2.

Im Normalfall wird nach DIN VDE 0185 Teil 1 bei Gebäuden mit Flach- oder Satteldach auf der Dachfläche ein so genanntes Fangnetz mit einer Maschenweite von 10 m × 20 m errichtet. Bei zu schützenden Gebäuden mit umfangreichen elektronischen Einrichtungen ist die Maschenweite auf 10 m × 10 m zu reduzieren. Nach der nationalen Vornorm VDE V 0185 Teil 100, die auf internationaler Ebene bereits seit Jahren akzeptiert wird und einen neueren Stand der Technik darstellt, sind entsprechend der Blitzschutzklasse vier verschiedene Maschenweiten möglich (Bild 2.1.1). Die Blitzschutzklasse eins stellt die höchsten Anforderungen an den Blitzschutz eines Gebäudes oder einer baulichen Anlage. Zum Beispiel wurde für eine Ortsnetz-Transformatorstation, deren Verfügbarkeit sehr wichtig ist, die Blitzschutzklasse 1 mit Maschenweite 5 × 5 m gewählt (Bild 2.1.2).

Ein geeigneter Werkstoff für Fangleitungen ist zum Beispiel blanker Kupferdraht mit 8 mm Durchmesser oder blanker Aluminiumdraht mit 10 mm Durchmesser. Bei der Montage der Fangleitungen auf einem Satteldach verlegt man parallel zum Dachfirst die Firstleitung, die in Abständen von ca. 1 m mit speziellen Firstleitungshaltern zu befestigen ist (Bild 2.1.3). An den Dachfirstenden sollten die Enden der Fangleitung entsprechend der DIN 48 803 auf eine Länge von 30 cm um 15 cm

2.1 Fangeinrichtung

aufwärts gebogen werden (Bild 2.1.4). Anschließend verlegt man in einem Abstand von maximal 40 cm zur Dachkante, an der Dachschräge entlang, eine Fangleitung, die oben an die Firstleitung und unten in der Regel an die metallene Dachrinne anzuschließen ist (Bild 2.1.5). Zur Montage der Dachleitungshalter hebt man den Dachziegel etwas an und schiebt einen für die Dachziegel und die Dachlattung geeigneten Dachleitungshalter darunter, der normalerweise nur durch bloßes Einhängen an der Dachlatte befestigt wird (Bild 2.1.6). In Gebieten mit hoher Schneelast (Bild 2.1.7) ist bei der Montage der Fangeinrichtung auf einem Sattel- oder Walmdach zu beachten, dass keine PVC-Dachleitungshalter, sondern nur stabile Dachleitungshalter aus Metall zum Einsatz kommen.

Bild 2.1.3.

Bild 2.1.4.

Eine Dachrinne aus Metall ersetzt in ihrem Verlauf die Fangleitung, Voraussetzung dafür ist, dass die Dachrinne entsprechend den Anforderungen an Verbindungen und

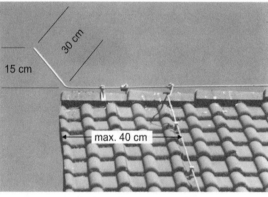

Bild 2.1.5.

Bild 2.1.6.

79

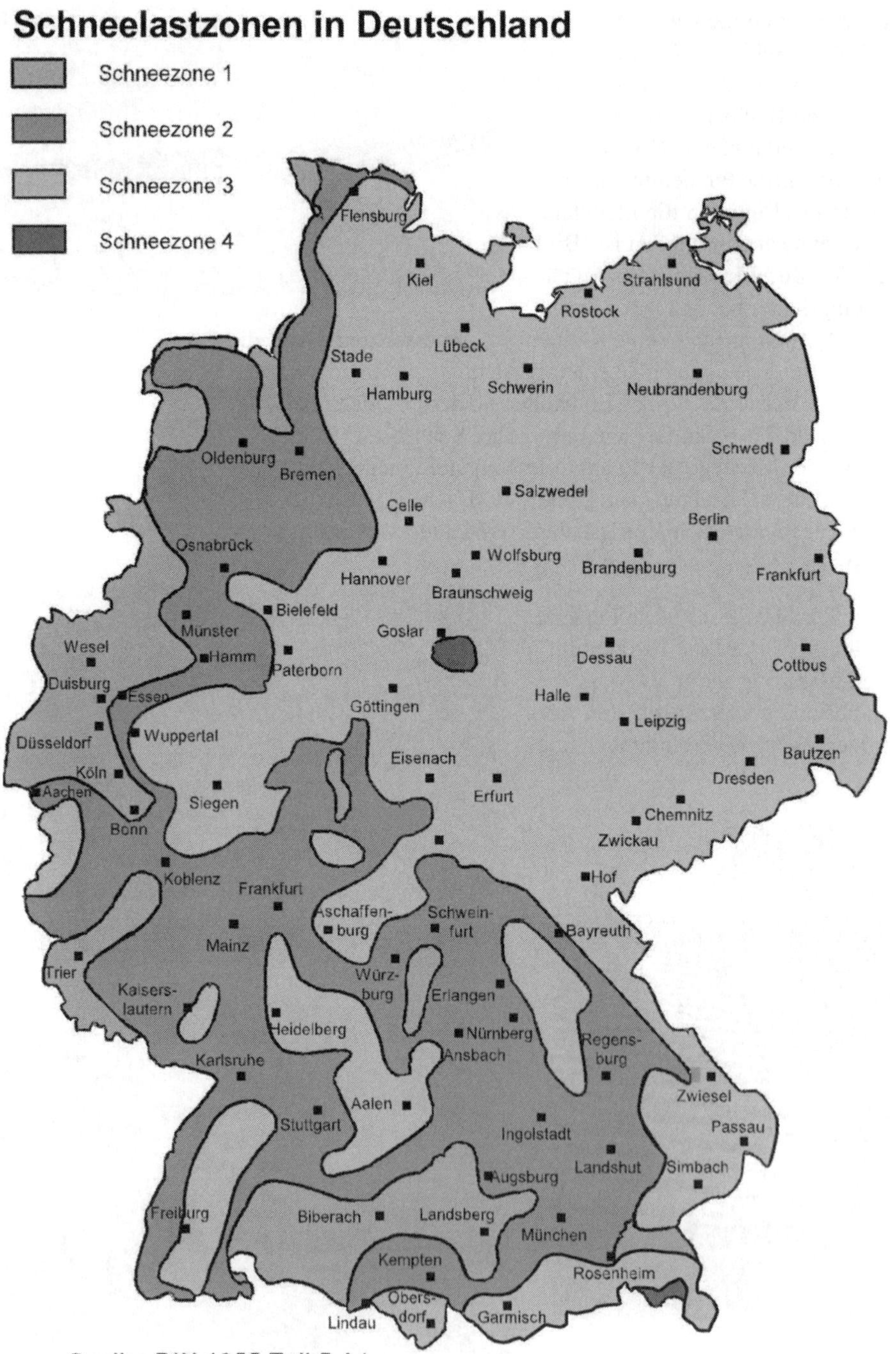

2. Äußerer Blitzschutz

Schneelastzonen in Deutschland

- Schneezone 1
- Schneezone 2
- Schneezone 3
- Schneezone 4

Quelle: DIN 1055 Teil 5 A1

Bild 2.1.7.

2.1 Fangeinrichtung

elektrisch leitend durchverbunden ist. Bei Dachrinnen aus PVC bzw. aus isolierenden Werkstoffen ist einige Zentimeter oberhalb der Dachrinne, parallel zu ihr, auf der Dachfläche eine Fangleitung zu verlegen.

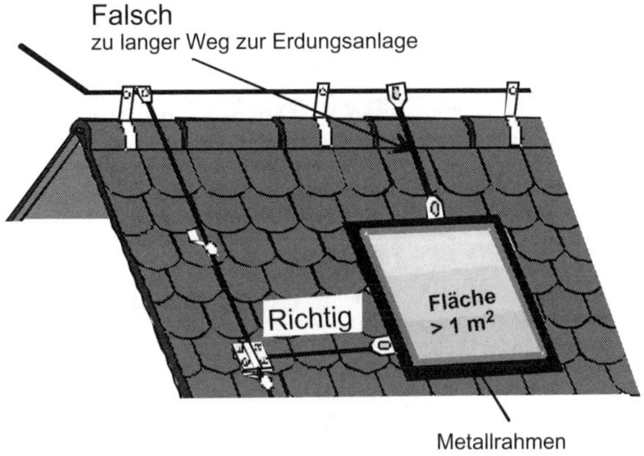

Ein Blechdach kann nach DIN VDE 0185 Teil 1 als Fangeinrichtung für den Äußeren Blitzschutz verwendet werden, unter der Voraussetzung, dass es entsprechend den Anforderungen an Verbindungen elektrisch leitend durchverbunden ist und das Blech, entsprechend dem Werkstoff, folgende Mindestdicke besitzt: Stahlblech 0,5 mm / Blei 2 mm / Zink 0,7 mm / Aluminium 0,5 mm.

Bild 2.1.8.

Im Regelfall sind alle Dachaufbauten aus Metall, die sich im Näherungsbereich (siehe auch Kapitel 2.3) der Fangeinrichtung befinden oder nicht weiter als 0,5 m von ihr entfernt sind, auf kurzem Weg anzuschließen. Wichtig ist, dass die Blitzschutzspezialisten die Anschlüsse immer über möglichst kurze Leitungswege realisieren, die zugleich einen kurzen Leitungsweg vom Dachaufbau zur Erdungsanlage bilden. Dabei ist aus optischen Gründen eine rechtwinkelige Verlegung, bzw. eine senkrechte, waagrechte oder parallel zu den Dachkanten verlaufende Leitungsführung für die Fangleitung einzuhalten. Ein Dachaufbau aus Metall, der nicht im Näherungsbereich der Fangleitung liegt, muss mit der Fangeinrichtung bzw. Fangleitung verbunden werden, wenn seine Fläche größer ist als ein Quadratmeter. Das gilt auch für ein Dachfenster, dessen Metallfensterrahmen eine größere Fläche als einen Quadratmeter umschließt (Bild 2.1.8 und 2.1.9). Außerdem sind Dachaufbauten aus Metall, die länger als einen Meter sind, wie z.B. ein Schneefanggitter, mit der Fangleitung bzw. mit der Dachrinne zu verbinden (Bild 2.1.10). Darüber hinaus ist ein Dachauf-

Bild 2.1.9.

Bild 2.1.10.

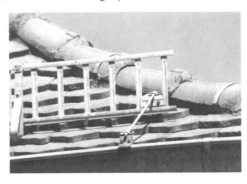

2. Äußerer Blitzschutz

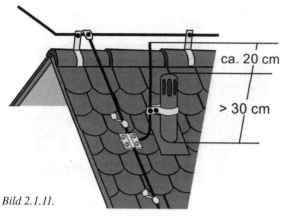

Bild 2.1.11.

Bild 2.1.12.

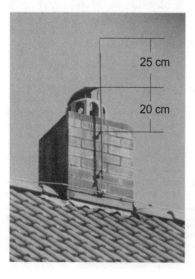

Bild 2.1.13.

bau aus Metall an die Fangeinrichtung anzuschließen, wenn der Dachaufbau die Dachfläche mehr als 30 cm überragt.

Dachaufbauten aus elektrisch nicht leitendem Material, wie z.B. Entlüftungsrohre aus PVC, sind mit einer Fangstange oder Fangspitze zu versehen, wenn sie nicht weiter als 0,5 m von der Fangeinrichtung entfernt sind oder die Dachfläche um mehr als 30 cm überragen. Nach DIN 48803 ist zu berücksichtigen, dass die Fangstange die Oberkante des Entlüftungsrohres um mindestens 20 cm überragt (Bild 2.1.11 und Bild 2.1.12).

Für den Blitzschutz eines gemauerten Kamins ist eine Fangstange zu montieren, die man nach DIN 48 803 mit zwei Stangenhaltern am Kamin befestigt. Bei der Montage der Fangstange ist zu beachten, dass sich der obere Stangenhalter ca. 20 cm unter der Oberkante des Kamins befindet. Die Fangstange sollte die höchste Stelle des Kamins um 25 cm überragen (Bild 2.1.13). Wegen der erhöhten Korrosionsgefahr im Rauchgasbereich sind Fangspitzen aus Runddraht mit nur acht oder zehn Millimeter Durchmesser nicht zulässig. Geeignet sind Fangstangen aus dem Werkstoff Kupfer oder verzinktem Stahl mit 16 mm Stangendurchmesser. Kamine stellen oft die höchste Stelle eines Gebäudes dar und sind somit prädestinierte Blitzeinschlagpunkte. Aus diesem Grund ist es besonders wichtig, dass für die Verbindungsleitung von

2.1 Fangeinrichtung

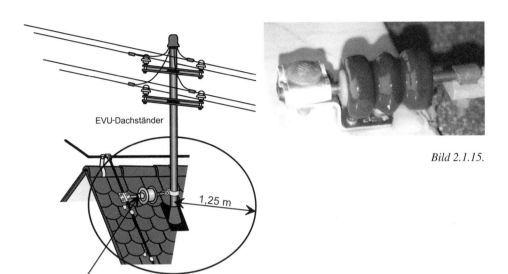

Bild 2.1.15.

Bild 2.1.14.

der Fangstange am Kamin bis zur Erdungsanlage ein kurzer Weg gewählt wird.

Freileitungs-Dachständer dürfen im Normalfall nicht direkt mit der Fangeinrichtung des Äußeren Blitzschutzes verbunden werden. Bei der Verlegung der Fangleitungen ist zu beachten, dass ein Mindestabstand von 1,25 m zu den EVU-Dachständern eingehalten wird. Sollte dieser Abstand nicht möglich sein, so sind die Fangleitungen und Klemmstellen, die sich näher als 1,25 m am Dachständer befinden, isoliert auszuführen; ein Anschluss des Freileitungs-Dachständers über eine Trennfunkenstrecke (Bild 2.1.14) oder über eine Schutzfunkenstrecke (Bild 2.1.15) kann mit Zustimmung des zuständigen EVUs realisiert werden.

Bild 2.1.16.

Beim Vorhandensein einer Blitzschutzanlage ist ein Antennenstandrohr direkt und auf kurzem Weg mit der Fangeinrichtung des Äußeren Blitzschutzes zu verbinden (Bild 2.1.16). Eine zusätzliche Erdungsleitung vom Antennenstandrohr zu der Hauptpotentialausgleichsschiene ist durch

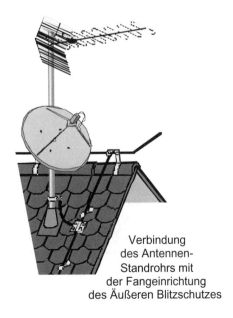

Verbindung
des Antennen-
Standrohrs mit
der Fangeinrichtung
des Äußeren Blitzschutzes

2. Äußerer Blitzschutz

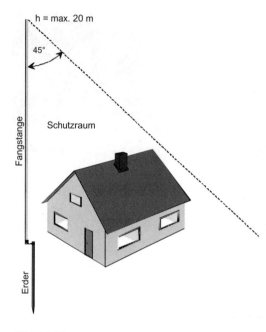

Bild 2.1.17.

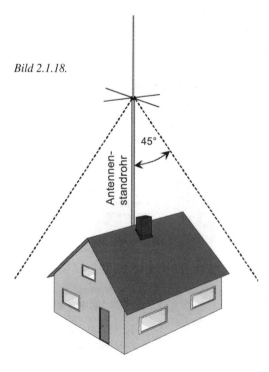

Bild 2.1.18.

den Anschluss des Antennenstandrohres an den Äußeren Blitzschutz nicht mehr erforderlich. Um zu verhindern, dass zu hohe Blitzteilströme durch das Gebäude fließen, sind zusätzliche Erdungsleiter, die im Inneren des Gebäudes vom Antennenstandrohr zur Hauptpotentialausgleichsschiene verlegt sind, zu entfernen. Bei Wohngebäuden mit Flach- oder Satteldach kommt im Allgemeinen das maschenförmige Fangnetz zur Anwendung. Darüber hinaus besteht nach DIN VDE 0185 Teil 1 die Möglichkeit, ein Gebäude mit nur einer Fangstange zu schützen. Der Fangstange wird ein kegelförmiger Schutzraum mit einem Schutzwinkel von 45° zugeordnet. Zu beachten ist, dass nach DIN VDE 0185 Teil 1 die Schutzraumtheorie nur bis zu einer Fangstangenhöhe von max. 20 m anwendbar ist. Gebäude oder Objekte, die sich innerhalb des Schutzraumes befinden, sind gemäß dieser Norm vor direkten Blitzeinschlägen geschützt (Bild. 2.1.17).

Ein vorhandenes Antennenstandrohr, das auf dem Dach eines Gebäudes angebracht ist, kann als Fangeinrichtung bzw. als Fangstange für den Blitzschutz verwendet werden, wenn der Schutzbereich ausreichend ist. Als Schutzbereich gilt auch hier nach DIN VDE 0185 Teil 1 der kegelförmige Raum, der sich durch den Schutzwinkel 45° ergibt (Bild 2.1.18). Es ist zu beachten, dass sich das gesamte Gebäude im Schutzraum befindet und kein Teil des Gebäudes den Schutzraum überragt.

Nach VDE V 0185 Teil 100 sind für die Zuordnung des Schutzwinkels zu

2.1 Fangeinrichtung

einer Fangstange die Schutzklasse und die Höhe der Fangstange maßgebend. Die Schutzklasse eins lässt bis zu 20 m Fangstangenhöhe einen Schutzwinkel von 25° zu. Höhere Fangstangen berücksichtigt diese Schutzklasse nicht. Die Blitzschutzklasse vier stellt die geringsten Anforderungen an den Blitzschutz einer baulichen Anlage. Bei der Blitzschutzklasse vier kann z.B. einer

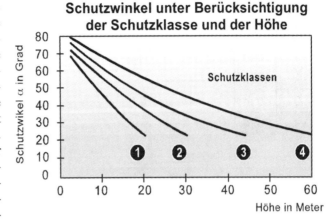

Bild 2.1.19.

60 m hohen Fangstange ein Schutzwinkel von 25° zugeordnet werden (Bild 2.1.19). Der Blitzschutz für bauliche Anlagen, die höher sind als 60 m, wie Fernmeldetürme, Hochhäuser, Industrieschornsteine usw., wird von der VDE V 0185 Teil 100 nicht berücksichtigt.

Für ein Gebäude mit komplizierten geometrischen Bauformen ist das Blitzkugelverfahren eine geeignete theoretische Methode, um die Anordnung der Fangleitungen festzulegen. Für dieses Verfahren wird ein maßstabgetreues Modell des zu schützenden Gebäudes benötigt, das mit einer Blitzkugel, deren Radius mit dem Maßstab des Modells und der gewählten Schutzklasse übereinstimmt. Das Modell ist mit der Blitzkugel aus allen Richtungen zu überrollen. Für Gebäudeteile, die beim Überrollen von der Blitzkugel berührt werden, sind geeignete Fangeinrichtungen erforderlich. Das Bild 2.1.20 zeigt das Opernhaus in Sydney, Australien, das von einer maßstabgetreuen Blitzkugel überrollt wird. Je geringer die Gefährdung eines Gebäudes ist, umso größer darf der Blitzkugelradius sein.

Bild 2.1.20.

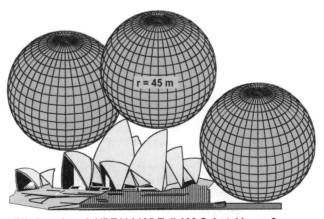

Blitzkugel nach VDE V 0185 Teil 100 Schutzklasse 3

2. Äußerer Blitzschutz

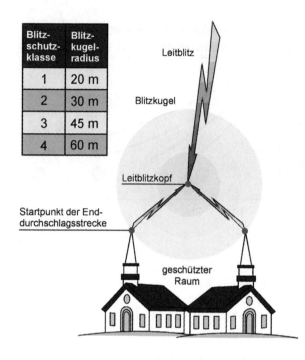

Die Blitzkugel- und auch die Schutzwinkelmethode sind aus folgender Erkenntnis entstanden: Einige zehn Meter bevor der Leitblitzkopf die Fangeinrichtung eines Gebäudes erreicht, bildet sich die Enddurchschlagsstrecke. Sie startet an einem mit der Erde leitend verbundenen Teil des Gebäudes und wächst dem Leitblitzkopf entgegen. Die Länge der Enddurchschlagsstrecke ist abhängig vom Scheitelwert des Blitzstromes. Bei dieser Betrachtung stellt der Leitblitzkopf das Zentrum der Blitzkugel dar, und jeder Punkt, von dem aus der Leitblitzkopf erreicht werden kann, wird als Oberfläche der Blitzkugel angesehen.

Bild 2.1.21.

Das Bild 2.1.21 zeigt ein Blitzkugelmodell und die Zuordnung der Blitzkugelradien zu den Blitzschutzklassen, entsprechend der VDE V 0185 Teil 100.

2.2 Ableitung

Die Ableitung ist eine elektrisch leitende Verbindung zwischen Erdungsanlage und Fangeinrichtung. Die Übergangsstelle von der Fangleitung zur Ableitung bildet bei Wohngebäuden meist die Dachrinnenklemme (Bild 2.2.1). Grundsätzlich ist auch bei der Montage einer Ableitung zu beachten, dass die Leitungswege möglichst kurz sind. Für ein Gebäude mit einem kleineren Umfang als 20 m ist nach DIN VDE 0185 Teil 1 bereits eine Ableitung ausreichend.

Bild 2.2.1.

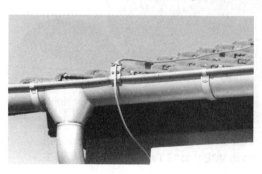

2.2 Ableitung

Bild 2.2.2.

Erforderliche Anzahl der Ableitung nach DIN VDE 0185 Teil 1			
Der Gebäudeumfang wird an der Dachaußenkante gemessen			
Anmerkung: Für Gebäude mit einer Grundfläche größer 40 x 40 m sind zusätzliche innere Ableitungen vorzusehen, od. die Anzahl der äußeren Ableitung ist zu erhöhen	Symmetrische Gebäudeform bis max. 12 m Breite	Symmetrische Gebäudeform	Unsymmetrische Gebäudeform
70 bis 89 m	4	4	4
50 bis 69 m	2	4	3
21 bis 49 m	2	2	2
bis 20 m	1	1	1

Nach der Vornorm VDE V 0185 Teil 100 sind für jedes Gebäude mindestens zwei Ableitungen nötig. Im Allgemeinen gelten nach dieser Vornorm für die Schutzklasse 1 zehn Meter als typischer Abstand zwischen zwei Ableitungen. Die Schutzklasse 2 sieht 15 m Abstand vor, und bei der Schutzklasse 3 sind 20 m Abstand zwischen den Ableitungen üblich. Für Blitzschutzanlagen, die der Schutzklasse 4 entsprechen, ist ein Abstand von 25 Metern zwischen den Ableitungen bereits ausreichend.

Für die Ermittlung der erforderlichen Anzahl von Ableitungen ist nach der alten DIN VDE 0185 Teil 1 der Umfang des Gebäudes, gemessen an der Dachaußenkante, maßgebend. Der gemessene Umfang, geteilt durch 20, ergibt die notwendige Anzahl der anzubringenden Ableitungen. Ist die ermittelte Anzahl eine ungerade Zahl, so ist die Ableitungsanzahl bei Gebäuden mit symmetrischer Bauform auf- oder abzurunden. Nur bei Gebäuden mit unsymmetrischer Bauform bleibt die errechnete Anzahl unverändert. Ableitungen sind möglichst in gleichmäßigen Abständen an den Gebäudeecken einzusetzen. Die tabellarische Darstellung (Bild 2.2.2) enthält die Anzahl der erforderlichen Ablei-

2. Äußerer Blitzschutz

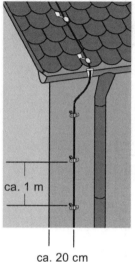

Bild 2.2.4. *Bild 2.2.5.*

Bild 2.2.3.

tungen unter Berücksichtigung des Gebäudeumfangs und der Bauform bis zu einem Umfang von 89 Metern.

Ein Regenfallrohr aus Metall darf grundsätzlich als Ableitung verwendet werden. Voraussetzung dafür ist, dass die einzelnen Fallrohrteile nicht nur zusammengesteckt und die Anforderungen an Verbindungen (nach DIN VDE 0185 Teil 1) erfüllt sind. Das heißt, dass die Stoßstellen z.B. mit mindestens vier Blechschrauben, die einen Durchmesser von 5 mm aufweisen, verschraubt werden müssen. Bei Regenfallrohren aus Kupfer ist es ausreichend, wenn die Stoßstellen weich verlötet sind.

Auch wenn die Verwendung des Regenfallrohres als Ableitung zulässig ist, ist die Verlegung einer Ableitung parallel zum Regenfallrohr sicherer. Die Ableitungen sind dann in einem Abstand von ca. 20 cm zu den Gebäudeecken zu verlegen und in gleichmäßigen Abständen von ca. 80 bis 100 cm mit geeigneten Wandleitungshaltern zu befestigen (Bild 2.2.3).

Bild 2.2.6.

Darüber hinaus ist es VDE-konform, die Ableitung mit speziellen Regenrohrschellen direkt am Regenfallrohr anzubringen (Bild 2.2.4). Zu beachten ist, dass die Befestigung der Ableitung am Fallrohr nicht als Fallrohranschluss gilt. Für den Anschluss der Ableitung an das Regefallrohr ist grundsätzlich eine geeignete An-

2.2 Ableitung

schlussklemme (Bild 2.2.5) etwa 30 cm oberhalb der Trennstelle zu montieren. Ableitungen sollten zu Fenstern, Türen und sonstigen Öffnungen im Gebäude einen Mindestabstand von 50 cm aufweisen. Kann dieser Abstand zu Gebäudeöffnungen aus Metall oder mit Metallrahmen nicht eingehalten werden, so ist ein Anschluss an die Ableitung vorzunehmen (Bild 2.2.6).

Ableitungen dürfen auf Putz und unter Putz verlegt werden. Ein geeigneter Werkstoff für die Auf-Putz-Verlegung ist z.B. blanker Kupferdraht mit 8 mm Durchmesser oder blanker Aluminiumdraht mit 10 mm Durchmesser. Für die Unter-Putz-Verlegung sollten wegen der Korrosionsgefahr PVC-isolierte Kupfer- oder Aluminiumdrähte verwendet werden. Die Verbindung von einer auf Putz verlegten Ableitung zur Erdungsanlage wird über eine Trennklemme und eine Erdeinführungsstange hergestellt (Bild 2.2.7). Die Trennklemme

Bild 2.2.7.

Bild 2.2.8.

ist für Prüfzwecke erforderlich und sollte in einer Höhe zwischen 30 cm und 150 cm oberhalb der Geländeoberfläche angebracht werden. Wegen der Korrosionsgefahr an der Übergangsstelle zum Erdreich und wegen der Gefahr einer mechanischen Beschädigung im unteren Bereich sind Erdeinführungsstangen aus Kupfer oder verzinktem Stahl mit mindestens 16 mm Durchmesser zu verwenden. Für den Zusammenschluss einer Ableitung aus Kupfer und einer Erdeinführung aus Stahl ist aus Korrosionsschutzgründen die Anwendung einer Zweimetall-Trennklemme zweckmäßig (Bild 2.2.8). Die Erdeinführungsstange sollte etwa 0,5 m tief ins Erdreich ragen. Wegen der Korrosionsgefahr, die an der Übergangsstelle zum Erdreich besonders groß ist, sollte die Erdeinführungsstange 30 cm innerhalb und 30 cm außerhalb des Erdreiches durchgehend PVC-isoliert sein oder mit einer

2. Äußerer Blitzschutz

Bild 2.2.9.

Bild 2.2.10.

Korrosionsschutzbinde umwinkelt werden oder zumindest einen Bitumenanstrich erhalten (Bild 2.2.9).

Eine preiswerte Alternative zu Erdeinführungsstangen bieten Erdeinführungen aus Bandstahl 30 × 3,5 mm. Auch bei Erdeinführungen aus Bandstahl sind für die Verbindung zur Ableitung Trennklemmen zu verwenden, die so angebracht werden, dass sie für Prüfzwecke leicht zugänglich und problemlos zu öffnen sind (Bild 2.2.10).

Ein Regenfallrohr aus Metall muss grundsätzlich über eine Trennklemme und Erdeinführung mit der Erdungsanlage verbunden werden, auch dann, wenn das Regenfallrohr nicht als Ableitung dient. Für verschiedene Anwendungsfälle hat sich die Verwendung von Unterflurtrennstellenkästen bewährt. Diese Kästen sind bündig mit der Geländeoberfläche in nächster Nähe der Erdeinführung zu setzen. Das Bild 2.2.11 zeigt einen Unterflur-Trennstellenkasten und eine Alternative zur Erdeinführungsstange, bestehend aus PVC-isoliertem Rundstahl mit 10 mm Durchmesser, der über eine Anschlussschelle mit dem Regenfallrohr verbunden ist.

Gebäude mit elektrisch leitend durchverbundener Blechfassade erhalten an Stelle der Ableitung in regelmäßigen Abständen so genannte Fußpunkterdungen. Die Anzahl der Fußpunkterdungen sollte der in DIN VDE 0185 Teil 1 festgelegten Ableitungsanzahl entsprechen oder unter Berücksichtigung der gewählten Schutzklasse mit der VDE V 0185 Teil 100 konform gehen.

Bild 2.2.11.

2.2 Ableitung

Bild 2.2.12.

Auf dem Bild 2.2.12 ist die normgerechte Fußpunkterdung der Metallfassade einer Verkaufstätte von der Firma Conrad Electronic in Wernberg zu sehen.

Bild 2.2.13.

Wegen der Gefahr einer mechanischen Beschädigung und auch aus optischen Gründen ist die Unterputz-Verlegung der Ableitungen zu bevorzugen. Für die Unterputzmontage geeignete Trennstellenkästen sind im Handel in verschiedenen Größen erhältlich.

Die Verbindungsleitungen von der Trennstelle zur Erdungsanlage sollte nicht im Erdreich, sondern auch unter Putz oder im Mauerwerk hochgeführt werden. Für diese Verbindung ist verzinkter Rundstahl mit 10 mm Durchmesser oder Bandstahl 30 × 3,5 mm geeignet und zulässig (Bild 2.2.13). Es spricht nichts dagegen, wenn

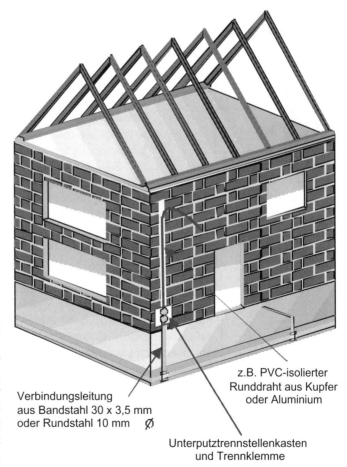

Verbindungsleitung aus Bandstahl 30 x 3,5 mm oder Rundstahl 10 mm Ø

z.B. PVC-isolierter Runddraht aus Kupfer oder Aluminium

Unterputztrennstellenkasten und Trennklemme

2. Äußerer Blitzschutz

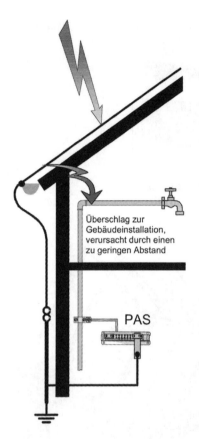

Bild 2.3.1.

verzinkte und PVC-isolierte Leitungen mit den gleichen Abmessungen zum Einsatz kommen. Durch die PVC-Isolierung ist ein zusätzlicher und besserer Korrosionsschutz vorhanden.

2.3 Näherungen

Um gefährliche Überschläge bzw. Lichtbögen (Bild 2.3.1) und die damit verbundene Einkoppelung von Blitzströmen in das zu schützende Gebäude sowie einen Brand zu vermeiden, ist ein Abstand von der Fangeinrichtung und von den Ableitungen des Äußeren Blitzschutzes zu Gebäudeinstallationen aus Metall und den elektrischen Leitungen einzuhalten.

Experten wissen, dass die Anwendung der in VDE 0185 Teil 1 vorgegebenen Berechnungsmethode zu falschen Ergebnissen führt. Der Grund dafür ist, dass die Mitglieder des Normungsausschusses damals davon ausgingen, dass im Beeinflussungsfall der Blitzstrom, gleichmäßig auf die vorhandenen Ableitungen aufgeteilt, ins Erdreich fließt. Heute ist erwiesen, dass sich der hochfrequente Blitzstrom auf die Ableitungen konzentriert, die sich in der Nähe des Einschlagpunktes befinden. Falsch ist auch die Annahme, dass ein fester Stoff zwischen den Leitungen des Äußeren Blitzschutzes und der Gebäudeinstallation besser isoliert als Luft. Prüfungen bescheinigen heute der Luft im Vergleich zu den üblichen Baustoffen eine wesentlich höhere Isolationsfestigkeit.

Diese Erkenntnisse berücksichtigt die Näherungsformel der VDE V 0185 Teil 100 mit einem Berechnungsverfahren, das im Allgemeinen für den Praktiker und Planer zwar etwas umständlicher, dafür aber richtiger ist. Vor allem die Berechnungen für Gebäude mit einer komplizierten und unsymmetrischen Bauform sind relativ aufwendig geworden, so dass die Planung mehr Zeit beansprucht.

Die neue Formel zur Berechnung des erforderlichen Abstandes zeigt das Bild 2.3.2.

2.3 Näherungen

Berechnung des Sicherheitsabstandes (s) nach VDE V 0185 Teil 100

$$s = k_i \frac{k_c}{k_m} l \, (m)$$

Bild 2.3.2.

Werte für den Faktor k_m

k_m Feststoff = 0,5

k_m Luft = 1

Werte für den Faktor k_i

k_i Blitzschutzklasse 1 = 0,1

k_i Blitzschutzklasse 2 = 0,075

k_i Blitzschutzklasse 3 u. 4 = 0,05

Berechnung des Wertes k_c bei einem Fangleitungsnetz und einer Typ-B-Erdungsanlage

$$k_c = \frac{c + f}{2c + f}$$

c = Abstand von der Fangleitung zur Ebene des Potentialausgleiches
f = Länge der Fangleitung

Berechnung des Faktors k_c bei einem vermaschten Fangleitungsnetz und einer Typ-B-Erdungsanlage

$$k_c = \frac{1}{2n} + 0,1 + 0,2 \times \sqrt[3]{\frac{c}{h}}$$

n = Gesamtzahl der Ableitungen
c = Abstand von der nächsten Ableitung
h = Höhe oder Abstand der Ringleitung
l = Kürzester Abstand von der Näherungsstelle bis zur nächsten Blitzschutz-Potentialausgleichs-Ebene

Unproblematisch und einfach ist nach wie vor die Bestimmung des Sicherheitsabstandes, wenn nur eine Fangstange und ein Typ A Erder vorhanden sind. Der einzuhaltende Abstand von einer Fangstange zu einem Wohnhaus ist auf dem Diagramm in Bild 2.3.3 zu sehen.

2. Äußerer Blitzschutz

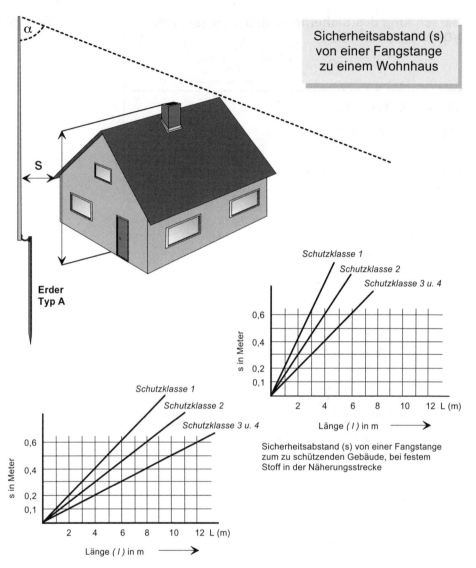

Bild 2.3.3.

Einfache Berechnungsbeispiele für kleine Gebäude, in schlichter Bauform mit Fangleitungen, sind auf den Bildern 2.3.4 und 2.3.5 dargestellt. Eine Hilfestellung für die Ermittlung der dritten Wurzel bieten die Diagramme in Bild 2.3.6.

2.3 Näherungen

Erforderlicher Sicherheitsabstand (s) für ein Gebäude mit 4 Ableitungen nach VDE V 0185 T100

Bild 2.3.4.

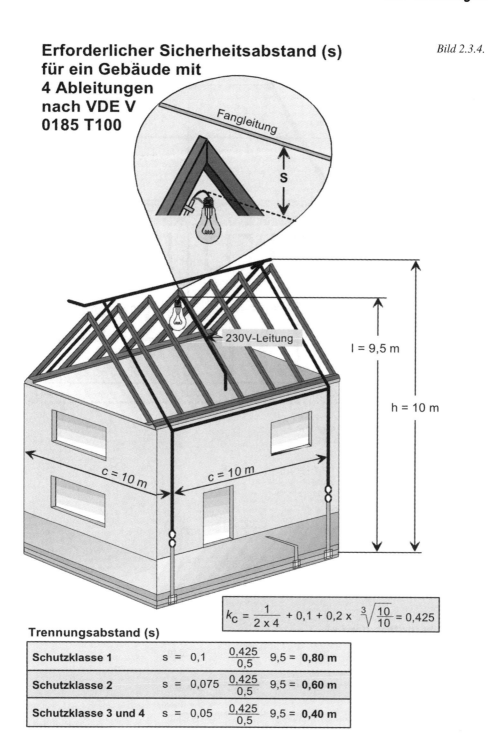

$$k_C = \frac{1}{2 \times 4} + 0{,}1 + 0{,}2 \times \sqrt[3]{\frac{10}{10}} = 0{,}425$$

Trennungsabstand (s)

Schutzklasse 1	s = 0,1	$\frac{0{,}425}{0{,}5}$ 9,5 =	**0,80 m**
Schutzklasse 2	s = 0,075	$\frac{0{,}425}{0{,}5}$ 9,5 =	**0,60 m**
Schutzklasse 3 und 4	s = 0,05	$\frac{0{,}425}{0{,}5}$ 9,5 =	**0,40 m**

2. Äußerer Blitzschutz

Sicherheitsabstand (s) für ein Gebäude mit Flachdach und acht Ableitungen

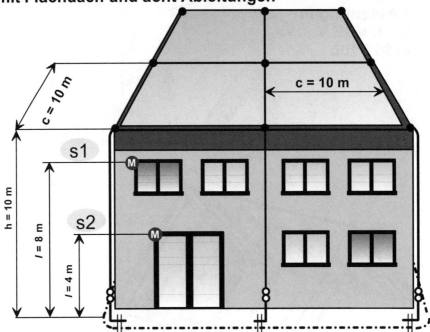

Faktor k_c bei einem vermaschten Fangleitungsnetz und Typ B Erdung

$$k_c = \frac{1}{2 \times 8} + 0{,}1 + 0{,}2 \times \sqrt[3]{\frac{10}{10}} = 0{,}36$$

Sicherheitsabstand s1

Schutzklasse 1	$s = $	0,1	$\frac{0{,}360}{0{,}5}$	8,0 =	**0,58 m**
Schutzklasse 2	$s = $	0,075	$\frac{0{,}360}{0{,}5}$	8,0 =	**0,43 m**
Schutzklasse 3 und 4	$s = $	0,05	$\frac{0{,}360}{0{,}5}$	8,0 =	**0,29 m**

Sicherheitsabstand s2

Schutzklasse 1	$s = $	0,1	$\frac{0{,}360}{0{,}5}$	4,0 =	**0,28 m**
Schutzklasse 2	$s = $	0,075	$\frac{0{,}360}{0{,}5}$	4,0 =	**0,22 m**
Schutzklasse 3 und 4	$s = $	0,05	$\frac{0{,}360}{0{,}5}$	4,0 =	**0,15 m**

Bild 2.3.5.

2.3 Näherungen

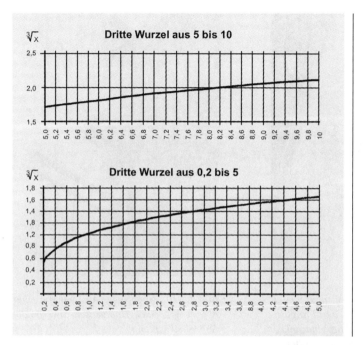

Bild 2.3.6.

Bild 2.3.7: Zu geringer Abstand von einer Ableitung zu der Türsprechanlage, die an der Außenwand eines Gebäudes angebracht ist.

Bild 2.3.8: Zu geringer Abstand von einem Regenfallrohr, das als Ableitung für den Äußeren Blitzschutz verwendet wird, zu einer Video-Überwachungskamera.

2. Äußerer Blitzschutz

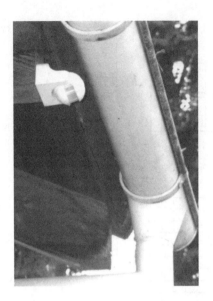

Bild 2.3.9: Zu geringer Abstand von einer Dachrinne, die zu der Fangeinrichtung einer Äußeren Blitzschutzanlage gehört, zu einem Bewegungsschalter.

Bild 2.3.10: Zu geringer Abstand von einer Ableitung zu einem Halogenscheinwerfer der Außenbeleuchtung.

Bilder 2.3.11 und 2.3.12: Zu geringer Abstand zu den Signalgebern einer Alarmanlage.

2.3 Näherungen

Bild 2.3.13. *Bild 2.3.15.*

Leider zeigt die Praxis, dass die erforderlichen Sicherheitsabstände bei den meisten Anlagen nicht eingehalten sind, obwohl das die Grundvoraussetzung für einen wirkungsvollen und funktionierenden Äußeren Blitzschutz ist. Die Nichteinhaltung der geforderten Sicherheitsabstände bewirkt, dass der Äußere Blitzschutz schwere mechanische Schäden am Gebäude und die Entstehung eines Feuers, nach einem direkten Blitzeinschlag, meistens nicht verhindern kann. Nachfolgende Bilder zeigen typische Beispiele für viel zu geringe Abstände von den Leitungen des Äußeren Blitzschutz zu Gebäudeinstallationen, wie sie an sehr vielen Gebäuden mit einem Äußeren Blitzschutz zu sehen sind.

Bild 2.3.14.

Bei der Errichtung eines Dachstuhls wird durch die Montage der metallenen Verstrebungen an den Dachsparren (Bild 2.3.13 bis 2.3.15) die Einhaltung der Sicherheitsabstände fast unmöglich. Aus diesem Grund ist es sehr wichtig, bereits bei der Planung des Dachstuhls geeignete Alternativen für diese Metallbänder vorzusehen, um später für die Installation bzw. den Ausbau des Dachgeschosses die Einhaltung der geforderten Näherungsabstände zu ermöglichen.

2. Äußerer Blitzschutz

2.4 Erdungsanlage

Bild 2.4.1.

Bild 2.4.2.

Für Neuanlagen ist die Montage eines Fundamenterders nach DIN 18014 gefordert. Der Fundamenterder ist für die elektrische Anlage erforderlich und sollte zugleich als Erder für den Blitzschutz verwendet werden. Der Fundamenterder ist, wie der Name schon sagt, im Betonfundament des Gebäudes oder in der Bodenplatte eingebracht (Bild 2.4.1) und steht dadurch großflächig mit dem Erdreich in Verbindung. Ein Fundamenterder ist stets als geschlossener Ring auszuführen und in regelmäßigen Abständen mit dem Betonstahl zu verbinden (Bild 2.4.2). Zu beachten ist, dass der Fundamenterder allseitig von einigen Zentimetern Beton umgeben ist und kein Teil des Erders aus dem Beton herausragt. Teile des Fundamenterders können mit geeigneten Klemmen oder durch Schweißen zusammengeschlossen werden.

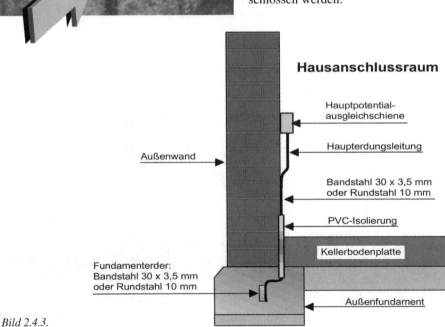

Bild 2.4.3.

2.4 Erdungsanlage

Grundsätzlich muss der Fundamenterder eine Anschlussfahne erhalten, die nach DIN 18012 im Hausanschlussraum, in der Nähe des Hausanschlusskastens endet (Bild 2.4.3). Diese Anschlussfahne dient als Haupterdungsleitung. Sie ist das Verbindungsstück zwischen der Hauptpotentialausgleichsschiene und dem Fundamenterder. Für die Verwendung eines Fundamenterders als Blitzschutzerder sind zusätzliche Anschlussfahnen vorzusehen (Bild 2.4.4), die so anzuordnen sind, dass eine ordnungsgemäße

Bild 2.4.4.

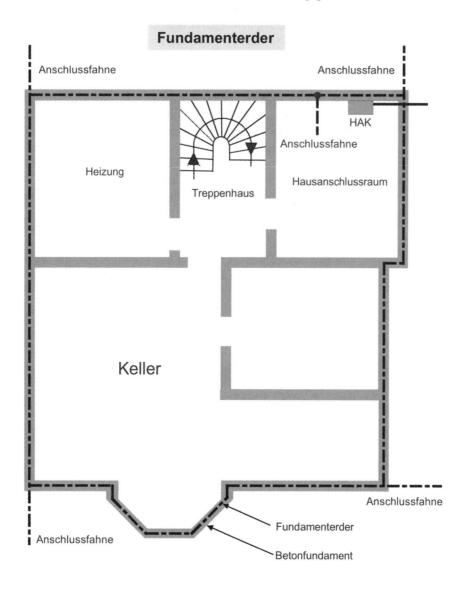

2. Äußerer Blitzschutz

Verbindung zu den Ableitungen des Äußeren Blitzschutzes möglich ist. Zu beachten ist, dass im Bereich der Ein- oder Austrittsstellen die Anschlussfahnen PVC-ummantelt sind oder zumindest einen Bitumenanstrich als Korrosionsschutz erhalten. Nur in Ausnahmefällen ist es zulässig, als Alternative zum Fundamenterder eine äußere Ringerdungsleitung oder ein Vertikalerdersystem (Tiefenerder) für den Blitzschutz eines Wohnhauses zu verwenden. Als Ausnahmefall gilt z.B. ein Gebäude, bei dem nachträglich eine Blitzschutz-Anlage installiert werden soll und ein Anschluss der Ableitungen an den Fundamenterder nicht mehr möglich ist, weil die Errichter des Fundamenterders nur eine Anschlussfahne zum Zwecke des Hauptpotentialausgleichs angebracht haben.

Erfahrungswerte bestätigen, dass der Erdausbreitungswiderstand eines Fundamenterders für ein Einfamilienhaus in der Regel zwischen 5 bis 15 Ohm liegt. Bei Gebäuden mit einer wesentlich größeren, vom Fundamenterder umschlossenen Fläche beträgt der Erdausbreitungswiderstand meist weniger als ein Ohm. Einen Ausnahmefall bilden hier z.B. Gebäude, die allseitig vom Erdreich durch eine wasserundurchlässige Schicht, isoliert sind. Um den geforderten Erdungswiderstand zu erreichen und den Anforderungen der Blitzschutznormen gerecht zu werden, kann ein Fundamenterder, den z.B. eine so genannte schwarze Wanne oder eine Perimeter-Dämmung vom Erdreich isoliert, mit einem im Erdreich verlegten Erder kombiniert und verbunden werden. Die Einhaltung eines bestimmten Erdausbreitungswiderstandes für einen Blitzschutzerder ist nach DIN VDE 0185 Teil 1 nicht gefordert, wenn Hauptpotentialausgleich und Blitzschutz-Potentialausgleich konsequent durchgeführt sind.

Dient der Blitzschutzerder zugleich als Erder für eine Niederspannungs-Verbraucheranlage, die als TT-System ausgeführt ist, muss er den für das TT-System geforderten Erdungswiderstand aufweisen (Bild 2.4.5), der von der maximal zulässigen Berührungsspannung und dem Nennfehlerstrom der verwendeten Fehlerstom-Schutzeinrichtung (RCD) abhängig ist. Bei mehreren in der elektrischen Anlage installierten Fehlerstom-Schutzeinrichtungen ist diejenige mit dem höchsten Nennfehlerstrom für den einzuhaltenden Erdungswiderstand maßgebend. Weitere und sehr ausführliche Informationen über die Erdung von Starkstromanlagen und der Beschaffenheit der verschiedenen Netzsysteme enthält das Buch „Elektroinstallation, Planung und

2.4 Erdungsanlage

Maximaler Widerstand der elektrischen Anlagenerde im TT-System

$$R_A \leq \frac{U_L}{I_{\Delta N}}$$

R_A maximal zulässiger Erdungswiderstand

$I_{\Delta N}$ Nennfehlerstrom des FI-Schutzschalters

U_L maximal dauernd zulässige Berührungsspannung

Nennfehlerstrom des FI-Schalters	0,010 A	0,030 A	0,100 A	0,300 A	0,500 A
maximaler Erdungswiderstand bei U_L = 50 V	5000 Ω	1666 Ω	500 Ω	166 Ω	100 Ω
maximaler Erdungswiderstand bei U_L = 25 V	2500 Ω	833 Ω	250 Ω	83 Ω	50 Ω
maximaler Erdungswiderstand nach selektiven FI-Schaltern bei U_L = 50 V			250 Ω	83 Ω	50 Ω
maximaler Erdungswiderstand nach selektiven FI-Schaltern bei U_L = 25 V			125 Ω	41 Ω	25 Ω

Ausführung" (ISBN 3-89576-036-6), herausgegeben vom Elektor-Verlag, Aachen.

Bild 2.4.5.

Ein nach DIN VDE 0185 Teil 1 zulässiger Blitzschutzerder muss unabhängig vom Erdungswiderstand z.B. folgende Bedingungen erfüllen:

- Fundamenterder nach DIN 18014: Ausführung als geschlossener Ring aus verzinktem Bandstahl 30 × 3,5 mm oder aus verzinktem Rundstahl mit 10 mm Durchmesser.

- Ringerder (Oberflächenerder): Ausführung als außen um das Gebäude verlegter und geschlossener Ring aus Kupferdraht mit 8 mm Durchmesser oder aus verzinktem Rundstahl mit 10 mm Durchmesser, der im Abstand von ca. 1 m zum Gebäude mindestens 0,5 m tief ins Erdreich einzubringen ist.

2. Äußerer Blitzschutz

- Strahlenerder (Oberflächenerder): Ausführung als Stichleitung, aus Kupferdraht mit 8 mm Durchmesser oder verzinktem Rundstahl mit 10 mm Durchmesser, die auf eine Länge von 20 m mindestens 0,5 m tief ins Erdreich einzubringen ist.

- Tiefenerder (Vertikalerder): Ausführung als runder Staberder aus verzinktem Stahl mit 20 mm Durchmesser, der im Abstand von ca. 1 m zur Außenkante des Gebäudes mindestens 9 m tief ins Erdreich einzutreiben ist.

Strahlen- und Tiefenerder, die nicht in Kombination mit einem geschlossenen Ringerder eingesetzt werden, gelten als Einzelerder. Grundsätzlich ist für jede Ableitung des Äußeren Blitzschutzes ein eigener Einzelerder vorzusehen.

Anmerkung:
Wegen der großen Korrosionsgefahr ist die Verwendung von Aluminium im Erdreich oder in Beton nicht zulässig.

Ein zusätzlich zum Fundamenterder ins Erdreich eingebrachter Ring-, Strahlen- oder Vertikalerder aus Kupfer darf direkt an die Hauptpotentialausgleichsschiene angeschlossen werden (Bild 2.4.6/1). Er verbessert durch den direkten Anschluss den Erdungswiderstand der elektrischen Anlage. Darüber hinaus ist Kupfer im Erdreich sehr korrosionsbeständig und langlebig. Die Praxis zeigt, dass an Erdern aus Kupfer, die über 30 Jahre im Erdreich lagen, meist keine gravierenden Korrosionsspuren vorhanden sind. Im Erdreich verlegte Erder aus verzinktem Stahl sind wegen der Korrosionsgefahr indirekt über eine Funkenstrecke an die Hauptpotentialausgleichsschiene anzuschließen (Bild 2.4.6/1 und 2.4.6/2). Der Grund dafür ist, dass nach einem direkten Anschluss eines Erders aus Stahl ein Korrosionsstrom vom Betonfundament zum Erder fließen würde, der den ohnehin schon sehr korrosionsgefährdeten Werkstoff noch schneller zerstören und unwirksam machen würde.

Auch wenn die Verwendung von verzinktem Stahl im Erdreich zulässig ist, sollte grundsätzlich ein Erder aus Kupfer verwendet werden, nicht zuletzt wegen der besseren Leitfähigkeit von Kupfer.

Kommen als Erder für den Blitzschutz Einzelerder zur Anwendung, wie in Bild 2.4.6/2 dargestellt, so ist es nach DIN VDE

2.4 Erdungsanlage

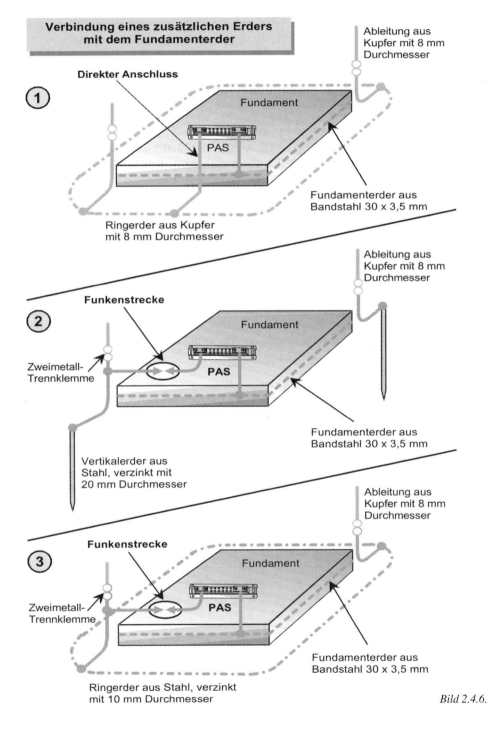

Bild 2.4.6.

2. Äußerer Blitzschutz

0185 Teil 1 ausreichend, wenn nur einer dieser Erder einen Anschluss an die Hauptpotentialausgleichsschiene erhält.

Anmerkung:

Für Gebäude mit umfangreichen elektronischen Anlagen wird ein Erdungswiderstand von < 10 Ohm empfohlen.

Blitzschutz-Erdungsanlagen nach VDE V 0185 Teil 100

Die Vornorm VDE V 0185 Teil 100 fordert, wie die alte DIN VDE 0185 Teil 1, keine Einhaltung eines bestimmten Erdungswiderstandes für eine Blitzschutz-Erdungsanlage. Es wird dennoch von beiden Normen empfohlen, einen möglichst niedrigen Erdungswiderstand anzustreben. Entgegen der DIN VDE 0185 Teil 1 wird in der VDE V 0185 Teil 100 eine gewisse Erdungsleiterlänge unter Berücksichtigung der Blitzschutzklasse und des spezifischen Bodenwiderstandes gefordert. Für die Blitzschutzklassen 3 und 4 ist zum Beispiel eine Erdungsleiterlänge von nur mehr 5 Metern ausreichend (Bild 2.4.7). Hinzu kommt, dass für vertikal ins Erdreich eingetriebene Erdungsleiter die halbe Länge – also 2,5 Meter – ausreichend ist. Das gilt auch für die Erdungsleiterlängen, die wir für die Blitzschutzklassen 1 und 2 ermitteln können.

Im Unterschied zu den Blitzschutzklassen 3 und 4 sind die Erdungsleiterlängen für die Blitzschutzklassen 1 und 2 vom spezifischen Bodenwiderstand abhängig. Das heißt, je höher der spezifische Bodenwiderstand ist, umso länger ist die erforderliche Erdungsleiterlänge.

Zwei unterschiedliche Erderanordnungen (Typ A oder Typ B) können zur Ausführung kommen. Die Erderanordnung Typ B ist

Bild 2.4.7.

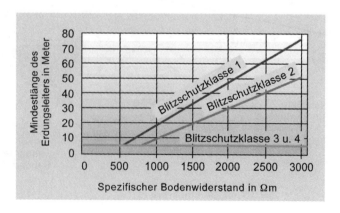

2.4 Erdungsanlage

der Normalfall, der in der Regel auch für Wohngebäude zum Einsatz kommt. Dieser Typ besteht aus einem Fundamenterder nach DIN 18014 oder einem geschlossenen Ringerder, der im Abstand von einem Meter zu den Gebäudeaußenwänden mindestens 0,5 Meter tief im Erdreich liegen soll. Darüber hinaus muss ein Typ-B-Erdungsringleiter mindestens zu 80 % erdfühlig (bzw. nicht vom Erdboden isoliert) verlegt sein. Können die 80 % nicht erreicht werden, so gilt selbst ein geschlossener Ringerder als eine Typ-A-Erderanordnung.

Anmerkung:

Für eine Typ-B-Erderanordnung muss der mittlere Radius der vom Ring- oder Fundamenterder umschlossenen Fläche mindestens der aus Bild 2.4.7 ermittelten Länge entsprechen.

Kann diese Länge nicht eingehalten werden, ist der Ring- oder Fundamenterder mit zusätzlichen Strahlenerdern zu verbinden, deren Erdungsleiterlänge mindestens der zur Einhaltung des mittleren Radius fehlenden Länge entspricht. Bei der Verwendung von Vertikalerdern als zusätzliche Erder darf die ermittelte Länge mit dem Wert 0,5 multipliziert werden. Die Erderanordnung Typ A sollte nur dann zur Ausführung kommen, wenn eine Typ-B-Erderanordnung nicht realisierbar ist. Bei der Typ-A-Erderanordnung wird jeder Ableitung ein eigener Erder zugeordnet, dessen Erdungsleiterlänge mindestens der aus Bild 2.4.7 ermittelten Länge entspricht. Auch gilt wieder, dass die halbe Länge für Vertikalerder ausreicht. Als Vertikalerder können Profilstab-, Stab- oder Rohrerder zum Einsatz kommen, die im Abstand von ca. einem Meter zur Außenwand in das Erdreich einzuschlagen sind. Der horizontal verlegte Typ-A-Erder ist auch im Abstand von ca. einem Meter zur Gebäudeaußenwand und mindestens 0,5 Meter tief im Erdreich zu verlegen. Geeignete Werkstoffe sind zum Beispiel blanker Kupferdraht mit 8 Millimetern Durchmesser, das entspricht einer Leiterquerschnittsfläche von 50 mm^2, oder verzinkter Stahldraht mit einem Durchmesser von 10 Millimetern, der eine Leiterquerschnittsfläche von 70 mm^2 aufweist. Die Typ-A-Erder sind entsprechend den Ableitungen so gleichmäßig wie möglich auf den Gebäudeumfang aufzuteilen.

Anmerkung:

Grundsätzlich ist die Einhaltung der Erdungsleiterlänge nicht erforderlich, wenn der Typ-A-Erder einen Erdungswiderstand < 10 Ohm erreicht.

2. Äußerer Blitzschutz

2.5 Antennenerdung

Die Antennenerdung soll verhindern, dass auf dem Außenleiter der Koaxialkabel und den Metallteilen der Antennenanlage gefährliche Spannungen auftreten. Sie ist unter Berücksichtigung der DIN VDE 0855 Teil 1 auszuführen.

Bild 2.5.1.

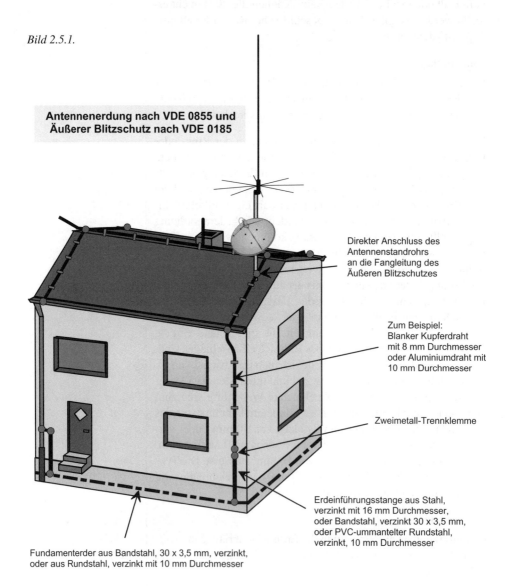

2.4 Erdungsanlage

Das Vorhandensein einer Äußeren Blitzschutzanlage bietet gute Voraussetzungen für die Erdung eines Antennenstandrohrs, das nur auf möglichst kurzem Weg direkt mit der Fangleitung des Äußeren Blitzschutzes zu verbinden ist (Bild 2.5.1). Der Erdungsleiter soll nach Möglichkeit aus demselben Werkstoff wie die Fangleitung bestehen und auch den gleichen Durchmesser wie die Fangleitung der Äußeren Blitzschutzanlage aufweisen.

Für ein Gebäude ohne Äußeren Blitzschutz verlegt der Elektroinstallateur meist den Leitungstyp NYM 1×16 mm^2 als Erdungsleitung. Im Normalfall verbindet diese Erdungsleitung das Antennenstandrohr auf dem Dach des Gebäudes mit der Hauptpotentialausgleichsschiene (Bild 2.5.2), die sich in der Regel im Keller des Wohnhauses befindet. Der Kupferleiter des Leitungstyps NYM ist ab 16 mm^2 Querschnittsfläche nicht mehr eindrahtig, sondern mehrdrahtig und auf Grund dessen nicht sehr gut für diesen Anwendungsfall geeignet. Der Kabeltyp NYY 1×16 mm^2 enthält dagegen einen eindrahtigen Kupferleiter, der mechanisch belastbarer ist.

Der alleinige Anschluss des Antennenstandrohrs an die Hauptpotentialausgleichsschiene kann einen Äußeren Blitzschutz in der Regel nicht ersetzen, weil sich das Gebäude meist nicht vollständig im Schutzraum des Antennenmastes befindet. Aus diesem Grund sind nach wie vor Blitzeinschläge in ungeschützte Gebäudekanten möglich.

Üblicherweise verlegen die Elektriker die Erdungsleitung innen durch das Gebäude zur Hauptpotentialausgleichsschiene. Schlägt der Blitz in einen auf diese Weise angeschlossenen Anntennenmast ein, fließt mit Sicherheit der größte Teil des Blitzstromes über den Erdungsleiter durch das Gebäude zur Erdungsanlage. Erfahrungsgemäß ist ein im Wohnhaus verlegter Erdungsleiter fast immer parallel zu nachrichten- und energietechnischen Leitungen verlegt. Aufgrund der parallelen Verlegung kommt es im Blitzeinschlagsfall nicht nur zu hohen induktiven Spannungseinkopplungen in die Gebäudeinstallationen. Es sind darüber hinaus auch Überschläge in Form von Lichtbögen möglich (galvanische Kopplung), die nicht nur hohe Blitzspannungen, sondern auch hohe Blitzströme einkoppeln. Hinzu kommt, dass die heißen Lichtbögen einen Brand verursachen können.

Bild 2.5.2.

2. Äußerer Blitzschutz

Aus den zuvor genannten Gründen sollte die Antennenerdungsleitung, unter Einhaltung der Näherungsabstände, immer außen am Gebäude verlegt werden (Bild 2.5.3). Die Einführung der Antennenerdungsleitung in das Gebäude ist unmittelbar über der Geländeoberfläche an einer Stelle durchzuführen, die einen kurzen Leitungsweg innerhalb des Gebäudes zur Hauptpotentialausgleichsschiene ermöglicht.

Für Gebäude ohne Fundamenterder muss der Antennenerdungsleiter zusätzlich zu dem Anschluss an die Hauptpotentialausgleichsschiene den Anschluss an einen Vertikalerder erhalten, der

Bild 2.5.3.

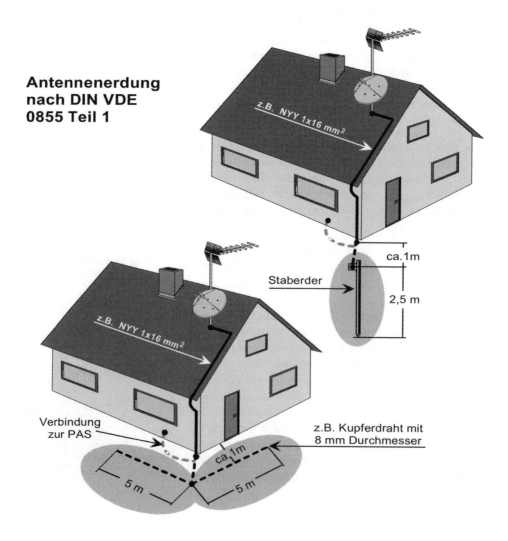

Antennenerdung nach DIN VDE 0855 Teil 1

2.4 Erdungsanlage

eine Länge von mindestens 2,5 Metern aufweist. Alternativ zu dem Vertikalerder ist auch ein Horizontalerder zulässig. Dieser muss aus zwei Strahlenerdern bestehen, die mit einer Mindestlänge von je 5 Metern, etwa 0,5 Meter tief, im Abstand von ca. 1 Meter zu der Außenwand des Gebäudes, einzubringen sind (Bild 2.5.3). Als Horizontalerder sollte ein blanker Kupferdraht mit 8 mm Durchmesser bevorzugt werden. Handelsübliche Stab-, Profilstab- (Bild 2.5.4) oder Rohrerder aus verzinktem Stahl eignen sich zum Beispiel für den Einsatz als Vertikalerder. Zu beachten ist, dass das Eintreiben eines 2,5 Meter langen Vertikalerders oft sehr schwierig und bei steinigem Boden nahezu unmöglich ist.

Bild 2.5.4.

Das Bild 2.5.4 zeigt als negatives Beispiel einen Profilstaberder, der einen zu geringen Abstand zur Außenwand des Gebäudes aufweist. Der spulenförmig gewickelte Erdungsleiter ist mit Sicherheit nicht als möglichst kurze und impedanzarme Verbindung zu betrachten. Hinzu kommt, dass sich dieser Erder vermutlich keine 2,5 Meter tief im Erdreich befindet, da er die Geländeoberfläche um ca. einen halben Meter überragt.

Anmerkung:

Grundsätzlich darf als Erdungsleiter für einen Antennenträger kein PE-, PEN- oder N-Leiter der elektrischen Anlage verwendet werden. Die Schirme (Außenleiter) von Koaxialkabeln, die zur Verlegung in Wohngebäuden üblich sind, eignen sich wegen ihres viel zu geringen Querschnitts nicht als Erdungsleiter.

Wie in Bild 2.5.1 dargestellt, sollte als Erdungsleiter für die Antennenerdung ein Leiter verwendet werden, wie er für die Installation der Fangeinrichtung einer Äußeren Blitzschutzanlage üblich ist. Dazu gehören zum Beispiel der Kupferdraht mit 8 mm Durchmesser und der Aluminiumdraht mit 10 mm Durchmesser. Der Grund für die Anwendung dieser Leitungen ist die gegenüber dem 16 mm^2 Kupferleiter höhere mechanische Festigkeit und größere Strombelastbarkeit. Hinzu kommt, dass es für diese Leiterdurchmesser eine große Auswahl an geeigneten Dachleitungs- und Wandleitungshaltern sowie Anschlussklemmen und Anschlussschellen im Handel gibt. Obwohl „Nicht rostender

2. Äußerer Blitzschutz

Werkstoff	(Rho) ρ Spezifischer Widerstand	(Kappa) κ Leitfähigkeit
Kupfer (Cu)	0,0178	56
Aluminium (Al)	0,0303	33
Eisen (Fe)	0,1300	7,7
Niro (V4A / V2A)	1,4000	0,7

Bild 2.5.5.

Stahl" (V2A und V4A) von den Blitzschützern als zulässiger Werkstoff für das Errichten von Blitzschutzanlagen genormt wurde, ist dieser Werkstoff wegen seines schlechten elektrischen Leitwerts (Bild 2.5.5) nur bedingt als Erdungsleiter geeignet. Für die Elektroinstallation in Wohngebäuden wurde bereits vor Jahrzehnten der schlecht leitende Werkstoff

Potentialausgleich und Erdung von Empfangsstellen und Antennen

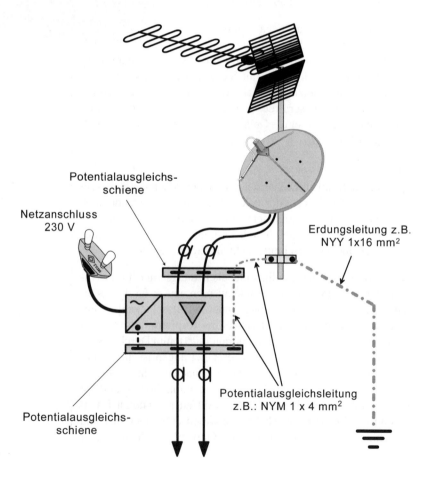

Bild 2.5.6.

2.4 Erdungsanlage

Bild 2.5.7.

Aluminium abgeschafft. In der Blitzschutztechnik ist das eher umgekehrt. Hier werden schlechter leitende Werkstoffe neu eingeführt und wegen der hohen Korrosionsbeständigkeit empfohlen.

Ein Niroleiter, der von einem energiereichen Blitzstrom durchflossen wird, kann Temperaturen erreichen, die über seinen Schmelzpunkt hinausgehen (Brandgefahr). Aus diesem Grund ist der Einsatz von Niroleitern stets zu vermeiden.

Zusätzlich zur Antennenerdung ist für das Antennensystem ein Potentialausgleich herzustellen, das gefährliche Potentialdifferenzen verhindert. Für diesen Zweck sind alle von den Antennen kommenden und zu den Empfangsgeräten abgehenden Koaxialleitungen über eine geeignete Schirmerdungsschiene mit der Potentialausgleichsleitung zu verbinden (Bild 2.5.6). Als Potentialausgleichsleiter eignet sich zum Beispiel der grüngelb gekennzeichnete Leitungstyp H07V-U oder die Leitung NYM mit einer Leiterquerschnittsfläche von mindestens 4 mm^2 (Bild 2.5.7).

Anmerkung:
Die Bestimmungen für den Schutz von Antennenanlagen gegen statische Aufladung und Blitzeinwirkung beziehen sich nicht auf Zimmerantennen und auch nicht auf Antennen, die sich an der Außenwand, mehr als 2 Meter unterhalb der Dachkante befinden, wenn sie nicht weiter als 1,5 Meter von der Außenwand entfernt sind (Bild 2.5.8).

Was geschehen kann, wenn der Blitz in die nicht geerdete Antenne eines CB-Funkers einschlägt, steht im folgenden Bericht einer regionalen Tageszeitung (Bild 2.5.9).

Nach dem Blitzeinschlag wurde die CB-Funkantenne nicht geerdet, sondern einfach nur demontiert. Auf diese Weise ließ sich das Problem schnell und kostengünstig lösen.

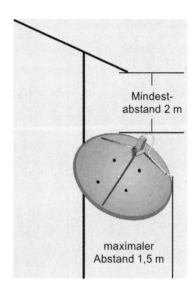

Bild 2.5.8.

2. Äußerer Blitzschutz

Bild 2.5.9.

Ein Blitz durchzuckte den Körper eines Neumarkters

Blitzschlag überlebt.

Keine nennenswerten körperlichen Schäden „Ein Wunder"

NEUMARKT - Ein 32jähriger Mann aus Neumarkt ist vom Blitz getroffen worden und hat ohne nennenswerte körperliche Schäden den überlebt. Die Im Neumarkter Kreiskrankenhaus sprachen von einem Wunder.

Es hat einen Schlag getan, als wenn eine Rakete das Haus getroffen hätte. Dann ging das Licht aus und ich hab' mich gefühlt, als ob ich eine halben Meter kleiner geworden bin. So beschreibt Alois Völkl aus Neumarkt sein Erleben beim Blitzeinschlag. Er stand abends gegen 21 Uhr mit seiner Tante und einem Monteur im Keller seines Hauses in Neumarkt und wollte die Heizungsanlage überprüfen.

Ohne eigentlich einen Grund dafür zu haben, faßte Völkl an den Fenstergriff, In diesem Moment schlug der Blitz ein und traf ihn. Vermutlich hatte der Blitz sich seinen Weg über die Wasserleitung gesucht, neben der Mann stand. " ich hab' gemeint, jetzt ist gar", so der 32jährige. Der Blitz erfaßte den rechten Arm und - trat an beiden Füßen wieder aus. Daß der Neumarkter - von Beruf Straßenwärter und ein regional bekannter Stürmer des Bezirksoberligisten SV Pölling - noch lebt, schreibt er nicht nur seinem " Riesendusel " zu. Ich war barfuß und das war wohl entscheidend. Außerdem bin ich gut durchtrainiert und vertrage einiges", meint er. Erst am nächsten Morgen ließ sich Alois Völkl im Krankenhaus untersuchen, wo ihn die Ärzte sofort auf die Intensivstation verfrachteten. WILFRIED GRÄTZ

Neumarkter Nachrichten, 09. 08. 1994

2.6 Erdungswiderstandsmessung

Der Begriff Erdungswiderstand ist eine Kurzform für die früher verwendeten Begriffe Erdübergangs- oder Erdausbreitungswiderstand. Für den Blitzschutzerder eines Wohngebäudes ist, bis auf eine einzige Ausnahme, kein bestimmter Erdungswiderstand einzuhalten. Diese Ausnahme ist aber eigentlich keine Ausnahme, weil es sie nach Aussagen der „Blitzschützer" überhaupt nicht geben darf. Auf Grund dessen stellt sich natürlich für viele die

2.6 Erdungswiderstandsmessung

Frage, warum folgende Formel in der DIN VDE 0185 Teil 1 enthalten ist:

RA < 5 D

Diese Formel bedeutet, dass der Erdungswiderstand RA kleiner sein muss als der mit dem Wert 5 multiplizierte und geringste Abstand einer oberirdisch verlegten Leitung des Äußeren Blitzschutzes zu Metall- und Elektroinstallationen des Gebäudes. Zum Beispiel würde sich bei einem Meter als geringster Abstand „D" ein einzuhaltender Erdungswiderstand (1 Meter × 5 = 5 Ohm) ergeben, der kleiner als 5 Ohm sein müsste. Die Einhaltung dieses Erdungswiderstandes ist aber nur dann gefordert, wenn kein Blitzschutzpotentialausgleich für das Gebäude vorhanden ist. Der Blitzschutzpotentialausgleich darf aber in einem Gebäude mit Äußeren Blitzschutz nicht fehlen. Das heißt, die zuvor beschriebene Formel in der VDE 0185 Teil 1 ist umsonst und völlig überflüssig?

Auch dann, wenn für eine Blitzschutzerdungsanlage kein bestimmter Erdungswiderstand gefordert ist, muss nach der Errichtung eines Äußeren Blitzschutzes an jeder Erdeinführung der Erdungswiderstand gemessen und in ein Prüfprotokoll eingetragen werden.

Ergibt eine Wiederholungsprüfung höhere Widerstandswerte, erhält der Prüfer, durch den Vergleich mit den protokollierten Messergebnissen der Erstprüfung, den Hinweis auf eine eventuell beschädigte oder durch Korrosion zerstörte Erdungsanlage.

Was der Erdungswiderstand ist, lässt sich am besten mit einem Kugelerder erklären, der sich nur mit seiner unteren Hälfte im Erdreich befindet (Bild 2.6.1). Ein über die Halbkugel ins Erdreich fließender Strom geht gleichmäßig ins Erdreich über, wenn das Erdreich einen

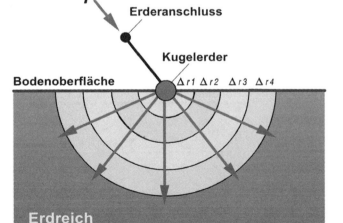

Bild 2.6.1.

2. Äußerer Blitzschutz

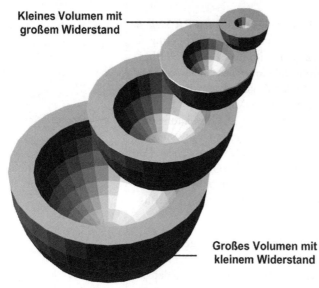

Bild 2.6.2.

gleichmäßigen spezifischen Erdwiderstand besitzt. Der Erdungswiderstand ist die Summe aus vielen Teilwiderständen, die von den halbschalenförmigen Teilen des Erdreiches verursacht werden (Bild 2.6.2).

Mit zunehmender Entfernung zum Kugelerder nimmt auch das Volumen des halbschalenförmigen Erdreiches zu, so dass die Halbschale, die sich in größter Entfernung zum Erder befindet, den kleinsten Widerstand besitzt. Ab einem bestimmten Abstand zum Kugelerder ist

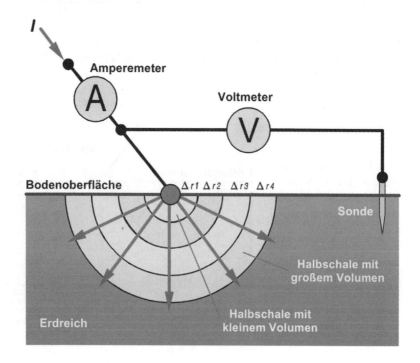

Bild 2.6.3.

2.6 Erdungswiderstandsmessung

der Halbschalenwiderstand wegen seines zu geringen Wertes nicht mehr messbar. Die Summe der messbaren Teilwiderstände ergeben den Gesamtwiderstand, den wir Erdungswiderstand nennen.

Für die Messung des Erdungswiderstandes ist außerhalb des vom Messstrom beeinflussten Bereichs eine Sonde, bestehend aus einem kleinen Erdspieß, ca. 20 bis 30 cm tief ins Erdreich einzubringen. Bei der Messanordnung in Bild 2.6.3 zeigt das Amperemeter den über das Erdreich zur Sonde fließenden Strom an, und das Voltmeter erfasst den Spannungsfall, den der Erdungswiderstand verursacht. Mit diesen Werten kann man über das Ohmsche Gesetz (R = U/I) den Erdungswiderstand errechnen.

Die Anwendung des zuvor beschriebenen Messverfahrens erfordert, dass der Erder unter Spannung gesetzt wird. Wegen der hohen Schrittspannung, die ein Mensch in nächster Nähe des Erders abgreifen kann (Bild 2.6.4), darf die 230-V-Netzspannung nur unter Beachtung der maßgebenden Normen angewandt werden.

Die für Erdungsmessungen zugelassenen Messgeräte entsprechen der DIN VDE 0413. Sie messen meist mit einer Spannung, die unter der maximal zulässigen Berührungsspannung (50 V bzw. 25 V) liegt. Darüber hinaus sind VDE-konforme Prüfgeräte im Handel erhältlich, die den Messstrom auf 3,5 mA begrenzen oder den Messvorgang automatisch innerhalb von 0,2 Sekunden unterbrechen.

Bild 2.6.5.

In der Praxis kommen für die Messung von Erdungswiderständen meist moderne Erdungsmessinstrumente zum Einsatz (Bild 2.6.5), die einen eigenen Generator zur Erzeugung eines konstanten Messstromes besitzen. Die Messwechselspannung befindet sich bei diesen Geräten in einem ungefährlichen Bereich, und die Messfrequenz liegt außerhalb der 50-Hz-Frequenz, um Verfälschungen der Messergebnisse durch das 230/400-V-Netz zu vermeiden.

2. Äußerer Blitzschutz

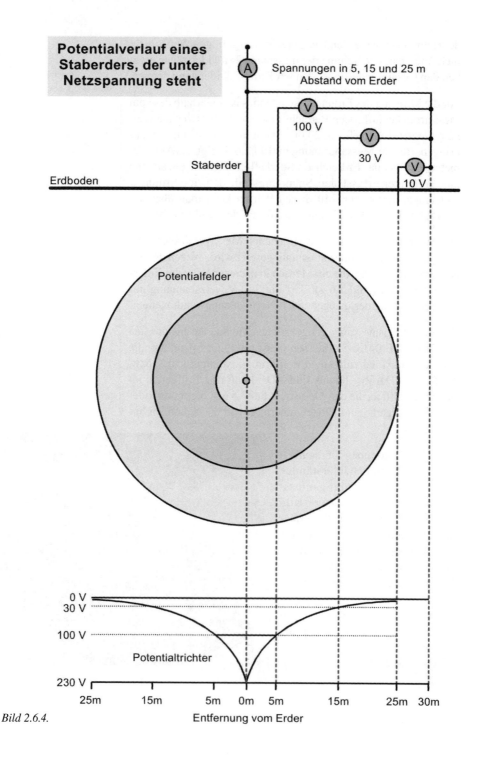

Bild 2.6.4.

2.6 Erdungswiderstandsmessung

Das Bild 2.6.6 zeigt das Schema eines Erdungsmessgerätes, das den Erdungswiderstand über eine Sonde und einen Hilfserder ermittelt. Die erfassten Messwerte werden im Messgerät umgesetzt und sind als Widerstandswert auf dem digitalen Anzeigedisplay ablesbar.

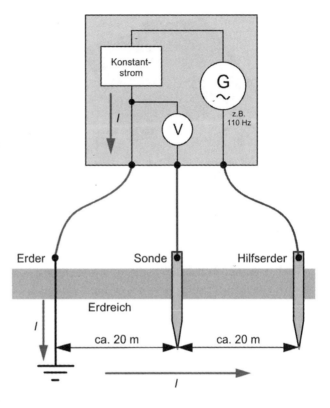

Bild 2.6.6.

Die Messung erfordert, dass Sonde und Hilfserder außerhalb des erdnahen Bereiches ins Erdreich eingebracht werden. Also in dem Bereich, den wir Bezugserde nennen. Sonde und Hilfserder müssen soweit voneinander entfernt sein, dass sie sich durch ihren eigenen Erdungswiderstand nicht gegenseitig beeinflussen. Aus diesem Grund ist zwischen Sonde und Hilfserder ein Abstand einzuhalten, in etwa so groß wie der Abstand vom Erder zur Sonde. Entsprechend den Spannungstrichtern nehmen die Potentiale mit zunehmender Entfernung von Erder und Hilfserder ab. In der Mitte zwischen den beiden Erdern entsteht ein so genannter neutraler Bereich, der sich für den Einsatz der Sonde eignet.

Um sicher zu gehen, dass die Sonde auch wirklich im neutralen Bereich steckt, sollten eine zweite und dritte Messung durchgeführt werden, bei denen mit einer um ca. einen Meter in Richtung Erder und um ca. einen Meter in Richtung Hilfserder versetzten Sonde zu messen ist. Weichen die Messergebnisse der zweiten und dritten Messung nicht vom Ergebnis der ersten Messung ab, dann befindet sich die Sonde im neutralen Bereich.

Auf dem Bild 2.6.7 ist die typische Anordnung für die Messung des Erdungswiderstandes eines Ringerders zu sehen. Bei der Messung muss sich die Sonde nicht unbedingt (wie dargestellt)

2. Äußerer Blitzschutz

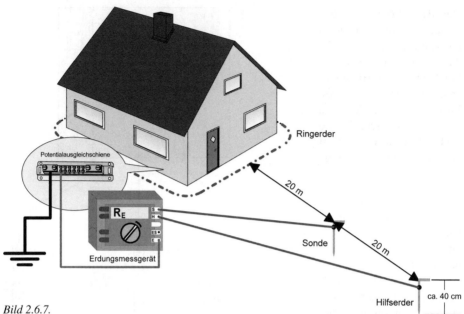

Bild 2.6.7.

Bild 2.6.8.

in einer Flucht zum Erder und Hilfserder befinden. Oft ist eine Anordnung im Dreieck zweckmäßiger und leichter realisierbar. Die dreieckige Anordnung ermöglicht geringere Abstände für Sonde und Hilfserder zur Erdungsanlage. Zu Ungunsten der Erdungswiderstandsmessung hält auch in ländlichen Gegenden der Trend an, dass die Wohngebäude immer größer gebaut werden, was eine größere, vom Fundamenterder umschlossene Fläche mit sich bringt. Diese größere Fläche erfordert größere Abstände zwischen Erder, Sonde und Hilfserder. Gleichzeitig werden heute die Bauplätze für Wohnhäuser immer kleiner, so dass für den Einsatz von Sonde und Hilfserder kein Einsatzbereich vorhanden ist, der nicht durch die Potentialtrichter von anderen Erdungsanlagen beeinflusst wird. Das bedeutet, dass sich dieses Messverfahren mit Sonde und Hilfserder nur für Anwesen eignet, deren Häuser von einem großen unbebauten Grundstück umschlossen sind. Für das Messen der Erdungswiderstände von Erdungsanlagen mit großer Ausdehnung gilt als grober Richtwert für den einzuhaltenden Sonden- und Hilfserderabstand das 2,5 bzw.

2.6 Erdungswiderstandsmessung

5fache von der größten Diagonale der vom zu messenden Erder umschlossenen Fläche. Aus diesem Grund wird in dicht bebauten Gebieten für die Messung der Erdungswiderstände meist eine Erdungsmesszange verwendet (Bild 2.6.8).

Die Erdungsprüfzange von CHAUVIN ARNOUX vereinfacht die Erdungsmessung enorm und erspart das zeitraubende Öffnen der Trennstellen von Äußeren Blitzschutzanlagen. Benötigte man für konventionelle Erdungsmessungen eine Sonde als Potentialabgriff und einen Hilfserder, um den Stromkreis des Messstromes zu schließen, so reicht bei diesen neuartigen Messverfahren ein Messgerät, das den Erdleiter nur mit seiner Zange umschließt.

Die induktive Erdschleifenmessung mit dem Zangenmessgerät beruht auf dem Transformatorprinzip. Eine Messspannung, die eine eingebaute Batterie erzeugt, wird mittels Einspeisezange (Primärwicklung) auf die Erdungsanlage übertragen. In dieser bildet sich aufgrund der vorhandenen niederohmigen Leiterschleife (Sekundärwicklung) ein Messstrom. Die Leiterschleife bildet zum Beispiel beim Äußeren Blitzschutz der Weg vom Fundamenterder über die Ableitung 1 und der Dachverbindung zur Ableitung 2 und von dieser zurück zum Fundamenterder.

Nach den Ohmschen Gesetz ($R = U/I$) wird automatisch der gesuchte Erdschleifenwiderstand ermittelt und digital angezeigt. Mit diesem Verfahren lassen sich alle notwendigen Erdungsmessungen in kürzester Zeit vornehmen, ohne das lästige Auslegen von Messkabel und Setzen von Hilfserdern sowie Öffnen von Trennstellen.

Darüber hinaus lassen sich mit dieser Messzange schlechte Löt- und Schweißverbindungen, verrostete Anschlüsse und lockere Schrauben problemlos lokalisieren. Gleichzeitig erhöht sich die Sicherheit für Prüfer und Anlage während der Prüfung, da keine Unterbrechung von Erdungsverbindungen erfolgt. Die Erdungsmesszange ermöglicht im Messbereich von 0,01 Ohm bis 1,2 kOhm eine gute Beurteilung aller Erdungsanlagen. Sie besitzt zusätzlich eine AC-Strommessfunktion, mit der sich selbst schwache Leckströme im Erder (1 mA AC bis 30 A AC) lokalisieren lassen. Im Alarmmodus kann ein beliebiger Sollwert vorgegeben werden. Bei Über- oder Unterschreitung des eingestellten Wertes alarmiert die Zange optisch und akustisch. Bis zu 99

2. Äußerer Blitzschutz

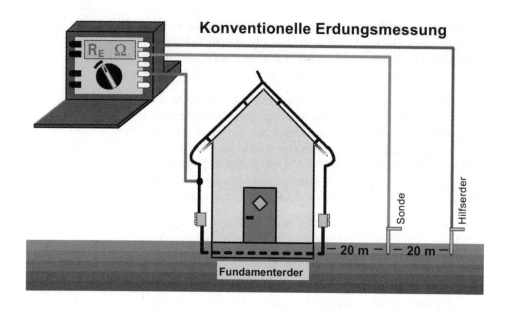

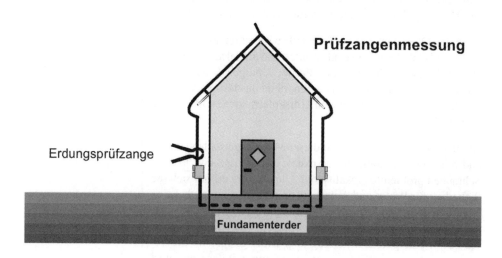

Bild 2.6.9.

Messungen können gespeichert und zu einem späteren Zeitpunkt ausgewertet werden. Alle Daten bleiben auch nach Abschalten des Gerätes bis zu einer gewollten Löschung erhalten.

Über die Messgenauigkeit dieser unterschiedlichen Messmethoden (Bild 2.6.9) streiten sich die Gelehrten, obwohl es keinen

Grund dafür gibt, weil nach DIN VDE 0413 der zulässige Messfehler für Erdungsmessgeräte 30 % betragen darf. Hinzu kommt, dass der Erdwiderstand unter Berücksichtigung der Jahreszeit und der Niederschläge mehr als ± 30 % betragen kann.

2.7 Erdwiderstandsmessung

Der Erdwiderstand ist der spezifische elektrische Widerstand des Erdreiches. Er wird in Ohmmeter angegeben und bildet sich aus dem Widerstand, den ein Würfel des Erdreiches mit einem Meter Kantenlänge besitzt. Er ist abhängig von der Bodenzusammensetzung, der Feuchtigkeit und der Temperatur des Erdreiches. Zunehmende Feuchtigkeit vermindert den spezifischen Erdwiderstand erheblich. Die Schwankungen können entsprechend der Bodenfeuchtigkeit und Jahreszeit ± 30 % und mehr betragen. Das Bild 2.7.1 zeigt die Mittelwerte für die spezifischen Erdwiderstände von verschiedenen Bodenarten.

Mittelwert für den spezifischen Erdwiderstand ϱ_E in (Ω m)	
Lehmboden	100
Sandboden	200 bis 1000
Steiniger Boden	1000 bis 3000

Bild 2.7.1.

Die Unterschiede sind extrem. So hat zum Beispiel ein sandiger oder kieshaltiger Boden einen zehnmal höheren spezifischen Erdwiderstand als Lehmboden. Die Werte für den spezifischen Erdwiderstand stellen grobe Mittelwerte dar, die im Einzelfall starken Schwankungen unterliegen. Beispielsweise kann bei Lehmböden der Toleranzbereich zwischen 20…300 Ohmmeter liegen; bei trockenem Sand- oder Kiesboden liegt der Erdwiderstand in einem Bereich, der bei ca. 200 Ohmmeter beginnt und etwa bei 3.000 Ohmmeter endet.

Der spezifische Erdwiderstand ist die physikalische Größe, die zur Berechnung von Erdleiterlängen bzw. Erdungsanlagen dient. Er ist heute besonders wichtig, weil die Erdleiterlänge nach VDE V 0185 Teil 100 für die Blitzschutzklassen 1 und 2 vom spezifischen Erdwiderstand abhängig ist (siehe Bild 2.4.7). Zur Ermittlung bedient man sich der Messmethode von Wenner. Für die Messung kann eine Erdungsmessbrücke oder ein nach dem Strom-Spannungs-Messverfahren arbeitendes Messgerät verwendet werden.

2. Äußerer Blitzschutz

Bild 2.7.2.

Wenner Messmethode für die Ermittlung des spezifischen Erdwiderstandes

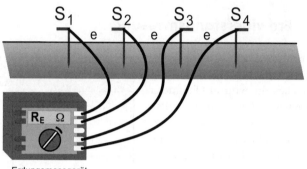

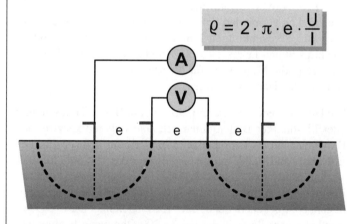

Vor der Messung werden in den Erdboden vier gleich lange Sonden bzw. Erdspieße in gerader Linie und in gleichem Abstand e voneinander eingebracht. Die Einschlagtiefe darf maximal 1/3 von e betragen. Die zwei äußeren Erdspieße werden mit den Klemmen E (Erder) und H (Hilfserder) am Messgerät verbunden. Zwischen diesen beiden Sonden fließt der Messstrom. Die anderen beiden Erdspieße werden an den Klemmen S und ES am Messgerät angeschlossen. Über diesen Sondenmesskreis wird der durch den Messstrom erzeugte Spannungsfall hochohmig abgegriffen. Der am Messgerät angezeigte Widerstandswert R ermög-

2.7 Erdwiderstandsmessung

licht die Berechnung des spezifischen Erdwiderstandes nach der oberen Formel auf Bild 2.7.2. Die Formel auf dem unteren Teil des gleichen Bildes dient zur Berechnung des Erdwiderstandes, wenn die Werte für U und I mit dem Strom-Spannungs-Messprinzip ermittelt werden konnten.

Die Messmethode von Wenner erfasst den spezifischen Erdwiderstand bis zu einer Tiefe, die in etwa dem Abstand e zweier Erdspieße entspricht. Vergrößert man den Abstand e, so können tiefere Erdschichten mit erfasst und der Boden auf Homogenität geprüft werden. *Homogen* bedeutet *gleichartig im Stoffaufbau*. Für das Gegenteil von *homogen* steht der Begriff *heterogen*. Ein Erdreich mit unterschiedlichen physikalischen Eigenschaften ist heterogen.

Theoretisch könnten wir den spezifischen Erdwiderstand auch an einem Würfel aus homogenem Erdreich (mit einem Meter Kantenlänge) ermitteln, wenn auf zwei gegenüberliegenden Seiten des Würfels Metallplatten zum Messen des Ohmschen Widerstandes angebracht sind. Würde zum Beispiel an diesen Metallplatten, zwischen denen sich ein Kubikmeter nasser Lehmboden mit einem spezifischen Erdwiderstand von 50 Ohmmetern befindet, eine Spannung von 50 V angelegt, so käme ein Strom von einem Ampere zum Fließen (Bild 2.7.3).

Durch mehrfaches Verändern von e ergeben sich eventuell mehrere verschiedene Messwerte, die auf einen geeigneten Erdertyp schließen lassen. Je nach der zu erfassenden Tiefe wird man den Abstand e zwischen 2 m und 30 m wählen. Es ergeben sich daraus Kurven, wie sie in Bild 2.7.4 dargestellt sind.

Ergeben die Messungen eine Kurve ähnlich Bild 2.7.4/1, sind Vertikalerder am sinnvollsten, da sich der spezifische Erdwiderstand erst in tieferen Erdschichten verbessert.

Das Bild 2.7.4/2 zeigt, dass ein Vertikalerder, der über die Tiefe A hinausgeht, keine besseren Werte zulässt, da der spezifische Erdwiderstand in tieferen Schichten als A wieder zunimmt.

Die Kurve in Bild 2.7.4/3 zeigt, dass der spezifische Erdwiderstand in den tieferen Lagen zunimmt; somit ist zum Beispiel ein 0,5 Meter tief eingebrachter Oberflächenerder empfehlenswert.

2. Äußerer Blitzschutz

Bild 2.7.3.

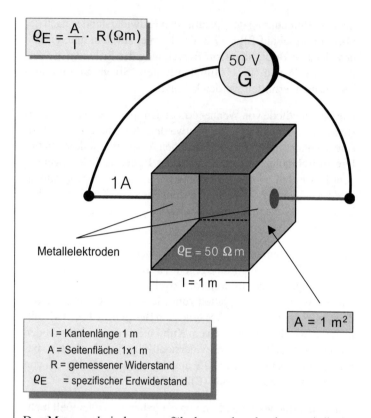

Das Messergebnis kann verfälscht werden durch unterirdische Wasseradern, Wurzelwerk und/oder Metallteile, die sich im Erdboden befinden. Besteht dieser Verdacht, sollte zur Sicherheit eine zweite Messung mit gleichem Abstand e erfolgen, bei der die Achse der Erdspieße um 90° gedreht wird.

Bild 2.7.4.

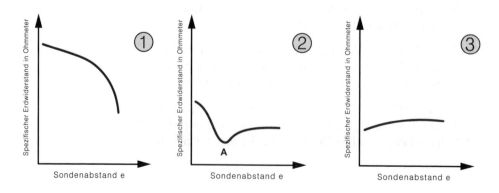

2.7 Erdwiderstandsmessung

Der Erdungswiderstand, der mit den verschiedenen Erdertypen in etwa erreicht wird, ergibt sich aus den in Bild 2.7.5 dargestellten Formeln. Wegen der großen Abhängigkeit des Erdwiderstandes (und auch des Erdungswiderstandes) von der Jahreszeit und Feuchtigkeit sind diese groben Richtwerte für den Praktiker völlig ausreichend.

Berechnung des Erdungswiderstandes R_A in (Ω)	
Vertikalerder	$R_A \approx \dfrac{\varrho_E}{l}$
Strahlenerder	$R_A \approx \dfrac{2 \cdot \varrho_E}{l}$
Ring- / Fundamenterder	$R_A \approx \dfrac{2 \cdot \varrho_E}{3 \cdot D}$

R_A = Erdungswiderstand in (Ω)

ϱ_E = Spezifischer Erdwiderstand in (Ω m)

l = Länge des Erders (m)

A = Umschlossene Fläche des Ringerders (m²)

D = Durchmesser eines Ringerders (m)

$D = 1{,}13 \cdot \sqrt[2]{A}$

Bild 2.7.5.

3. Innerer Blitzschutz

3.1 Ursachen für Überspannungen

Folgende Ursachen können zu Überspannungen in Niederspannungs- und Kommunikationsanlagen führen:

- Blitzeinschlag,
- Schalthandlung,
- Neutralleiterunterbrechung.

Blitzeinschläge untergliedern sich entsprechend ihrer Einschlagstelle in *Direkteinschläge*, *Naheinschläge* und *Ferneinschläge*. Bei einem direkten Blitzeinschlag trifft der Blitz eine bauliche Anlage. Bei einem Blitznaheinschlag schlägt der Blitz beispielsweise in eine elektrische Leitung oder in eine Rohrleitung ein, die in unmittelbarer Nähe des Einschlagpunktes in ein Gebäude führt. Trifft der Blitz eine Hoch- oder Mittelspannungsfreileitung in der Umgebung, so spricht man von einem Blitzferneinschlag. Das gilt auch für Blitze, die in der Umgebung ins freie Feld, in einen Baum oder in eine Hecke einschlagen. Darüber hinaus zählen Blitzentladungen, die sich innerhalb der Wolken ereignen, auch zu den Blitzferneinschlägen, wenn als Folge dieser Entladung Überspannungen in elektrischen Leitungen entstehen (Bild 3.1.1).

Bild 3.1.1

Ursachen für Überspannungen

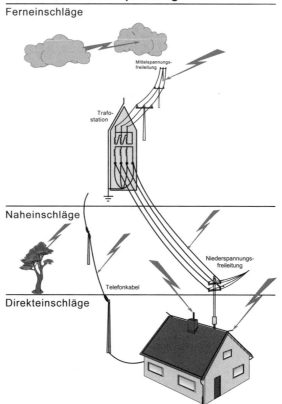

3. Innerer Blitzschutz

Blitze, die in nächster Nähe einschlagen, verursachen in der Regel höhere Belastungen als Blitze mit einer weiter entfernten Einschlagstelle. Während sich ein direkter Blitzeinschlag nur sehr selten ereignet, ist die Wahrscheinlichkeit für einen Blitzferneinschlag verhältnismäßig hoch. Der Grund dafür ist, dass sich im Umkreis von mehreren 100 Metern mehr Blitzeinschläge ereignen können als in einem Umkreis, dessen Radius zum Beispiel nur 10 Meter beträgt.

In den Sommermonaten kommen Gewitterüberspannungen häufig vor. Überspannungen können aber auch durch Schalthandlungen in elektrischen Anlagen entstehen, und das nicht nur in den Sommermonaten, sondern zu jeder Tages- und Jahreszeit. Sie kommen aber in Niederspannungs-Verbraucheranlagen bei weitem nicht so häufig vor, wie oft angenommen wird – das haben die Überspannungs-Messungen vom DKE (Deutsches Elektrotechnisches Komitee) ergeben. Weiterhin ergaben die Rundversuche, dass beim Einhalten einer Spannungsfestigkeit von 2,5 kV die angeschlossenen Elektrogeräte nicht beschädigt werden. Es könne somit festgestellt werden, dass die Stromversorger für ihren Bereich ausreichend Vorsorge gegen Überspannungen getroffen hätten. Eine weitere Schadensquelle sind Überspannungen, die von statischen Aufladungen herrühren. Allerdings sind Schäden, die sich durch statische Aufladungen ergeben, noch seltener als Überspannungsschäden, die sich aus Schalthandlungen ergeben.

Eine weitere Ursache für Überspannungen sind Neutralleiterunterbrechungen, die so genannte zeitweilige Überspannungen zur Folge haben. Diese entstehen meist durch mangelhafte und nicht ausreichend festgezogene Neutralleiterklemmen. Auf Grund der permanenten Wechselwirkung zwischen Erwärmung und Abkühlung des Leiters, die durch unterschiedliche Stromdichten im Leiter verursacht werden, leidet die Leitfähigkeit des Kontaks. Die Neutralleiterklemme beginnt sich zu lockern und fängt an zu schmoren. Nach einer bestimmten Zeit kann dadurch ein Brand oder eine Neutralleiterunterbrechung entstehen. Ein weiterer Grund für die Unterbrechung des Neutralleiters (früher auch Nullleiter oder Mittelpunktsleiter genannt) sind Instandhaltungsarbeiten an der elektrischen Anlage, bei denen der Neutralleiter irrtümlich vor dem Freischalten der Starkstromanlage abgeklemmt oder abgeschnitten wird (Bild 3.1.2).

3.1 Ursachen für Überspannungen

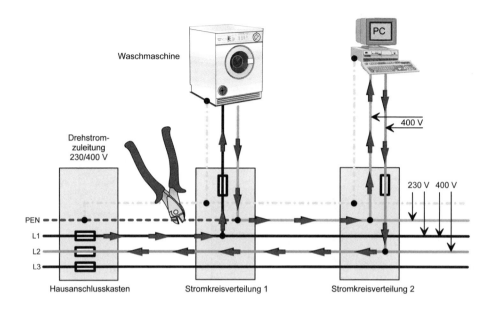

Bei unsymmetrischer Aufteilung der Last auf die drei Außenleiter kommt es zu einer Sternpunktverschiebung der Spannungen. Auf Grund der erhöhten Spannungen werden Geräte beschädigt bzw. zerstört. Die übliche Spannung zwischen zwei Außenleitern beträgt 400 Volt. Im Falle einer Neutralleiterunterbrechung bilden zum Beispiel zwei eingeschaltete Geräte, die an unterschiedlichen Außenleitern angeschlossen sind, eine Reihenschaltung bzw. einen Spannungsteiler zwischen den Außenleitern. An dem Gerät mit der geringeren Stromaufnahme steht dann die höhere Spannung an, die im Extremfall bis zu 400 Volt betragen kann. Kein Elektrogerät, das für die Netzspannung 230 Volt ausgelegt ist, überlebt diese hohe Spannung. Auch dann nicht, wenn diese zeitweilige Überspannung nur wenige Sekunden oder nur für den Bruchteil einer Sekunde anliegt. Durch die Neutralleiterunterbrechung kommt es auch zu Unterspannungen in den Außenleitern mit großer Last. Betriebsmittel mit eingebauten Synchronmaschinen (wie zum Beispiel Waschmaschinen) können sowohl durch Unter- als auch durch Überspannungen zerstört werden. Betroffen sind meist alle Betriebsmittel, die zum Zeitpunkt der Neutralleiterunterbrechung eingeschaltet waren, eingeschaltet wurden oder sich im Stand-by-Betrieb befanden.

Bild 3.1.2

3. Innerer Blitzschutz

Galvanische Einkopplung in ein TT-System

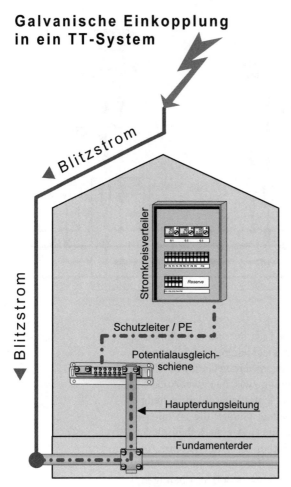

Bild 3.1.4

Bild 3.1.3

Vor einer Neutralleiterunterbrechung kann man sich durch eine gewissenhafte und fachmännische Ausführung der Elektroinstallation und durch regelmäßige Prüfung der Starkstromanlage schützen. Das Risiko einer Neutralleiterunterbrechung kann reduziert werden, wenn ein separater Wechselstromkreisverteiler für die Stromversorgung der wichtigen Bereiche eingesetzt wird. Eine qualitativ gute Elektroinstallation und fachgerechte Anschlüsse sind die Grundvoraussetzung für den störungsfreien Betrieb von modernen Elektrogeräten.

Überspannungsableiter können nicht vor zeitweiligen Überspannungen schützen, die durch eine Neutralleiterunterbrechung entstehen. Sie werden als Folge der Neutralleiterunterbrechung meist gemeinsam mit den angeschlossenen Elektrogeräten zerstört. Überspannungsableiter können grundsätzlich nur Überspannungen zerstörungsfrei ableiten bzw. begrenzen, die nicht wesentlich länger andauern als einige 10 Mikrosekunden. Überspannungen, die als Folge einer Neutralleiterunterbrechung entstehen, halten viel länger an und können theoretisch auch mehrere Stunden vorhanden sein.

3.1 Ursachen für Überspannungen

Das Bild 3.1.3 zeigt einen Überspannungsableiter, der bei einer Neutralleiterunterbrechung völlig zerstört wurde. Die integrierte Abtrennvorrichtung eines Überspannungsableiters kann keine hohen Ströme schalten. Die thermische Abtrennvorrichtung kann den Ableiter nur dann vom Netz trennen, wenn, zum Beispiel nach einer zu hohen Stoßstrombelastung, ein erhöhter Leckstrom von einigen Dutzend oder wenigen Hundert Milliampere über den Ableiter fließt, der den Varistor so lange aufheizt, bis das Weichlot der Abtrennvorrichtung schmilzt.

Die Einkopplung einer Überspannung von einem System in andere Systeme kann galvanisch, induktiv oder kapazitiv auftreten. Die galvanische Einkopplung zählt als härteste Bedrohung für elektrische und elektronische Anlagen. Beim direkten Blitzeinschlag erfolgt die galvanische Kopplung über elektrische Leiter, die direkt mit der Störquelle und der zu schützenden Einrichtung verbunden sind. Das Bild 3.1.4 zeigt den Weg des Blitzstromes, der von der Fangeinrichtung zur Ableitung des Äußeren Blitzschutzes führt. Anschließend fließt ein Teil des Blitzstroms über die Erdungsanlage ins Erdreich. Ein weiterer Teilblitzstrom fließt über die Hauptpotentialausgleichschiene eines TT-Systems und gelangt von dort in die Stromkreisverteilung.

Im TN-System nimmt der Blitzstrom bis zur Hauptpotentialausgleichschiene (PAS) den gleichen Weg. Nach der PAS fließt ein Teilblitzstrom über den Hausanschlusskasten und Zählerschrank zum Stromkreisverteiler (Bild 3.1.5).

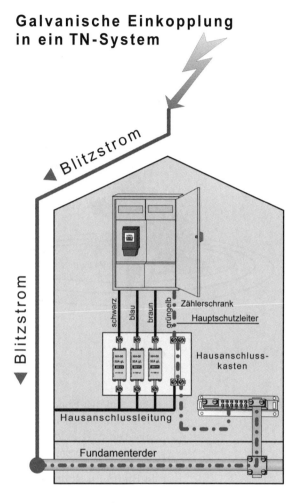

Bild 3.1.5

3. Innerer Blitzschutz

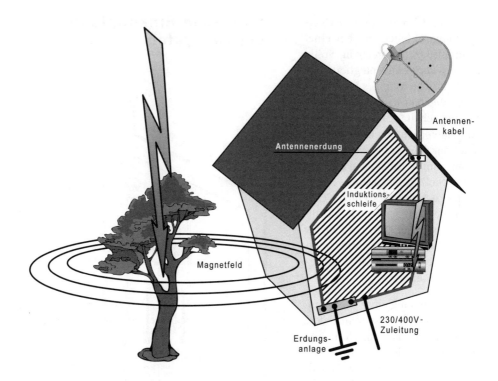

Bild 3.1.6

Die induktive Einkopplung erfolgt durch das magnetische Feld (H-Feld), das einen vom Blitzstrom durchflossenen Leiter umgibt. Dieses H-Feld kann in nahegelegene Leiterschleifen Spannungen induzieren.

In Bild 3.1.6 ist dargestellt, wie ein natürlicher Blitzkanal eine Leiterschleife, bestehend aus Antennenkabel, Potentialausgleichs- und Niederspannungsleitung, induktiv beeinflusst.

In gleicher Weise, nur etwas energiereicher, erfolgt die induktive Kopplung, wenn der Blitz nicht über dem natürlichen Blitzkanal, sondern über die Leitungen einer Äußeren Blitzschutzanlage ins Erdreich fährt. (Bild 3.1.7). Darüber hinaus ist in 3.1.7 dargestellt, wie innerhalb eines Gebäudes eine Leiterschleife aus Daten- und Niederspannungsleitung entsteht.

Alle Leitungen, die parallel zum Blitzkanal oder parallel zu dem vom Blitzstrom durchflossenen Leiter verlaufen, werden auf diese Weise besonders stark beeinflusst. Eingekoppelte Spannungen von mehreren 10.000 Volt können entstehen. Je größer die Kantenlängen einer Leiterschleife sind und je näher sich die Leiterschleife an der Störquelle befindet, desto höher ist auch die induktiv eingekoppelte Überspannung. An der Stelle des geringsten Abstandes einer offenen Leiterschleife kommt es zum Überschlag. Das heißt, der Überschlag findet meist im Gerät statt, weil dort die geringsten Abstände vorhanden sind. Die induktiv eingekoppelte Energie ist bei weitem nicht so hoch wie die Energie, die bei einer galvanischen Kopplung in das Gebäude eindringt. Sie reicht aber meistens aus, um sensible Geräte zu zerstören.

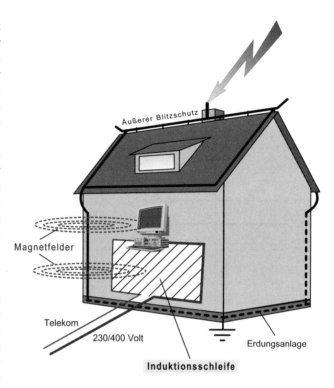

Eine kapazitive Einkopplung kann zwischen zwei Leitern auftreten, wenn zwischen ihnen große Potentialunterschiede herrschen. Dabei überträgt sich die Spannung von dem Leiter, der das hohe Potential führt, auf andere Leiter mit geringerem Potential. Bei diesem Vorgang werden die Koppelkapazitäten als Folge der Blitzeinwirkung aufgeladen und verursachen einen eingekoppelten Strom von einige Dutzend Ampere, der nach dem Überschlag an der Leitungs- oder Geräteisolierung über die Potentialausgleichsleiter ins Erdreich fließt.

Bild 3.1.7

3.2 Das Schutzprinzip

Für einen wirkungsvollen Blitz- und Überspannungsschutz von elektrischen und elektronischen Geräten ist ein konsequent durchgeführter Potentialausgleich die Grundvoraussetzung. Der Geräteschutz könnte theoretisch realisiert werden mit einem elektrischen

3. Innerer Blitzschutz

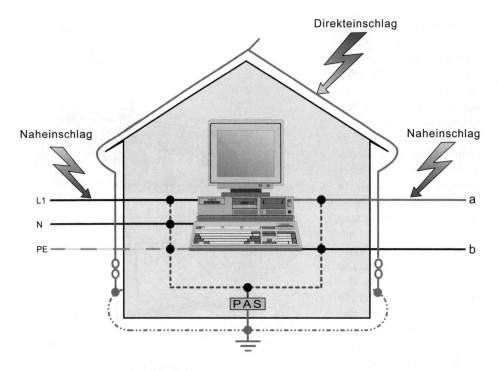

Bild 3.2.1

Leiter, der alle am Gerät angeschlossenen Adern überbrückt, bzw. kurzschließt und mit der Erde verbindet. Wichtig ist, dass die Brücke auch eine impedanzarme Verbindung vom 230-V-Netz zur Telekomseite aufweist. Um eine niederohmige bzw. impedanzarme Verbindung zu erhalten, ist für die Verbindung der beiden Netze ein möglichst kurzer Kupferleiter zu verwenden, dessen Querschnittsfläche zum Beispiel 4 mm^2 beträgt. Darüber hinaus ist es wichtig, dass sich diese Brücke so nah wie möglich am zu schützenden Gerät befindet. Nach dem Einlegen der Brücke spielt es nur eine untergeordnete Rolle, von wo die Beeinflussung kommt (Bild 3.2.1). Die Überspannung kann als Folge eines direkten Blitzeinschlages über die Leitungen des Äußeren Blitzschutzes und dem Potentialausgleiches zum Gerät gelangen oder sie kann als Folge einer Beeinflussung der energie- und/oder informationstechnischen Leitung am Gerät anliegen. Das zu schützende Gerät würde keinen Schaden nehmen, weil es durch die Brücke das sehr hohe Potential bzw. die hohe Spannung annimmt, ohne dass schädliche Spannungsdifferenzen entstehen. Im Überspannungsfall gewährleistet diese Verbindung die Potentialgleichheit zwischen allen Leitern und zwischen den beiden Net-

3.2 Das Schutzprinzip

zen. Dieses Schutzprinzip ist vergleichbar mit einem Vogel, der sich auf die 400.000-Volt-Höchstspannungsleitung setzt, ohne dass ihm etwas geschieht. Der Geier und die Taube in Bild 3.2.2 nehmen auch die hohe Spannung des Freileitungsseiles an, bleiben dabei aber völlig potentialgleich mit den 400.000 Volt. Die Spannung könnte auch mehrere Millionen Volt betragen, ohne dass sich ein Schaden einstellt, solange Potentialgleichheit herrscht. Katastrophale Auswirkungen hätte es dagegen, wenn der Vogel mit seinen Flügeln gleichzeitig zwischen zwei Leiter der Höchstspannungsleitung geraten würde.

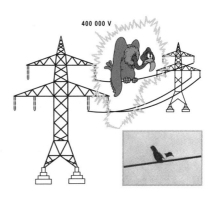

Bild 3.2.2

Leider ist es in der Praxis nicht möglich, die in Bild 3.2.1 gezeigte Drahtbrücke einzulegen. Aus diesem Grund werden als Ersatz für die Brücke elektronische Bauteile eingesetzt, die beim ungestörten Betrieb sehr hochohmig sind. Erst beim Auftreten einer Überspannung werden diese Bauelemente innerhalb kürzester Zeit leitend und stellen für die Zeitdauer der Beeinflussung eine impedanzarme Verbindung zwischen den beiden Netzen sowie der Erdungsanlage her (Bild 3.2.3); sie kehren nach dem Ereignis wieder in den hochohmigen Zustand zurück.

Bild 3.2.3

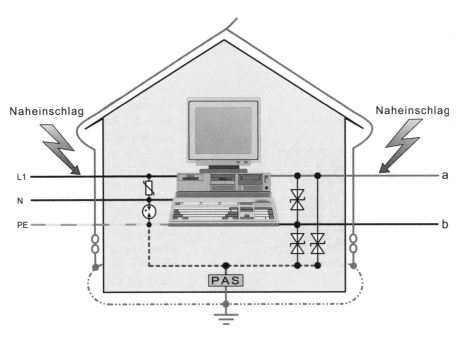

137

3. Innerer Blitzschutz

3.3 Edelgasgefüllte Überspannungsableiter

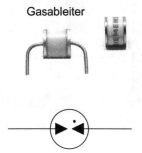

Bild 3.3.1

Bild 3.3.2

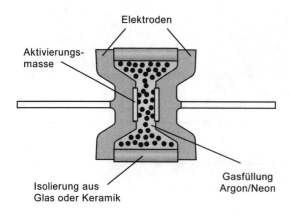

Übliche Bauelemente für den Inneren Blitzschutz bzw. Überspannungsschutz sind Entladungsstrecken, zu denen Luftfunkenstrecken, Gleitentladungsableiter und Gasableiter gehören. Darüber hinaus kommen auch Metalloxid-Varistoren und Suppressor-Dioden sowie Entkopplungsimpedanzen zum Einsatz. Jedes dieser Bauelemente verfügt, entsprechend dem Anwendungsfall, über verschiedene Vor- und Nachteile. Um eine gute Schutzwirkung zu erreichen, ist es wichtig, die Schutzbeschaltung mit dem richtigen Bauelement oder einer geeigneten Bauelementekombination auszuführen.

Gasableiter sind auch unter der Bezeichnung *Gaspillen*, *Gasentladungsableiter* und *edelgasgefüllte Überspannungsableiter* (*ÜsAg*) bekannt. Die Kurzbezeichnung ÜsAg kommt von der Deutschen Bundespost. Sie ergibt sich aus der Bezeichnung „**Ü**berspannungs-**A**bleiter, **g**asgefüllt". Diese bestehen aus einer Elektrodenanordnung, die von einem Glas- oder Keramikröhrchen umschlossen ist (Bild 3.3.1 und 3.3.2). Gasableiter sind Funkenstrecken, bei denen die gegenüberstehenden Elektroden in dem sie umgebenden Isolator einen Entladungsraum bilden. Die Elektroden und die Isolatorwände sind meist mit emissionsfördernden Überzügen ausgestattet. Zwischen den Elektroden, die sich im Abstand von weniger als 1 mm gegenüberstehen, befindet sich das Edelgas Neon, das unter anderem auch in Hochspannungsleuchtröhren zu der Erzeugung von rotem Licht verwendet wird. Weiterhin kann auch das Edelgas Argon zum Einsatz kommen, das in Hochspannungsleuchtröhren für blau leuchtendes Licht sorgt. ÜsAg arbeiten nach dem physikalischen Prinzip der Bogenentladung. Elektrisch gesehen ist der ÜsAg ein spannungsabhängiger Schalter, der bei Erreichen der Zündspannung (je nach Typ ca. 70 bis 10.000 Volt) innerhalb von einigen Nanosekunden zwischen

3.3 Edelgasgefüllte Überspannungsableiter

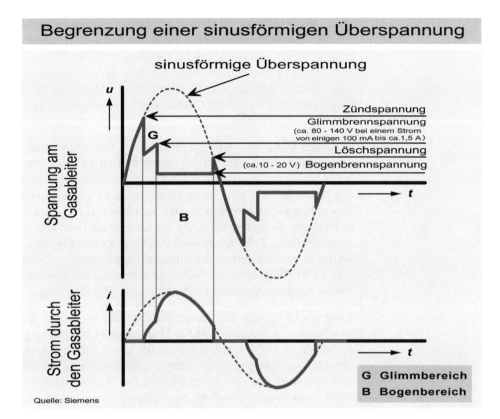

Bild 3.3.3

den Elektroden einen Lichtbogen bildet. Dieser Lichtbogen bewirkt, dass der mit Edelgas gefüllte Ableiter einen sehr niederohmigen und kurzschlussähnlichen Zustand erreicht.

Im ungestörten Betrieb liegt der Widerstand zwischen den Elektroden des Gasableiters bei etwa 10 Gigaohm. Nach dem Zünden durch eine Überspannung erreicht der Widerstand blitzschnell 0,1 Ohm und weniger. Während des Überspannungsanstiegs fließt noch kein Strom über den ÜsAg. Erst nach Erreichen der Zündspannung bricht die Überspannung auf einen Spannungswert, der im Bereich der Zündglimmspannung liegt, zusammen. Nach dem Übergang von der Glimmentladung in die Bogenentladung liegt am Ableiter eine vom fließenden Strom nahezu unabhängige Bogenbrennspannung an, die entsprechend dem Fabrikat und Ableitertyp zwischen 10 und 30 V liegt (Bild 3.3.3). Der Ableiter schließt sozusagen die Überspannung kurz und kehrt

3. Innerer Blitzschutz

nach dem Abklingen derselben schlagartig zu seinem hochohmigen Innenwiderstand zurück. Beim Abnehmen der Überspannung reduziert sich der Strom im Lichtbogen, bis der zur Aufrechterhaltung einer Bogenentladung erforderliche Strom von einigen Dutzend Milliampere unterschritten wird. Danach reißt die Bogenentladung ab, und der Gasableiter löscht nach dem Durchlaufen der Glimmphase.

Liegt am ÜsAg eine Betriebsgleich- oder Betriebswechselspannung an, kann während des niederohmigen Zustands über den Ableiter ein so genannter Netzfolgestrom fließen. Um diesen Netzfolgestrom selbständig unterbrechen zu können, muss eine anliegende Betriebsgleichspannung kleiner sein als die minimale Bogenbrennspannung, die bei den meisten Gasableitern zwischen 10 bis 30 V liegt. Ein selbständiges Löschen des Folgestroms ist auch im Bereich der Glimmbrennspannung (ca. 70 bis 150 V) möglich, wenn der maximale Strom aus der Betriebsgleichspannungsquelle nicht mehr als einige 100 mA beträgt.

Liegt am ÜsAg eine Betriebswechselspannung an, erfolgt das Löschen des Netzfolgestroms beim Abklingen der Überspannung. Sobald die Betriebswechselspannung den ersten Nulldurchgang erreicht, wird die Bogenbrennspannung unterschritten, und der Lichtbogen erlischt. Dies gilt zum Beispiel nicht für die Betriebswechselspannungen des öffentlichen Stromversorgungsnetzes, da hier Folgeströme von einigen 1000 A auftreten, die den Ableiter zerplatzen lassen, bevor die Netzspannung den Nulldurchgang erreicht.

Aus diesem Grund ist der ÜsAg für die Beschaltung eines Außenleiters im 230/400-Volt-Starkstromnetz nicht geeignet. In der 230-V-Netzsteckdosenebene können aber Gasableiter zwischen dem Neutral- und Schutzleiter eingesetzt werden, da hier keine Netzfolgeströme auftreten können. Zu beachten ist, dass ein Gasableiter, der zwischen N und PE zum Einsatz kommt, eine Nennspannung von mindestens 600 V aufweisen muss. Der Grund dafür ist, dass bei einer Isolationswiderstandsmessung an der beschalteten 230-V-Leitung die zur Messung verwendete 500-V-Prüfgleichspannung einen Gasableiter mit kleinerer Nennspannung ansprechen lässt. Die Folge wäre, dass das Isolationsmessgerät nicht den Isolationswiderstand der zu messenden Leitung, sondern den niederohmigen Wert des ÜsAgs anzeigen würde.

3.3 Edelgasgefüllte Überspannungsableiter

Die Zündspannung eines edelgasgefüllten Ableiters ist abhängig von der Steilheit der Überspannung. Je steiler der Spannungsanstieg eines Überspannungsimpulses (Stoßspannung von relativ kurzer Dauer) ist, umso höher sind die Ansprechspannung und die Restspannung, die an den Klemmen des Ableiters beim Fließen des Ableitstoßstromes anliegt.

Ein Gasableiter mit der Nennspannung 90 V begrenzt nur Gleichspannungen und Überspannungsimpulse mit langsamen Anstiegszeiten – wie zum Beispiel 100 V pro Mikrosekunde – auf die angegebenen 90 V, ± der Toleranz, die im Regelfall 10 % oder 20 % beträgt. Überspannungen mit einer Steilheit von 1000 V pro Mikrosekunde werden dagegen nur auf etwa 600 V begrenzt. Das Bild 3.3.4 zeigt einen steilen und flachen Überspannungsimpuls im Vergleich, und auf dem Bild 3.3.5 ist das Ansprechverhalten eines gasgefüllten Überspannungsableiters zu sehen.

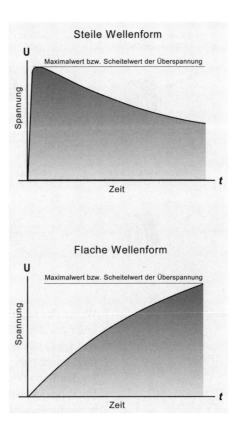

Bild 3.3.4

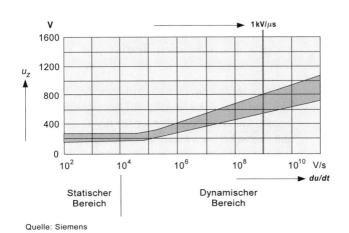

Bild 3.3.5

3. Innerer Blitzschutz

2-Elektroden-Gasableiter mit Anschlussdraht

3-Elektroden-Gasableiter mit Anschlussdraht

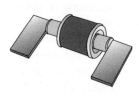

2-Elektroden-Gasableiter mit Kontaktmessern

2-Elektroden-Gasableiter ohne Anschlussdraht

3-Elektroden-Gasableiter ohne Anschlussdraht

2-Elektroden-Gasableiter mit Rundkontakten

Bild 3.3.6

Wegen der relativ hohen Restspannung sind edelgasgefüllte Ableiter für den Überspannungsschutz von sehr sensiblen elektronischen Geräten, deren Spannungsfestigkeit nur einige 10 V beträgt, nicht geeignet, es sei denn, sie werden mit tiefer begrenzenden Bauteilen kombiniert (siehe Kombinationsschaltungen). Im Vergleich zu Metalloxid-Varistoren und Suppressor-Dioden bieten die Gasableiter mit ihren verhältnißmäßig kleinen Bauformen ein sehr hohes Stromableitvermögen, das bei den gebräuchlichen Typen 2,5-, 5-, 10- und 20 kA (8/20) beträgt.

Bild 3.3.7

Gasableiter (symmetrisch)

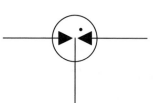

Häufig werden Gasableiter auch als Grobschutz bezeichnet. Die Begriffe *Grob-, Mittel- und Feinschutz* sind nicht exakt definiert und nichtssagend. Um Missverständnisse zu vermeiden, sollten diese Begriffe keine Verwendung finden.

In fernmeldetechnischen Anlagen der Deutschen Telekom bzw. der ehemaligen Deutschen Bundespost werden Gasentladungsableiter für den Personenschutz und Sachschutz seit Jahrzehnten erfolgreich eingesetzt. Der hohe Isolationswiderstand und die geringe Eigenkapazität (je nach Typ 1 bis 7 pF) ermöglichen den Einsatz von gasgefüllten Ableitern in vielen zu schützenden Systemen, ohne dass sich störende Auswirkungen ergeben. Heute sind vermutlich mehrere Milliarden

3.3 Edelgasgefüllte Überspannungsableiter

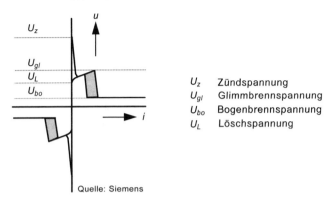

Bild 3.3.8

ÜsAg weltweit in Telekommunikationsanlagen eingesetzt. Zur Anpassung an die Gegebenheiten der unterschiedlichen Anlagen und Systeme sind diese Ableiter in mehreren verschiedenen Bauformen und mit den unterschiedlichsten Anschlüssen erhältlich.

Zu den üblichen Gasableiter-Bauformen zählen die Zwei- und Drei-Elektrodenableiter in der Ausführung als Standard-Knopf- und Mini-Knopfableiter mit und ohne Anschlussdrähte (Bild 3.3.6) deren üblichen Nennspannungen 90, 150, 230, 350 und 600 V betragen.

Die Drei-Elektroden-Gasableiter (Bild 3.3.7) eignen sich zum Beispiel hervorragend für die Beschaltung der Doppeladern von Nachrichtenkabeln. Zu diesem Zweck verbindet man einen der äußeren Anschlüsse des Ableiters mit der a-Ader sowie den verbleibenden äußeren Anschluss mit der b-Ader (der mittlere Anschlussdraht kann gegebenenfalls mit dem Potentialausgleich verbunden werden). Diese Beschaltungsart ermöglicht die Spannungsbegrenzung von symmetrischen Überspannungen, die zwischen den Adern auftreten. Gleichzeitig schützt so ein Gasableiter vor unsymmetrischen Überspannungen, die zum Beispiel zwischen den Adern und dem Leitungsschirm bzw. dem Potentialausgleich auftreten können.

3. Innerer Blitzschutz

3.4 Metalloxid-Varistoren (MOV)

Bild 3.4.1

Varistoren sind bipolare, nicht lineare spannungsabhängige Widerstände, deren Widerstandswert mit steigender Spannung abnimmt. Der im Beeinflussungsfall sehr geringe Widerstand eines Varistors bewirkt quasi das Kurzschließen einer Überspannung. Metalloxid-Varistoren (Bild 3.4.1) ermöglichen entsprechend ihrer Spannungs-/Stromkennlinie ein hohes Ableitvermögen bei verhältnismäßig geringer Restspannung. Varistoren eignen sich für den Überspannungsschutz von Niederspannungsanlagen und elektrischen sowie elektronischen Geräten. Sie werden aber auch zum Schutz von aktiven und passiven elektronischen Bauelementen, Relais, Übertragertransformatoren usw. eingesetzt. Außerordentliche Stoßstrombelastbarkeiten in Verbindung mit einer Ansprechzeit < 25 ns machen bereits die konventionellen Varistoren zum hervorragenden Schutzelement. Mit Metalloxid-Va-

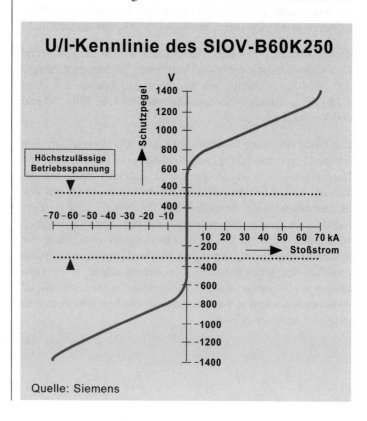

Bild 3.4.2

Quelle: Siemens

3.4 Metalloxid-Varistoren (MOV)

ristoren stehen preisgünstige Bauteile für die Begrenzung von Stoßspannungen und -strömen zur Verfügung. Varistoren sind im Handel für Standardanforderungen als SMD und Scheibentypen sowie für schwerste Belastungen als Blocktypen erhältlich. Mit 60er-Blockvaristoren können zum Beispiel Stoßströme bis 70 kA zerstörungsfrei abgeleitet werden (Bild 3.4.2), und 80er-Blockvaristoren ermöglichen sogar das Ableiten von 100 kA der Wellenform 8/20 (siehe Prüfimpulse).

Bei der Herstellung eines Metalloxid-Varistors wird Zinkoxid zusammen mit anderen Metalloxiden unter bestimmten Bedingungen gesintert (Metallpulver oder keramische Stoffe durch Erhitzen zusammenbacken). Danach lässt sich eine starke Abhängigkeit des Widerstandswertes von der Höhe einer anliegenden Spannung feststellen. Die Zinkoxid-Körner sind gut leitend, während die aus anderen Oxiden gebildete Zwischenphase hochohmig ist. Dort, wo Zinkoxid-Körner direkt zusammenstoßen, bilden sich beim Sintern sogenannte Mikrovaristoren, die über ähnliche Eigenschaften wie Suppressor-Dioden verfügen und deren Ansprechspannung bei etwa 3,5 V liegt. Die elektrischen Eigenschaften eines Metalloxid-Varistors ergeben sich aus der Kombination von vielen in Reihe und parallel geschalteten Mikrovaristoren.

Folgende Regeln lassen sich aus der Bauform eines Varistors ableiten:

1. Die doppelte Keramikhöhe ergibt eine Verdoppelung des Schutzpegels, wegen der doppelten Anzahl von Mikrovaristoren, die in Reihe liegen.

2. Die doppelte Fläche ergibt ein verdoppeltes Ableitvermögen, weil die doppelte Anzahl von Strombahnen parallel liegen.

3. Ein doppeltes Volumen ermöglicht eine Verdoppelung des Energieabsorptionsvermögens, da die doppelte Anzahl von Energieabsorbern in Form von Zinkoxid-Körnern zur Verfügung steht.

Die Parallel- und Reihenschaltung der Mikrovaristoren erklärt die hohe elektrische Belastbarkeit eines Metalloxid-Varistors (MOV). Bei anderen Halbleiterbauelementen erfolgt der Leistungsumsatz zum größten Teil in der meist sehr dünnen p-n-Übergangszone. Die MOV hingegen haben einen Leistungsumsatz, der sich auf das gesamte Bauelementevolumen gleichmä-

3. Innerer Blitzschutz

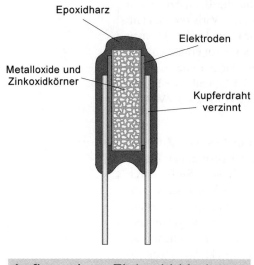

Aufbau eines Zinkoxid-Varistors

Bild 3.4.3

Bild 3.4.4

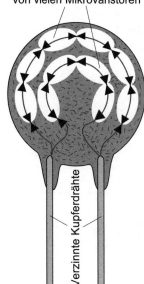

ßig aufteilt. Deswegen ermöglichen sie eine für ihre Größe ungewöhnlich hohe Stoßstrombelastbarkeit.

Scheibenvaristoren bestehen aus einer zylinderförmigen Varistorkeramik, die mit den verzinntem Kupferanschlussdrähten kontaktiert sind. Zur Isolation und zum Schutz gegen mechanische sowie chemische Einflüsse ist die Varistorkeramik von einer etwa 1 mm starken Epoxidharzschicht umschlossen. Blockvaristoren leiten höhere Ströme ab als Scheibenvaristoren. Die dabei auftretenden Energien und elektromechanischen Kräfte machen eine Kontaktierung über Anschlussklemmen erforderlich. Zur Erhöhung der mechanischen Festigkeit und auch zur Erhöhung der Montagefreundlichkeit sind Blockvaristorelemente im Kunststoffgehäuse vergossen.

Die Bilder 3.4.3 und 3.4.4 zeigen den prinzipiellen Aufbau eines Metalloxid-Varistors, in Bild 3.4.5 ist ein leistungsstarker vierziger Blockvaristor dargestellt. Die Typenbezeichnung eines Siemens bzw. EPCOS Metalloxid-Varistors (SIOV) enthält Angaben über Bauart, Varistordurchmesser, Toleranz der Varistorspannung sowie über die höchstzulässige Betriebswechselspannung.

Zum Beispiel steht bei der Typenbezeichnung S 20 K 280 das „S" für Scheibentyp. Die Zahl „20" bedeutet, dass der Durchmesser des wirksamen Varistorelements 20 mm beträgt. Der Buchstabe „K" lässt eine Toleranz der höchstzulässigen Varistor-Betriebswechselspannung von 10 % erkennen, und die Zahl „280" bedeutet, dass der Effektivwert der höchstzulässigen Betriebswechselspannung 280 Volt beträgt.

Bei der Typenbezeichnung B 40 J 300 steht das „B" für Blockvaristor. Die Zahl „40" gibt den Durchmesser des wirksamen Varistorblocks an. Das „J" bedeutet, dass die Toleranz der höchstzulässigen Varistor-Betriebswechsel-

3.4 Metalloxid-Varistoren (MOV)

spannung nur 5 % beträgt, und aus der Zahl „300" geht der Effektivwert der höchstzulässigen Betriebswechselspannung (300 V) hervor.

Die höchstzulässige Betriebsgleichspannung und die höchstzulässige Betriebswechselspannung werden grundsätzlich von den Varistorherstellern angegeben. Zum Beispiel beträgt die für den Varistortyp B 40 J 300 höchstzulässige Betriebsgleichspannung 385 V.

Die Betriebsspannungswerte eines Varistors dürfen nur sehr kurzzeitig überschritten werden. Das heißt, auch bei Betriebsspannungserhöhungen, die zum Beispiel beim unbelasteten Zustand einer Spannungsquelle auftreten können, darf die höchstzulässige Betriebsspannung des Varistors nicht größer sein als der angegebene bzw. errechnete Wert.

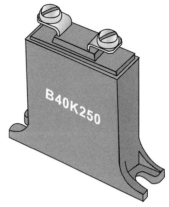

Bild 3.4.5

Der für einen Varistor ermittelte Betriebsspannungswert darf nur von so genannten transienten Überspannungen kurzzeitig, für den Zeitbereich von einigen Mikrosekunden, überschritten werden. Eine Transiente ist eine nichtperiodische und relativ kurze positive und/oder negative Spannungs- oder Stromänderung zwischen zwei stationären Zuständen.

Bild 3.4.6

Die Reihenschaltung von Varistoren unterschiedlicher Nennspannung ermöglicht eine höchstzulässige Varistor-Betriebsspannung, die zwischen den Werten liegen, für die Varistoren lieferbar sind.

Die Reihenschaltung ermöglicht eine genaue Anpassung der Varistoren an nicht übliche Betriebsspannungen. Darüber hinaus ist durch die Reihenschaltung auch eine Erweiterung der Betriebsspannung nach oben möglich. Bei der Reihenschaltung ergibt sich die höchstzulässige Betriebsspannung aus der Addition der Varistorspannungen. Wie in Bild 3.4.6 dargestellt, erhält man durch die Reihenschaltung eines 11-V-Varistors mit einem 230-V-Varistor eine höchstzulässige Betriebswechselspannung von 241 Volt.

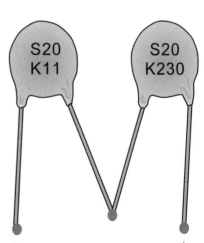

3. Innerer Blitzschutz

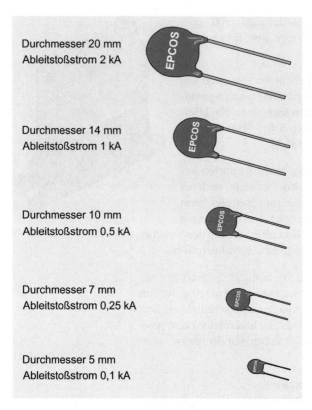

Durchmesser 20 mm
Ableitstoßstrom 2 kA

Durchmesser 14 mm
Ableitstoßstrom 1 kA

Durchmesser 10 mm
Ableitstoßstrom 0,5 kA

Durchmesser 7 mm
Ableitstoßstrom 0,25 kA

Durchmesser 5 mm
Ableitstoßstrom 0,1 kA

Bild 3.4.7

Um die gewünschte Spannung zu erreichen, ist auch die Reihenschaltung mit mehreren Varistoren zulässig. Zu beachten ist, dass für die Reihenschaltung nur Varistortypen mit demselben Durchmesser eingesetzt werden sollten.

Zur Erhöhung der Strombelastbarkeit können MOV auch parallel geschaltet werden. Dies ist aber nur mit für diesen Zweck geeigneten Typen, die eine sehr geringe Toleranz aufweisen, sinnvoll. Bei der Verwendung von Standard-Varistoren kann sich im Überspannungsfall eventuell eine Stromaufteilung von 1000:1 ergeben, wenn sich zum Beispiel einer der beiden Varistoren an der oberen und der andere Varistor an der unteren Grenze des Toleranzbereiches befindet. Nach Möglichkeit sollte immer der Einsatz einer leistungsfähigeren Scheibe oder eines leistungsfähigeren Blockvaristors bevorzugt werden. Die gängigen Scheibenvaristoren (Bild 3.4.7) verfügen über 0,1 kA bis 2 kA Stoßstromableitvermögen 8/20 (siehe Prüfimpulse). Das Bild 3.4.7 zeigt deutlich, dass das Stoßstromableitvermögen mit zunehmenden Scheibendurchmesser ansteigt. Die hier angegeben Werte für den Ableitstoßstrom sind Einmalwerte. Das heißt, der Varistor kann den Stoßstrom in der angegebenen Höhe nur einmal zerstörungsfrei ableiten. Vor allem in älteren Datenblättern sind auch die Stoßströme angegeben, die ein Varistor mehrfach ableiten kann. Zum Beispiel kann eine 20er-Scheibe 1×2 kA, $100 \times 0,5$ kA, 10.000×125 A und $1.000.000 \times 30$ A zerstörungsfrei ableiten. Für die 10er Varistorscheibe sind die nachfolgend aufgeführten Werte dementsprechend niedriger: $1 \times 0,5$ kA, 100×125 A, 10.000×50 A und $1.000.000 \times 25$ A 8/20.

3.4 Metalloxid-Varistoren (MOV)

Die Überlastung bzw. Zerstörung eines Metalloxid-Varistors kann durch zu hohen Stoßstrom oder durch eine unzulässig hohe Dauerbelastung entstehen. Eine Dauerüberlastung, die als Folge einer unzulässig hohen Betriebsspannung entsteht, bewirkt bei einem zu hohen Strom über den Varistor, dass die einzelnen ZnO-Körner zusammenschmelzen. Die p-n-Übergänge im Varistorelement werden dadurch zerstört. Es bilden sich niederohmige Leiterbahnen mit dem Bahnwiderstand des Metalloxids. Bei geringfügiger Überlastung verschiebt sich die U/I-Kennlinie eines MOV nach unten. Die Varistorspannung erreicht durch die nur teilweise zerstörten Mikrovaristoren Werte, die kleiner sind als die angegebene Varistor-Nennspannung. Ein viel zu hoher Stoßstrom lässt das Varistorelement zerplatzen, wodurch der Stromfluss über den Varistor sofort unterbrochen wird.

Das Bild 3.4.8 zeigt die U/I-Kennlinie eines Scheibenvaristors mit einem Durchmesser von 14 mm und mit einer Nennspannung von 14 Volt (S14K14).

Bild 3.4.8

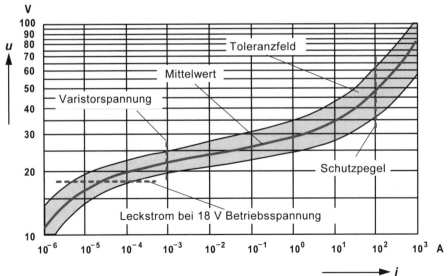

Quelle: Siemens

3. Innerer Blitzschutz

Die Varistorspannung ist die Spannung, die an den Varistor-Anschlüssen ansteht, wenn über dem Varistor ein Strom von 1 mA fließt. Beim 14 Volt Varistor beträgt die Varistorspannung etwa 22 Volt, wie in Bild 3.4.8 dargestellt. Bei 10 % Toleranz darf diese Spannung am 1 mA Punkt um 2,2 Volt nach oben oder nach unten abweichen. Aus dem Toleranzwert von 10 % ergibt sich das in Bild 3.4.8 dargestellte Toleranzfeld. Diese U/I-Kennlinie zeigt auch deutlich die Abhängigkeit der Restspannung vom Stoßstrom, den der Varistor ableitet. Je höher der abzuleitende Stoßstrom, desto höher ist auch die Spannung, auf die der MOV begrenzt. Fließt zum Beispiel ein geringer Stoßstrom von nur 10 A über den Varistor, so begrenzt er die Spannung auf 35 V. Ein 100-A-Stoßstrom bewirkt einen Mittelwert des Schutzpegels, der ca. 50 Volt erreicht. Der Schutzpegel bei einem Stoßstrom von 100 A bezieht sich auf eine Spannung, die von der unteren bis zur oberen Toleranzgrenze reicht. Bei dem in Bild 3.4.8 dargestellten S14K14 liegt der Schutzpegel zwischen 35 V und 60 Volt.

Das Bild 3.4.9 zeigt die übliche Darstellung der U/I-Kennlinie eines Varistors. Unterhalb des 1-mA-Punktes wird nur der untere Bereich des Toleranzfeldes gezeigt, da für diesen Bereich der höchste Leckstrom maßgebend ist, der über den Varistor bei ungünstigster Lage im Toleranzfeld fließt. Am 1-mA-Punkt führt die Linie vom unteren zum obersten Wert des Toleranzbandes, da im oberen Bereich der ungünstigste Wert der Spannungsbegrenzung maßgebend ist. Für die meisten Anwendungsfälle empfiehlt es sich, einen Varistortyp auszuwählen, der den tiefsten Schutzpegel ermöglicht. Zu beachten ist, dass die höchstzulässige Betriebsspannung des Varistors gleich der vom Anwendungsfall vorgegebenen Betriebsspannung ist oder dass die höchstzulässige Varistorspannung nur geringfügig über der Betriebsspannung liegt. Weiterhin gilt es zu beachten, dass die zulässige Schwankung im 230-Volt-Niederspannungsnetz bis zum Jahr 2003, 207 Volt bis 244 Volt beträgt; ab dem Jahr 2003 gelten ± 10 %, also 207 Volt bis maximal 253 Volt.

Anmerkung:

Ein Varistor mit höherer Betriebsspannung darf natürlich auch ausgewählt werden, wenn sichergestellt ist, dass der Schutzpegel des Varistors einen wirkungsvollen Schutz ermöglicht. Dies ist wiederum abhängig von der Quer- und Längsspannungsfestigkeit des zu schützenden Gerätes. Die Längsspannungsfestigkeit wird zum Beispiel angegeben mit der höchsten Spannung, die an ei-

3.4 Metalloxid-Varistoren (MOV)

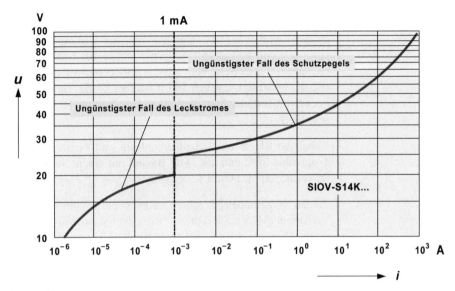

Bild 3.4.9

nem elektrischen oder elektronischen Gerät kurzzeitig zwischen dem geerdeten Metallgehäuse bzw. dem Schutzleiter und/oder Kabelschirm und den am Gerät angeschlossenen anderen Adern einer Versorgungsleitung und/oder einer Datenleitung anstehen darf, ohne dass ein Schaden entsteht. Die Querspannungsfestigkeit bezieht sich dagegen auf die höchste Spannung, die kurzzeitig zwischen den am Gerät angeschlossenen aktiven Adern auftreten darf.

Die Längsspannungsfestigkeit wird von den meisten Geräteherstellern angegeben, so dass unter Berücksichtigung dieses Wertes ein Varistor mit geeignetem Schutzpegel problemlos ausgewählt werden kann. Die Querspannungsfestigkeit eines elektronischen Gerätes ist oft nicht bekannt. Aus diesem Grund sollte für die Querspannungsbegrenzung ein Varistortyp verwendet werden, dessen höchstzulässige Spannung so hoch ist wie die Betriebsspannung (Signal- und/oder Versorgungsspannung/en) des zu schützenden Gerätes oder nur sehr geringfügig darüber liegt.

3. Innerer Blitzschutz

Ein wichtiges Kriterium für Auswahl ist auch die Varistorkapazität, die eventuell eine zu hohe Dämpfung an Datenübertragungen oder Hochfrequenzsignalen verursachen kann. Die Eigenkapazität eines Varistors erhöht sich mit zunehmenden Durchmesser des wirksamen Varistorelements und mit geringer werdender Varistorspannung. Zum Beispiel beträgt die Kapazität eines Varistors mit 5 mm Durchmesser und einer Varistorspannung von 30 Volt (S05K30) nur 580 pF bei 1 kHz. Die Kapazität eines 20er-Scheibenvaristors mit der Nennspannung 11 V (S20K11) beträgt dagegen 18 000 pF bei 1 kHz. Bei einer Frequenz von 100 kHz liegt die Varistorkapazität ca. 10 % über diesem Wert.

Neben der Block- und Scheibenbauform sind Varistoren auch in Tropfenbauform und als SMD-Bauteil mit einem Stoßstromableitvermögen bis etwa 1 kA erhältlich.

Zu den zeitgemäßen Varistoren zählen vor allem die Vielschicht-Varistoren (MLV). Sie repräsentieren die jüngste Varistor-Generation. Diese modernen Varistoren für den Überspannungsschutz bestehen überwiegend aus polykristalliner Zinkoxidkeramik. Sie werden in SMD-Bauformen mit den Betriebsspannungen von 4 bis 150 Volt hergestellt und verfügen fast wie Suppressor-Dioden über die extrem kurze Ansprechzeit von nur 0,5 ns bei minimalem Platzbedarf. MLVs werden vor allem dort eingesetzt, wo kein Platz für Schutzelemente mit großen Bauformen vorhanden ist. Die Schutzeigenschaften der Vielschicht-Varistoren repräsentieren im Überspannungsschutz den neuesten Stand der Technik.

Häufig müssen in verschiedenen Anwendungen viele I/O-Leitungen geschützt werden. Die Verwendung von mehreren Bauelementen ist aus Platzgründen meist nicht möglich und verursacht viel zu hohe Kosten. MLVs können hier diese aufwendigen Schutzschaltungs-Kombinationen preisgünstig ersetzen. Durch die geringen Abmessungen lässt sich der MLV nahe an der zu schützenden Elektronik und auch nahe am Eintrittspunkt von der zu erwartenden Überspannung platzieren.

Vergleichbar mit Suppressor-Dioden lassen Vielschicht-Varistoren selbst nach 10.000 Ableitvorgängen keine nennenswerte Änderung der Varistor-Kennwerte erkennen. Schutz-Dioden benötigen bei Umgebungstemperaturen > 25 °C einen strombegrenzenden Widerstand, um nicht zu überlasten. Der Vielschicht-Varistor kann aufgrund seiner Struktur höhere Energien verarbei-

3.4 Metalloxid-Varistoren (MOV)

ten, so dass bei MLV Nenn-Stoßströme für Raumtemperaturen bis 125 °C gelten.

Um Datenleitungen zu schützen, sollte die Kapazität allgemein niedrig gehalten werden. Übermäßige Kapazität auf der Signalleitung könnte das Signal zu stark dämpfen. Der MLV besitzt eine HF-Charakteristik, die im Regelfall auch eine Beschaltung von Leitungen mit Hochfrequenzsignalen zulässt.

MLVs sind als Standardtypen oder mit speziellen Merkmalen für Telekommunikations-, Kfz-, Datenverarbeitungs- oder Hochfrequenzanwendungen erhältlich. Umfangreiche Datenblätter und viele weitere Informationen über Metalloxid-Varistoren erhalten Sie im Internet unter **www.epcos.de**.

Wird ein Varistor nur geringfügig bzw. nur mäßig überlastet, als Folge von:

1. zu hohen Stoßströmen,
2. zu lange andauernden Stoßströmen,
3. zu häufig auftretenden Stoßströmen,
4. zu hohen Betriebsspannungen,

kann infolge des erhöhten Leckstromes durch den Varistor eine Temperaturerhöhung auftreten, die Ursache für einen Brand sein könnte, wenn der Varistor ohne thermische Abtrennvorrichtung betrieben wird.

Varistoren mit thermischer Abtrennvorrichtung werden überwiegend im 230/400-Volt-Niederspannungsnetz eingesetzt.

Die Aufgabe der Abtrennvorrichtung liegt darin, den Varistor innerhalb von 30 Sekunden vom Netz zu trennen, wenn ein Strom von 200 bzw. 500 mA den MOV nach einer mäßigen Überlastung unzulässig hoch erwärmt. In der Regel lässt die Temperaturerhöhung bei ca. 100 °C ein Weichlot schmelzen, das thermisch mit dem Varistor kontaktiert ist. Anschließend zieht oder drückt eine Metallfeder den am Varistor angeschlossenen Leiter heraus und trennt ihn dadurch vom Netzanschluss.

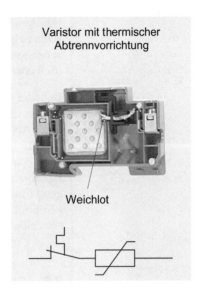

Bild 3.4.10

Häufig wird von der Abtrennmechanik eine optische Defektanzeige ausgelöst, und ein Fernmeldekontakt betätigt, mit dem der zerstörte Zustand zum Beispiel über eine Störmeldeanlage optisch oder akustisch signalisiert werden kann.

Befindet sich der Varistor infolge einer nicht mäßigen, sondern starken Überlastung in Kurzschluss, ist das Auslösen der thermischen Abtrennvorrichtung nicht möglich, weil im Varistor die zur Erhitzung erforderliche Verlustleistung nicht umgesetzt werden kann. Varistorhersteller empfehlen, Varistoren und auch andere Überspannungsschutz-Bauelemente möglichst abgeschottet, abgeschirmt oder getrennt anzuordnen, wegen der Gefahr einer starken Erhitzung und wegen der Schäden, die infolge des Zerplatzens eines Varistors möglich sind.

3.5 Suppressor-Dioden

Durch die moderne und sensible Mikroelektronik wurde es erforderlich, zu den herkömmlichen Überspannungs-Schutzelementen (wie Funkenstrecken und Varistoren) zusätzliche Schutzelemente (Suppressor-Dioden) einzusetzen, die sich durch ihr schnelles Ansprechverhalten, eine sehr kleine Bauform und durch tiefe Spannungsbegrenzung auszeichnen. Suppressor-Dioden sind bipolare Z-Dioden, die diese Aufgaben erfüllen. Innerhalb von einigen Pikosekunden sprechen diese Schutzdioden an und begrenzen somit Überspannungen auf sehr niedrige Werte. Sie können kurzzeitig mehrere Kilowatt absorbieren und dienen aus diesen Gründen zum Schutz von hoch sensiblen elektronischen Geräten. Das Wort Suppressor bedeutet Unterdrücker. Die Überspannungsschutzdiode wurde vermutlich so bezeichnet, weil sie Überspannungen unterdrückt bzw. auf sehr tiefe Werte begrenzt. Für die Z-Dioden sind auch die Bezeichnungen TAZ-Diode (**T**rans **A**bsorbtion **Z**ener), TransZorb-Diode und TVS-Diode (Überspannungs-Schutz-Diode) üblich.

Die Überspannungs-Schutz-Dioden wurden speziell dafür entwickelt, elektronische Schaltungen wirkungsvoll zu schützen. Sie werden eingesetzt in Datenverarbeitungs- und Telekommunikations-Anlagen, in medizinischen Geräten und Bordnetzen sowie in allen anderen elektronischen Schaltungen mit sensiblen Bauele-

Bild 3.5.1

Suppressor-Diode

3.5 Suppressor-Dioden

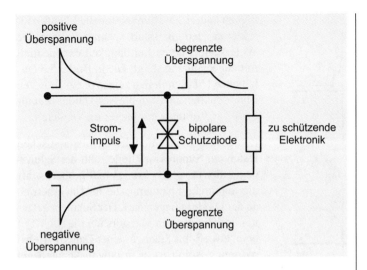

Bild 3.5.2

menten, die durch Spannungsspitzen extrem gefährdet sind. Suppressor-Dioden sind in uni- und bidirektionaler (Bild 3.5.1) Ausführung erhältlich. Unidirektionale Dioden begrenzen Überspannungen nur in einer Richtung, während die andere Richtung einem konventionellen Gleichrichter entspricht. Die bipolaren Ausführungsformen haben keine bevorzugte Durchlass- und Sperrrichtung, deswegen werden positive und negative Überspannungsimpulse gleichermaßen gut begrenzt (Bild 3.5.2).

Suppressor-Dioden können bei richtiger Auswahl und Anwendung für einen überaus wirkungsvollen Geräteschutz sorgen. Im Regelfall erfolgt die Schutzbeschaltung mit Dioden in den zu schützenden Geräten oder eventuell noch an den Ein- und Ausgängen der Geräte, während Gasableiter in der Regel nur außerhalb zum Einsatz kommen sollten. Diese Schutz-Dioden sind speziell für das Abführen von hohen Spitzenverlusten konzipiert.

Ein kontrollierter Lawinendurchbruch ermöglicht bei Überschreiten der Dioden-Durchbruchspannung die extrem kurze Ansprechzeit. Das schnelle Durchbruchverhalten basiert auf einem lawinenartigen Anwachsen der freien Ladungsträger in der Raumladungszone des dotierten Siliziums. Bei einer Überspannung bzw. beim Überschreiten der Betriebsspannung steigt der Strom durch die Diode blitzschnell an und verhindert dadurch jede weitere Spannungserhöhung. Während sich bei der Suppressor-Diode nach Erreichen einer bestimmten Spannung sprunghaft die Leitfä-

3. Innerer Blitzschutz

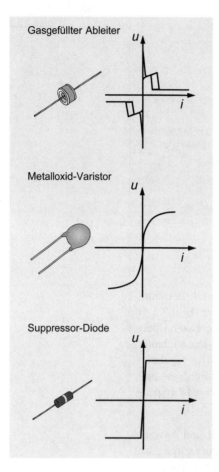

Bild 3.5.3

higkeit ändert, sind konventionelle Metalloxid-Varistoren lediglich stark spannungsabhängige Widerstände, deren Leitfähigkeit exponentiell mit der Spannung steigt. Die in Bild 3.5.3 enthaltenen U/I-Kennlinien zeigen die wichtigsten Eigenschaften von Suppressor-Diode, Metalloxid-Varistor und Gasableiter im Vergleich.

Zu den wichtigsten und den charakteristischen Daten der Suppressor-Diode zählt der Schutzpegel, der etwa 1,1- bis 1,3-mal größer ist als die maximale Spannung, die im Dauerbetrieb an der Diode anliegen darf. Der Schutzpegel eines herkömmlichen Varistors liegt je nach Typ beim etwa 3- bis 8fachen seiner Dauerbetriebsspannung, somit ist er in puncto Schutzpegel schlechter als die Suppressor-Diode.

Bei der Auswahl einer geeigneten Schutzdiode ist neben dem Schutzpegel auch das Stoßstromableitvermögen zu beachten. Suppressor-Dioden, die eine hohe Dauerbetriebsspannung zulassen, besitzen ein verhältnismäßig geringes Stromableitvermögen. Zum Beispiel kann eine 5-kW-Suppressor-Diode, deren Betriebsspannung 5 Volt beträgt, einen Stoßstrom von ca. 500 Ampere ableiten. Die gleiche Diode, mit der Betriebsspannung 100 Volt, kann dagegen nur noch einen Stoßstrom von etwa 30 Ampere zerstörungsfrei absorbieren. Aus diesem Grund sind Suppressor-Dioden für den Einsatz im 230/400-V-Niederspannungsnetz weniger geeignet.

Zur Dimensionierung und zum Typenvergleich von Suppressor-Dioden sind folgende technische Daten zu beachten:

- Impuls-Verlustleistung P_{PPM} bei definiertem Stromimpuls I_{PP}, (siehe Prüfimpulse 10/1000 µs oder 8/20 µs).

- Maximale Sperrspannung V_{WM}. Sie entspricht der maximalen Betriebsspannung der zu schützenden Schaltung.

- Minimale Abbruchspannung V_{BR}. Ihr Wert liegt ca. 10 % über der maximalen Sperrspannung und toleriert somit Schwankungen der Betriebsspannung.

3.5 Suppressor-Dioden

- Maximale Clampingspannung V_C. Im Störungsfall werden Spannungsspitzen auf diesen Wert begrenzt. Alle Teile der Schaltung müssen dieser Belastung standhalten.

Suppressor-Dioden werden, wie Gasableiter und Varistoren, parallel zu der zu schützenden Elektronik geschaltet. Im ungestörten Betrieb stellen die Schutzdioden eine hohe Impedanz dar, die die normale Funktion des zu schützenden Gerätes nicht beeinflusst. Sobald Spannungsspitzen auftreten, werden diese begrenzt, und die schädliche Energie wird dabei eliminiert.

Eine Überlastung der Diode, die infolge eines zu hohen Stoßstromes auftreten kann, macht sich im Regelfall als Kurzschluss bemerkbar. Die zu schützende Elektronik bleibt trotz der überlasteten Schutzdiode meist zerstörungsfrei. Auch nach der Überlastung ist das zu schützende Gerät durch die kurzgeschlossene Diode noch geschützt. Die Funktion des Gerätes kann allerdings gestört sein, wenn der Kurzschluss in Stromflussrichtung zu der Betriebsspannung vorliegt. Ein einseitigen Kurzschluss in Sperrrichtung zur Betriebsspannung bleibt meist unbemerkt, da er im Regelfall keine Störungen verursacht. Dagegen macht sich der beidseitige Kurzschluss an einer Suppressor-Diode fast immer durch einen Funktionsausfall des zu schützenden Gerätes bemerkbar. Dieses Kurzschlussverhalten verleiht der Schutzdiode im Vergleich zu Varistoren und Gasableitern einen gewissen Vorteil in puncto Prüfbarkeit (siehe Prüfung der Bauteile).

Die Suppressor-Diode ist unter Berücksichtigung der maximalen Anzahl von abzuleitenden Störimpulsen dem herkömmlichen Varistor überlegen. Während sich die Kennlinie eines Metalloxid-Varistors mit zunehmender Anzahl abgeleiteter Überspannungen so verändert, dass sein Leckstrom immer höher wird, bleibt die Schutzdiode meist stabil auf ihren Nennwerten (Bild 3.5.5). Darüber hinaus bewirkt jeder Spannungsbegrenzungseinsatz bei älteren Varistortypen ein Abnehmen

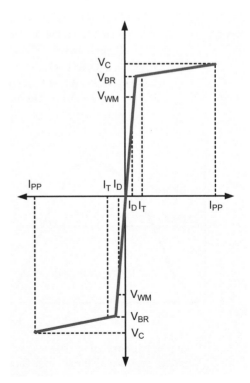

Bild 3.5.4

3. Innerer Blitzschutz

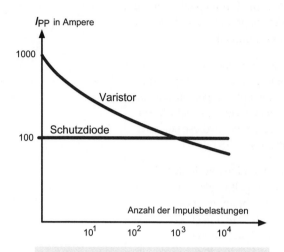

Vergleich der Strombelastbarkeit unter Berücksichtigung der Impulsbelastungsanzahl

Bild 3.5.5

Bild 3.5.6

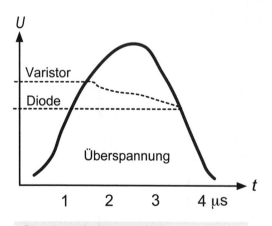

Spannungsbegrenzung eines Varistors im Vergleich mit einer Diode

seiner maximalen Strombelastbarkeit. Stabil und gleichbleibend ist bei der Schutzdiode auch der Wert, auf den sie nach einer größeren Anzahl von abgeleiteten Stromimpulsen Überspannungen begrenzt (Bild 3.5.6). Aus diesen Gründen sollte nach Möglichkeit der Einsatz von Suppressor-Dioden für den Schutz von sehr empfindlichen elektronischen Anlagen und Geräten bevorzugt werden. Gründe, die gegen den Einsatz bzw. den alleinigen Einsatz von Schutzdioden sprechen, sind das eventuell zu geringe Stromableitvermögen und die unter Umständen zu hohe Kapazität, die eine Schutzdiode aufweist. Die Kapazität einer Diode kann zum Beispiel eine unzulässig hohe Signaldämpfung an einer schutzbeschalteten Datenleitung oder Antennenleitung bewirken. In der Regel liegt die Kapazität von Schutzdioden, je nach Typ, zwischen 0,3 nF und 12 nF. Eine Alternative zur Überspannungs-Schutzdiode bietet hier der Vielschicht-Varistor oder der Gasableiter, der eine sehr geringe Kapazität (1 pF bis 7 pF) aufweist. Zu beachten ist, dass der Schutzpegel eines Gasableiters für viele elektronische Geräte nicht ausreichend ist, da er Überspannungen je nach Typ nur auf einige 100 Volt begrenzt. Ein ausreichender Schutzpegel kann bei Hochfrequenzanwendungen meist nur mit Schaltungskombinationen erreicht werden, bei denen die zu hohe Diodenkapazität kompensiert wird.

3.6 Gleitentladungsableiter

Gleitentladungsableiter gehören wie gasgefüllte Ableiter zur Familie der so genannten Entladungsstrecken. Eine Entladungsstrecke mit Isolierstoff zwischen Elektroden wird *Gleitentladungsstrecke*, *Gleitentladungsableiter* bzw. *Gleitableiter* oder *Gleitfunkenstrecke* genannt. Zwischen den zwei Kupfer-/Wolfram-Elektroden eines herkömmlichen Gleitableiters ist ein Hartgasisolierstoff aus Polyacetale (POM) angeordnet (Bild 3.6.1). Aufgrund der Verwendung des POM als Isolator sind Gleitentladungsableiter für den Einsatz im Niederspannungsnetz geeignet. Gleitableiter sind durch das POM in der Lage, in ihrem Arbeitsbereich Folgeströme aus dem Niederspannungsnetz zu löschen bzw. zu unterbrechen.

Gleitfunkenstrecke

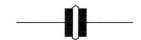

Bild 3.6.1

Der Kunststoff POM zählt zu den teilkristallinen Thermoplasten. Polyacetale ist ein Polymer (Chemie aus größeren Molekülen bestehend) mit sehr guten technischen Eigenschaften. Unverstärktes POM zählt zu den steifsten und festesten thermoplastischen Kunststoffen und ist kurzzeitig bis ca. 150 °C und langzeitig bis zu 110 °C einsetzbar. Es versprödet erst unterhalb −40 °C. Die Steifigkeit des POM kann durch die Zugabe von 10 % bis 40 % Glasfasern erhöht werden. Das Reib- und Trockengleitverhalten wird meist durch Zusätze von PTFE, PE, Silikonölen und speziellen Kreiden verbessert. Die Zugabe von Aluminium und Bronzepulver kann bei Bedarf die Wärmestandfestigkeit und die elektrische Leitfähigkeit des POMs verbessern. Neben Gleitentladungsableitern kommt dieser Kunststoff zum Beispiel auch als Ersatz für feinwerktechnische metallene Bauteile wie Hebel, Zahnräder, Schrauben, Lager usw. zum Einsatz.

Der Isolierstoff Polyacetale zwischen den Gleitableiter-Elektroden soll bewirken, dass ein entstehender Lichtbogen um den Isolator herum rotieren kann. Das Rotieren des Lichtbogens und das dabei entstehende leichte Gasen des Kunststoffes POM führt zur Abkühlung des Lichtbogens und erleichtert ein mögliches Unterbrechen des Netzfolgestromes. Der Schutzpegel eines derartig aufgebauten Gleitableiters liegt bei ca. 4.000 Volt.

Eine wesentliche Verbesserung der Gleitentladungsableiter wurde erreicht durch kapazitiv gesteuerte Doppel-Gleitfunken-

3. Innerer Blitzschutz

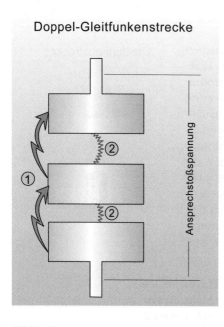

Bild 3.6.2

strecken. Diese bestehen aus drei in Reihe geschalteten Elektroden, die ein sehr hohes Stromableitvermögen (75 kA, 10/350) aufweisen. Zwischen den drei hintereinandergestellten, scheibenförmigen Elektroden befinden sich zwei Isolationsschichten, deren Materialbeschaffenheit und Dicke unterschiedlich ist. Während die äußeren Elektroden mit den Blitzstromableiteranschlüssen verbunden sind, befindet sich die mittlere Elektrode zwischen den beiden Isolierstoffen. Die unterschiedliche Beschaffenheit und Dicke des Isoliermaterials bewirken ein zeitversetztes Ansprechen der beiden in Reihe geschalteten Funkenstrecken (siehe Bild 3.6.2, Punkt 1 und 2). Darüber hinaus ermöglicht dieser Doppel-Gleitableiter bei einer Wechselspannung von 230 Volt das Löschen des Netzfolgestroms bis zu 2.500 Ampere. In Niederspannungs-Verbraucheranlagen, die vom Ortsnetztransformator etwas weiter entfernt sind, liegt der maximal mögliche Folgestrom meist unter diesem Wert.

Eine weitere Verbesserung in der Funkenstrecken-Technologie brachte die Hörner-Funkenstrecke. Sie basiert auf zwei sich gegenüberstehende Funkenhörnern (Bild 3.6.3), die von einem Isoliersteg auf Abstand gehalten werden. Oberhalb des Isoliersteges erfolgt im Überspannungsfall die Gleitentladung.

Die Anordnung der beiden Hörner bewirkt, dass während der Gleitentladung der Lichtbogen nach außen getrieben und anschließend auf einer in Öffnungsrichtung zu den Elektroden angebrachten Prallplatte in mehrere Teillichtbögen zerschmettert wird. Dieses Funk-

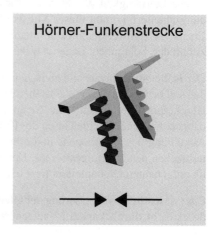

Bild 3.6.3

3.6 Gleitentladungsableiter

tionsprinzip wirkt sich besonders positiv auf das Löschverhalten eines eventuellen Netzfolgestromes aus. Darüber hinaus ermöglicht diese Technologie eine Betriebswechselspannung von 400 Volt und das sichere Unterbrechen eines hohen Netzfolgestromes (etwa 3.000 bis 4.000 Ampere). Die Hörner wirken sozusagen wie eine Strombremse, indem sie Netzfolgeströme so gering halten, dass die Anlagensicherung nicht bei jeden geringfügigen Ableitvorgang auslöst. Daher ist bei der Anwendung einer Hörner-Funkenstrecke die Gefahr einer Netzspannungsunterbrechung verhältnismäßig gering.

Das Bild 3.6.4 zeigt den prinzipiellen Aufbau einer Hörner-Funkenstrecke, die den nachfolgenden Funktionsablauf beim Ableiten eines Blitzstromes ermöglicht.

Zuerst erfolgt die Zündung (1), hervorgerufen durch Überspannung. Der Lichtbogen überbrückt die Hörner im inneren Bereich bzw. im Bereich des Isolators (2). Anschließend wird der Lichtbogen nach außen getrieben (3), bis er auf der Prallplatte zerschmettert (4). Danach entstehen Teillichtbögen (5), über die der Abriss und das Löschen (6) eines möglichen Netzfolgestromes erfolgt.

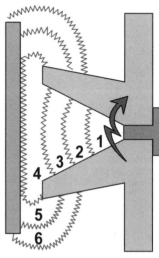

Quelle: PHÖNIX CONTACT

Bild 3.6.4

Ein weiterer Fortschritt in der Blitzstromableiter-Technologie ergab sich durch gekapselte Funkenstrecken. Das Stromableitvermögen konnte nochmals verbessert werden. Es beträgt bei den leistungsfähigen, nicht ausblasenden Funkenstrecken bis zu 100 kA (10/350). Auf Grund dessen eignet sich dieser Ableiter besonders gut als Summenstrom-Funkenstrecke, die im Niederspannungsnetz auch als so genannte Summenstromableiter zwischen dem Neutralleiter und dem Schutzleiter zum Einsatz kommen. Ableiter, die zwischen Neutralleiter und Schutzleiter eingesetzt werden, müssen über ein besonders hohes Stromableitvermögen verfügen, weil über diesen N-PE-Ableiter die Summe der Ströme fließen, die von Funkenstrecken abgeleitet werden, mit denen die drei Außenleiter des 230/400-Volt-Netzes beschaltet sind. Auf Grund dessen entstand auch die Bezeichnung Summenstromableiter. Wenn in der zu schützenden Anlage nur geringe Netzfolgeströme zu erwarten sind, können Summenstrom-Ableiter auch zwischen den Außenleitern und dem Neutralleiter eingesetzt werden. Das Kernstück dieses Ableiters besteht aus einer zylindrischen Stahl-Druckkapsel, in der sich zwei Stab-

3. Innerer Blitzschutz

Gekapselte Funkenstrecke

Bild 3.6.5

elektroden gegenüberstehen (Bild 3.6.5). Überspannungen von etwa 3,5 kV bis 4 kV zünden die Ableitstrecke zwischen den Elektroden. Dabei entsteht ein Lichtbogen, der einen schlagartigen Druckanstieg innerhalb der Druckkapsel erzeugt. Dieser Druck wird von der isolierten Innenwand der Kapsel reflektiert und unterstützt somit erheblich die Löschung des Lichtbogens.

Der Vorteil eines gekapselten und nicht ausblasenden Ableiters besteht vor allen darin, dass im Beeinflussungsfall keine heißen und ionisierenden Gase in Form von Feuerstrahlen aus dem Ableiter blasen, die beim Auftreffen auf blanke spannungsführende Teile zu einem Kurzschluss in der Niederspannungs-Verbraucheranlage führen. Aus diesem Grund ist die Einhaltung von Sicherheitsabständen zu blanken spannungsführenden Teilen für *gekapselte* Funkenstrecken nicht mehr erforderlich. Gekapselte Funkenstrecken können somit in fast allen Stromkreisverteilungen völlig problemlos eingesetzt werden.

Moderne Blitzstromableiter verfügen heute über ein sehr hohes Stromableitvermögen bei einem ausgezeichneten Netzfolgestrom-Löschvermögen. Darüber hinaus ermöglicht eine Zündelektronik jede beliebige Zündspannung im Bereich zwischen einigen Hundert bis ca. 4.000 Volt. Die Zündelektronik benötigt zur Steuerung der Zündspannung eine Hilfselektrode, die sich zwischen den beiden Hauptelektroden befindet. Diese Elektrode wird über einen Gasableiter und einen Zündtransformator sowie einem zündspannungsspezifisch ausgelegten Spannungsteiler angesteuert. Der Spannungsteiler besteht aus der Reihenschaltung eines Varistors mit einem Kondensator (Bild 3.6.6). Die Netzspannung liegt im ungestörten Betrieb zum größten Teil am Varistor, aufgrund der geringen Varistorkapazität. Durch eine Überspannung wird der Varistor leitend, so dass sich die Spannungsaufteilung ändert. Bei einem schnellen Spannungsanstieg am Kondensator

3.6 Gleitentladungsableiter

zündet der Gasableiter. Nach dem Zündvorgang entlädt sich der Kondensator über die Entladungsstrecke, so dass es zu einem Stromfluss in der Primärspule des Zündtransformators kommt. Das schnelle Ansprechen des ÜsAg bewirkt den steilen Stromimpuls, der zu einer sehr hohen Primärspannung und auch zu einigen Tausend Volt Sekundärspannung am Zündtransformator führt. Die dabei auftretende hohe Spannung zwischen den Haupt- und der Zündelektrode führt zur Zündung der Hauptelektroden.

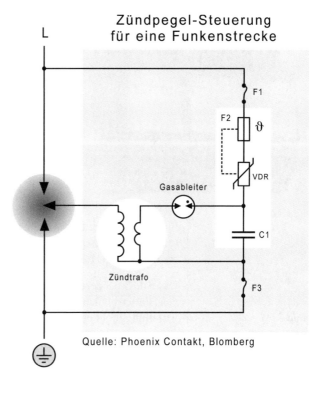

Die Höhe der Zündspannung ist abhängig von der Kapazität des Kondensators C1. An 230 Volt Wechselspannung ermöglicht die Auswahl eines dafür geeigneten Kondensators eine tiefe Zündspannung von weniger als 1.000 Volt.

Bild 3.6.6

Im 230/400-Volt-Netz liegen die üblichen normkonformen Zündspannungen bei 4.000, 2.500 und 1.500 Volt. Der Grund dafür ist, dass die Überspannung zuerst mit einem Blitzstromableiter bzw. mit einer Überspannungs-Schutzeinrichtung der Anforderungsklasse B auf ca. 4.000 Volt begrenzt wird. Infolge dessen sind zusätzliche dem Blitzstromableiter nachgeschaltete Überspannungsableiter erforderlich, um einen tieferen Schutzpegel zu erreichen. Zu diesen zusätzlichen Schutzmaßnahmen zählen Überspannungs-Schutzeinrichtung der Anforderungsklassen C und D. Nach Möglichkeit sollten es immer drei Stufen (B, C und D) sein, mit denen eine Überspannung abgebaut wird. Auf diese Weise gelingt es, die Kassen einiger Hersteller prall zu füllen. Wirkungsvoller und wirtschaftlicher wäre aber der Einsatz von Überspannungs-Schutzeinrichtungen der Anforderungsklasse B, die Blitzüberspannungen nicht auf 4 kV, sondern auf < 900 V begrenzen.

3. Innerer Blitzschutz

Bild 3.6.7

Bild 3.6.8

Das hat zum einen den Vorteil, dass weitere Überspannungs-Schutzeinrichtungen in den Stromkreisverteilern und in der Netzsteckdosenebene nahezu überflüssig sind. Zum anderen gibt es viele elektronische Geräte, für deren Querspannungsbegrenzung der geforderte Schutzpegel von 1.500 Volt zu hoch ist. Eine Spannungsbegrenzung auf < 900 Volt ist erfahrungsgemäß für den Überspannungsschutz der meisten elektronischen Geräte ausreichend. Um Umsatzverluste zu vermeiden, werden Blitzstromableiter mit tiefer Zündspannung nur für einige wenige Einsatzfälle ausgewiesen; zu diesen Einzelfällen gehören beispielsweise einige Zehntausend Mobilfunkstationen von D1, D2, E-Plus und E2.

Das Bild 3.6.7 zeigt drei einpolige Blitzstromableiter mit modernen Hörner-Funkenstrecken, die in einer Niederspannungs-Hauptverteilung montiert sind.

Das Stromableitvermögen dieser Blitzstromableiter beträgt 60 kA (10/350) je Ableiter, von denen ein Netzfolgestrom bis maximal 4.000 Ampere an 230 Volt gelöscht werden kann. Die Baubreite pro Ableiter ist 35 mm entsprechend zwei Teilungseinheiten.

Auf dem Bild 3.6.8 ist ein Ableiter zu sehen, der vier von der in Bild 3.6.1 dargestellten Gleitfunkenstrecke enthält.

Bestehende Anlagen, die mit einem derartigen „Schutzgerät" ausgerüstet sind, verfügen über einen unzureichenden Schutz. Aus Sicherheitsgründen sollte ein Austausch gegen leistungsfähigere und dem Stand der Technik entsprechende Blitzstromableiter erfolgen. Experten von der TU München empfehlen wegen der Brandgefahr den Einbau in ein nicht brennbares Stahlblechgehäuse.

3.7 Kombinationsschaltungen

Durch Kombinationsschaltungen ist es möglich, die verschiedenen Vorteile der einzelnen Überspannungsschutz-Bauelemente zu vereinen. Um die richtige Abstimmung zwischen den Bauelementen vornehmen zu können, sind Kenntnisse über die Eigenschaften und Daten der Bauteile Grundvoraussetzung. Darüber hinaus müssen auch die elektrischen Eigenschaften des Signals auf der zu beschaltenden Leitung bekannt sein, um die gewünschte Schutzwirkung bei einer verträglichen Signaldämpfung zu erreichen. Nur unter Berücksichtigung dieser Daten können die Schutzelemente richtig ausgewählt werden.

Die Parallelschaltung Gasableiter – Metalloxid-Varistor ermöglicht die Begrenzung einer Überspannung, deren Anstiegszeit 1.000 Volt pro Mikrosekunde beträgt, auf einem tiefen Schutzpegel bei hohem Stromableitvermögen. Zuerst begrenzt der Varistor die Spannung, und der Gasableiter zündet wenige 100 Nanosekunden danach. Mit dem Zünden des Gasableiters bricht die Spannung auf den Wert seiner Bogenbrennspannung zusammen. Der wesentlich höher belastbare Gasableiter hat damit die Arbeit übernommen, und fast gleichzeitig erreicht der Strom über den Varistor eine vernachlässigbar geringen Wert (Bild 3.7.1).

Bild 3.7.1

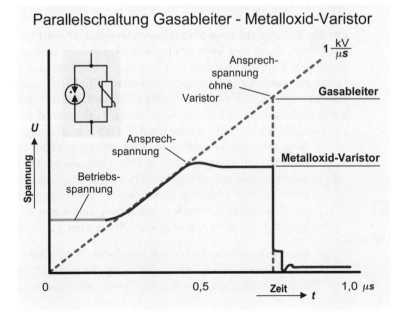

3. Innerer Blitzschutz

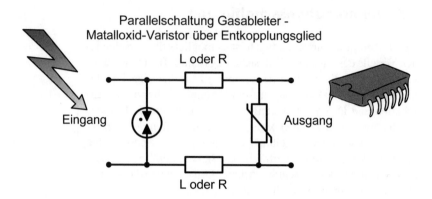

Bild 3.7.2

Ist ein noch tieferer Schutzpegel erforderlich, so können zwischen Gasableiter und Varistor Entkoppelungsglieder in Form von ohmschen Widerständen oder Induktivitäten eingesetzt werden. Der Entkopplungswiderstand erzeugt während der Beeinflussung einen Spannungsfall, der den Aufbau der für den Gasableiter notwendigen Zündspannung bewirkt (Bild 3.7.2).

In Abhängigkeit vom Anwendungsfall wird festgelegt, ob als Entkopplungsglied ein Metallschicht-Widerstand oder eine Spule geeigneter ist. Der ohmsche Widerstand (etwa 10 bis 20 Ohm) dämpft Hochfrequenz-Signale weniger als beispielsweise eine 100-µH-Entkopplungsdrossel.

Bild 3.7.3

Darüber hinaus werden vor allem Überspannungen mit einer flachen Wellenform von einem ohmschen Widerstand sicherer entkoppelt. Wegen der besseren Entkopplungseigenschaften sollte immer ein ohmscher Metallschicht-Widerstand (Bild 3.7.3) zum Einsatz kommen. Nur wenn die Einfügungsdämpfung des ohmschen Widerstandes zu hoch ist, empfiehlt sich die Anwendung einer Induktivität als Entkopplungsglied. Für die Schutzbeschaltung eines sehr niederfrequenten Signals oder eines Gleichspannungssignals ist die Dämpfung, die eine Induktivität mit z.B. 100 µH verursacht, geringer als die eines 20-Ohm-Widerstands. Aus diesem Grund bietet die Induktivität nur bei solchen Anwendungsfällen eine geeignete Alternative zum ohmschen Widerstand.

Metallschicht-Widerstand

Die Stoßstrombelastbarkeit von Metallschicht- und Drahtwiderständen ist um einiges höher als die von Kohlewiderständen. Deshalb sollten Kohlewiderstände nicht als

3.7 Kombinationsschaltungen

Entkopplungselemente zum Einsatz kommen. Bei der Auswahl eines geeigneten Entkopplungsgliedes ist neben der Stoßstrombelastbarkeit auch der maximale Dauerbetriebsstrom, der über das Entkopplungsglied fließen darf, zu berücksichtigen. Während ohmsche Widerstände mit kleinen Abmessungen nur für Betriebsströme von einigen 10 bis zu einigen 100 mA geeignet sind, beträgt die Strombelastbarkeit einer Spule ähnlicher Baugröße (Bild 3.7.4) etwa 1 bis 3 A.

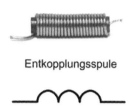

Entkopplungsspule

Um höchsten Ansprüchen an den Überspannungsschutz gerecht zu werden und um einen noch tieferen Schutzpegel zu erhalten, kann eine dreistufige Parallelschaltung von Gasableiter – Metalloxid-Varistor – Suppressor-Diode erfolgen (Bild 3.7.5). Bei dieser Parallelschaltung gelten für die Auswahl einer geeigneten Entkopplung die selben Kriterien wie für die Parallelschaltung Gasableiter – Varistor. Diese Kombinationsschaltungen werden für viele verschiedene Anwendungen als fertige Schutzgeräte angeboten. Zu den namhaften Herstellern von solch qualitativ hochwertigen Überspannungs-Schutzgeräten zählt zum Beispiel die Firma Phoenix Contact in Blomberg (siehe Anhang Internet-Adressen).

Bild 3.7.4

Das Bild 3.7.6 zeigt einen dreistufigen Überspannungsschutz, bestehend aus der Parallelschaltung von Gasableiter, Varistor und Diode. Der Einfachheit halber ist auf dem Schaltplan nur ein Pfad dargestellt. Die Bauteile in dieser Schaltung sind so dimensioniert, dass sie sich für die Schutzbeschaltung einer Leitung, die eine Signalspannung von 24 Volt überträgt, besonders gut eig-

Bild 3.7.5

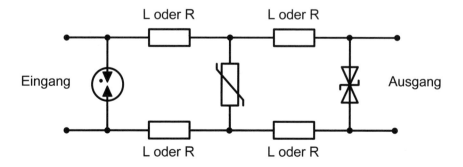

Parallelschaltung Gasableiter - Metalloxid-Varistor - Suppressor-Diode über Entkopplunsglieder

3. Innerer Blitzschutz

Kombinations-Überspannungsschutz-Schaltung Gasableiter/Varistor/Diode

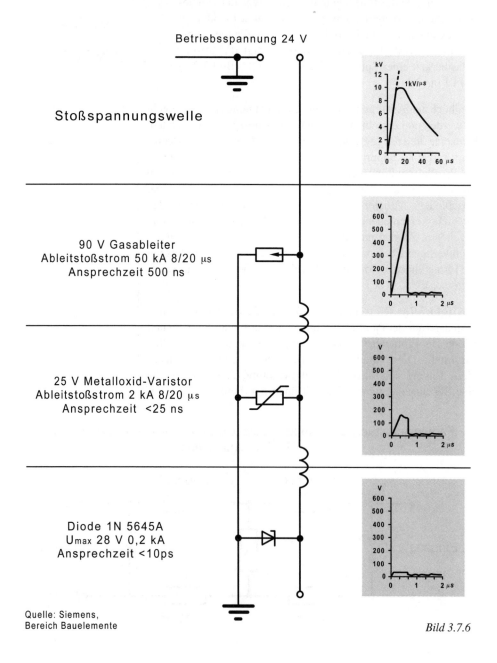

Bild 3.7.6

3.7 Kombinationsschaltungen

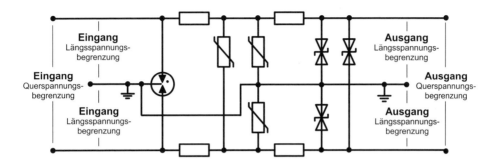

Bild 3.7.7

nen. Die von oben ankommende Überspannung wird in drei Stufen auf einen Wert begrenzt, der unterhalb von 50 Volt liegt.

Die Schutzschaltungen auf den Bildern 3.7.2 und 3.7.5 sind nur zur Querspannungsbegrenzung geeignet. Um einen wirkungsvollen Überspannungsschutz zu erreichen, muss grundsätzlich die Quer- und Längsspannung auf Werte begrenzt werden, die unterhalb der Spannungsfestigkeiten der zu schützenden Elektronik liegen. Häufig sind diese Spannungsfestigkeiten nicht bekannt, so dass eine Schutzschaltung zum Einsatz kommen muss, die unter Berücksichtigung der Betriebsspannung auf den tiefstmöglichen Wert begrenzt. Eine dafür geeignete Schutzschaltung ist in Bild 3.7.7 dargestellt. Bei neuen elektronischen Geräten können die Hersteller die Längsspannungsfestigkeiten ihrer Produkte angeben. Liegt diese bei 1.500 Volt oder bei einem höheren Wert, so kann man eine weniger aufwendige und somit preisgünstigere Schutzschaltung verwenden (Bild 3.7.8).

Bild 3.7.8

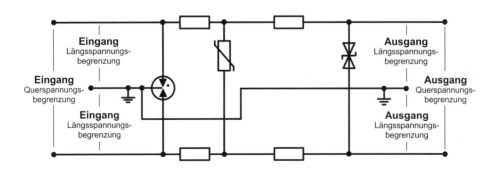

3. Innerer Blitzschutz

Anmerkung:
Zu beachten ist, dass der Eingang der Schutzschaltung nicht mit dem Ausgang verwechselt wird, da sonst nur die Suppressor-Dioden wirksam sind. Durch ein Vertauschen würde sich das Stoßstromableitvermögen der gesamten Schutzschaltung auf das verhältnismäßig geringe Stoßstromableitvermögen der Schutzdioden reduzieren.

Grundsätzlich ist jede Ader, die von einer längeren Leitung kommt und an der zu schützenden Elektronik angeschlossen ist, schutztechnisch zu behandeln.

Das Bild 3.7.9 zeigt die elektronische Eingangsschaltung einer Stromschnittstelle mit einer geeigneten Schutzbeschaltung. Im Eingang der Stromschnittstelle befinden sich vor den Optokopplern unipolare Dioden. Um im Beeinflussungsfall eine Überlastung bzw. das Durchlegieren dieser leistungsschwachen Dioden und den Optokopplern zu verhindern, kann eine zusätzlich Längsentkopplung mit den ohmschen Widerständen R1 bis R4 erforderlich sein. Darüber hinaus ist zu beachten, dass die Elektronikmasse (GND), wie im Bild 3.7.9 dargestellt, mit dem Erdanschluss der Schutzschaltungen zu verbinden ist.

Bild 3.7.9

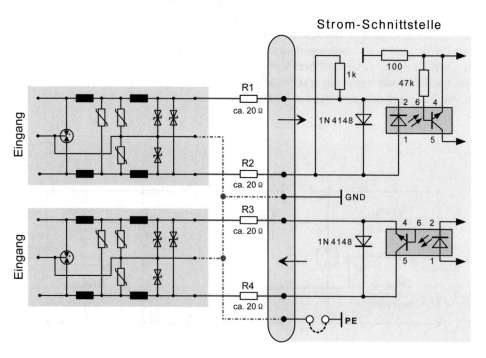

3.7 Kombinationsschaltungen

Bei der Reihenschaltung Gasableiter – Metalloxid-Varistor (Bild 3.7.10) ermöglicht der Varistor das Löschen eines Netzfolgestromes. Da der Spannungsabfall am Varistor auch bei Abklingen der Überspannung nahezu konstant bleibt, wird die resultierende Spannung am Gasableiter unter dessen Bogenbrennspannung gebracht.

Ein weiteres Anwendungsfeld für die Reihenschaltung ergibt sich dort, wo die geringe Kapazität und der sehr hohe Widerstand eines Gasableiters notwendig sind. Weiterhin kommt diese Reihenschaltung für den Schutz von Anlagen und Geräten zum Einsatz, für die sich ein Spannungseinbruch genauso schädlich auswirken würde wie die Überspannung selbst. Der in Reihe zum Gasableiter geschaltete Varistor hält die Betriebsspannung auch nach Zünden des Gasableiters im Betriebsspannungsbereich.

Das Bild 3.7.11 verdeutlicht diesen Vorgang. Zum Vergleich zeigen die Kennlinien das Ansprechverhalten eines Gasableiters allein, bei dem zum Zündzeitpunkt die Spannung auf die Bogenbrennspannung des Gasableiters zusammenbricht. Bei der Reihenschaltung mit einem Metalloxid-Varistor bricht die Spannung nur bis zum Schutzpegel des Varistors ein.

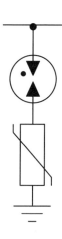

Bild 3.7.10

Bild 3.7.11

Bei dieser Reihenschaltung wirken nur die positiven elektrischen Eigenschaften des Gasableiter und die des Varistors. Während des Normalbetriebs bestimmt der Gasableiter die positive Eigenschaft mit seiner sehr geringen Kapazität und seinem hohen Widerstand. Im Beeinflussungsfall kommen die günstigen elektrischen Eigenschaften des Varistors zum Vorschein, der in dieser Kombinationsschaltung für das Löschen des Netzfolgestroms sorgt und einen Netzspannungseinbruch verhindert.

Ein weiterer Vorteil dieser Kombinationsschaltung ergibt sich aus der galvanischen Trennung, die durch den Einsatz eines Gasableiters realisierbar ist. Erst durch die Reihenschaltung Gasableiter-Varistor ist die Anwen-

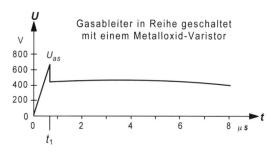

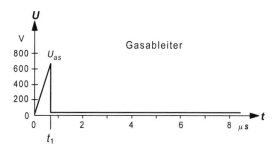

Quelle: Siemens,
Bereich Bauelemente

3. Innerer Blitzschutz

dung eines Gasableiters als Schutzelement in energietechnischen 230/400-V-Netzen möglich.

Darüber hinaus beinhalteten schon die ersten Überspannungs-Schutzgeräte, die in energietechnischen Netzen eingesetzt wurden, die Kombinationsschaltung Gasableiter-Varistor und Funkenstrecke-Varistor. Bereits vor Jahrzehnten kamen solche Überspannungs-Schutzgeräte, bezeichnet als Ventilableiter, mehr oder weniger erfolgreich zum Einsatz.

3.8 Prüfimpulse

Überspannungsableiter werden zur Bestimmung des maximalen Stromableitvermögens und der Spannungsbegrenzung mit genormten Prüfimpulsen getestet. Mit dem 8/20 Stoßstromimpuls wird das Ableitvermögen und die Spannungsbegrenzung am Ausgang eines Überspannungsableiters ermittelt. Die Bezeichnung 8/20 µs ergibt sich aus der Anstiegs- und der Rückenhalbwertszeit der Stromwellenform. Bei dieser Wellenform erreicht der Stoßstrom innerhalb von 8 µs seinen Maximalwert, und nach 20 µs kehrt der Stoßstrom auf 50 % seines Maximalwertes (Rückenhalbwertszeit) zurück. Der Verlauf des Stoßstromanstiegs ist bei dieser Wellenform von 0 bis 10 % und von 90 % bis 100 % undefiniert. Auf dem nachfolgenden Bild 3.8.1 ist die Wellenform des 8/20 Prüfimpulses dargestellt. Mit diesem verhältnismäßig energiearmen Impuls (etwa 400 J bei 5 kA) werden Überspannungen nachgebildet, wie sie infolge von Blitzferneinschlägen und Schalthandlungen entstehen können.

Genormt ist auch die Wellenform der Prüfspannung 1,2/50 µs. Bei der Spannungswellenform erreicht die Spannung innerhalb von 1,2 Mikrosekunden ihren Maximalwert bzw. Scheitelwert. Das Absinken auf die Rückenhalbwertszeit erfolgt innerhalb von 50 Mikrosekunden (Bild 3.8.2). Diese Spannungsimpulsform erscheint nur im Leerlauf des Generators oder bei hochohmigen Prüflingen. Durch einen angeschlossenen Ableiter wird die Leerlaufspannung auf einen Wert begrenzt, der viel geringer als der Maximalwert des Generators ist. Nur bei niederohmigen Prüflingen oder spannungsbegrenzenden Bauteilen kommt der Stoßstrom in der Wellenform 8/20 zum Fließen.

3.8 Prüfimpulse

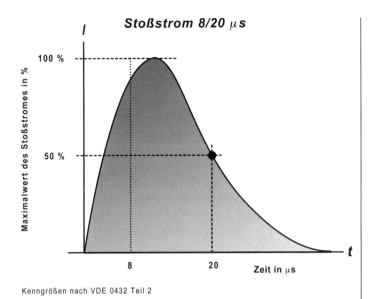

Bild 3.8.1

Kenngrößen nach VDE 0432 Teil 2

Erzeugt wird dieser kombinierte Prüfimpuls mit einem so genannten Hybridgenerator (Bild 3.8.3). Hybrid bedeutet: *durch Mischung entstanden*. Im Wesentlichen besteht ein Hybridgenerator aus einem oder mehreren Kondensatoren. Bei der Prüfung wird der zuvor aufgeladene Kondensator über Anpassungsglieder entladen. Durch eine geeignete Dimensionierung der Anpassungsglieder (ohmsche Widerstände und Induktivitäten) wird der Impuls gedämpft und gleichzeitig auf die gewünschte

Bild 3.8.3

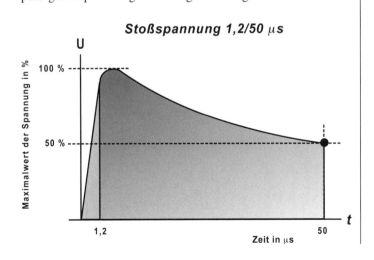

Bild 3.8.2

3. Innerer Blitzschutz

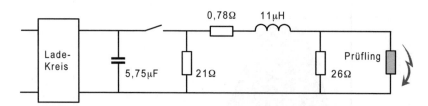

Bild 3.8.4

Wellenform gebracht. Bei Hybridgeneratoren ist in der Regel die Leerlaufspannung von 0 bis 10.000 oder 0 bis 20.000 Volt stufenlos regelbar. Der Innenwiderstand beträgt 2 Ohm. Daraus ergibt sich ein Stoßstrom, dessen Wert 50 % vom Wert der Generatorlehrlaufspannung beträgt. Das heißt, nach dem Aufladen des Hybridgenerators auf eine Spannung von 5.000 Volt kann beim Entladevorgang ein Stoßstrom von 2.500 Ampere fließen.

Auf dem Bild 3.8.4 ist die Innenschaltung eines Hybridgenerators dargestellt, dessen Anpassungsglieder so ausgelegt sind, dass beim Entladevorgang ein Stoßstrom mit der Wellenform 8/20 entsteht.

Für die Nachbildung eines Stoßstromes, den ein direkter Blitzeinschlag verursachen kann, kommen wesentlich leistungsfähigere Generatoren zur Anwendung. Ein Blitzstromgenerator erzeugt einen Stoßstrom mit der Wellenform 10/350. Die verwendeten Kondensatoren sind auf eine Ladespannung von weit über 100.000 Volt ausgelegt. Die Gesamtkapazität der Kondensatoren beträgt 20 Mikrofarad (Bild 3.8.4).

Bild 3.8.5

Der Unterschied zwischen einem Hybridgenerator und einem Blitzstromgenerator wird deutlich, wenn man den Energieinhalt

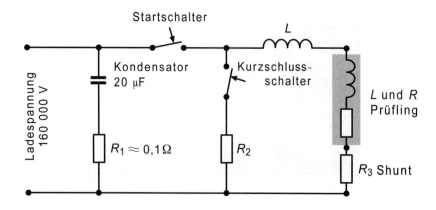

3.8 Prüfimpulse

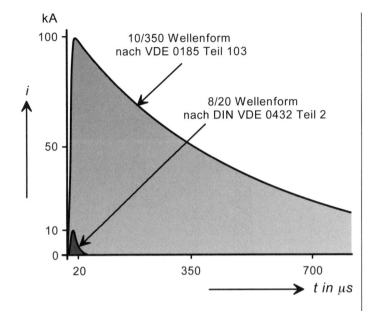

Bild 3.8.6

eines Stoßstromes der Wellenform 8/20 mit dem der Wellenform 10/350 vergleicht. Der Energieinhalt bzw. die Ladung des 8/20 Impulses ist im Bild 3.8.6 an der kleinen Fläche zu erkennen. Im Vergleich dazu steht die große Fläche mit der Stoßstromwellenform 10/350, die zur Simulation eines direkten Blitzeinschlages dient. Die gespeicherte Energie eines mit 12 kV aufgeladenen Blitzstromgenerators (*Crowbar Surge Current Generator*), der einen Stoßstrom von 25.000 Ampere (10/350) erreicht, beträgt ca. 1.500 Wattsekunden.

Weitere Informationen zum Thema Impulsgeneratoren für die Prüfung von X/Y-Kondensatoren, Varistoren, Überspannungsschutzgeräten, Isoliertransformatoren, Optokopplern usw. erhalten Sie unter der Internet-Adresse **hilo-test.de** oder direkt von der Firma HILO-TEST unter folgender Adresse:

>HILO-TEST GmbH
>Hennebergstraße 6
>D-76131 Karlsruhe

3. Innerer Blitzschutz

3.9 Blitzschutz in Freileitungsnetzen

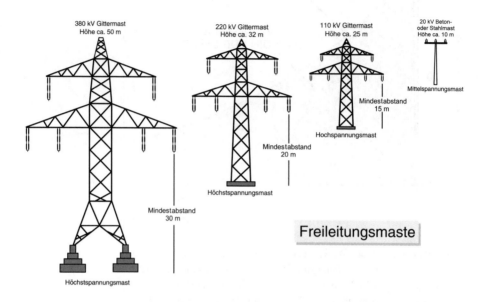

Bild 3.9.1

Bild 3.9.2

Im Freileitungsnetz werden die Hoch- und Höchstspannungsnetze am häufigsten vom Blitz getroffen. Das liegt ganz einfach daran, dass der Blitz in hoch gelegenen Stellen, die zudem das Erdpotential führen, besonders gern einschlägt. Die Bauhöhe der gut geerdeten Gittermaste für Höchstspannungsleitungen beträgt ca. 50 Meter; für 20-kV-Leitungen reicht eine Masthöhe von nur 10 Metern bereits aus (Bild 3.9.1). Das Bild 3.9.2 zeigt deutlich den Höhenunterschied von einem 220-kV- zu einem 20-kV-Freileitungsmast.

Abhängig von der Spannung ist auch die Größe der Isolatoren, an denen die Freileitungen befestigt sind. Das Bild 3.9.3 zeigt einen Langstabdoppelisolator, der als Hängeisolator für eine Spannung von 110 kV ausgelegt ist. Für Höchstspannungsleitungen sind in der Regel mehrere Isolatoren zu Ketten aneinander gereiht. Das Isoliermaterial der Isolatoren besteht aus Keramik oder Spezialglas. An den Isolatoren sind Stahlelektroden angebracht, die im Falle eines Erdschlusses einen Überschlag am Isolator ver-

3.9 Blitzschutz in Freileitungsnetzen

hindern. Der Erdschluss am Isolator einer Hochspannungsleitung kann zum Beispiel durch Vereisung, Verschmutzung oder Salzverkrustung des Isolators, oft in Verbindung mit Tau, Nebel oder Regen, entstehen. Findet der Überschlag direkt am Isolator statt und nicht über die Luft an den dafür vorgesehenen Elektroden, so wird der Isolator beschädigt und muss ausgewechselt werden.

Der Erdschluss an einer Höchst- oder Hochspannungsleitung kann auch als Folge eines Blitzeinschlages in die Freileitung entstehen (Bild 3.9.4). Über den durch die Blitzeinwirkung entstandenen Lichtbogen am Isolator fließt nach der Blitzeinwirkung der Strom aus der Hochspannungsleitung zur Erde, so dass der Lichtbogen bzw. Erdschluss weiterhin am Isolator ansteht. Der Erdschluss würde zu einem Netzausfall führen, wenn es der KU (Kurzzeit-Unterbrechungs-Einrichtung) im Umspannwerk nicht gelingt,

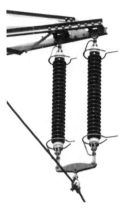

Bild 3.9.3

Bild 3.9.4

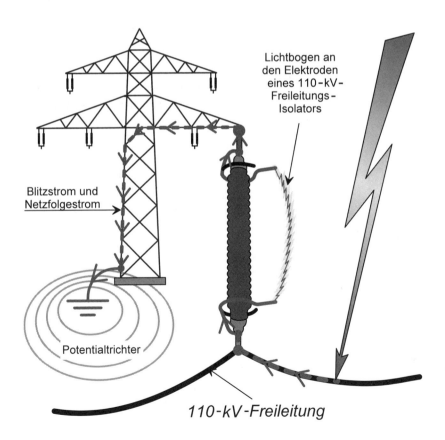

3. Innerer Blitzschutz

Bild 3.9.5

durch das ein- oder mehrmalige Unterbrechen des Stromkreises den Lichtbogen zu löschen. Jeder kennt das Flackern der Beleuchtung, das während eines Gewitters durch das häufig Schalten der KU ausgelöst wird. Die KU erkennt den Erdschluss automatisch und steuert im Umspannwerk einen Leistungsschalter an (Bild 3.9.5), der den Stromkreis für eine Dauer von ca. 0,2 bis 0,5 Sekunden (üblicher Einstellbereich der KU) einmal oder mehrmals unterbricht. Durch die Unterbrechung wird der Lichtbogen am Isolator gelöscht und ein Ausfall der Stromversorgung verhindert. Bei informationsverarbeitenden Anlagen können Spannungsunterbrechungen von 0,01 Sekunden zum Absturz des Systems oder unter Umständen zu Datenverlust führen. Wenn diese Störungen aus betrieblichen Gründen untragbar sind, ist der Anschluss an eine unterbrechungsfreie Stromversorgungsanlage (USV) notwendig.

Als Freileitung werden fast nur Alu-Stahlseile verwendet, die mit einem verseilten Aluminiummantel und einer Stahlseele für die Erhöhung der Zugfestigkeit ausgestattet sind.

Bild 3.9.6

Hochspannungstransportleitungen werden im Umspannwerk mit einem Umspanner in den Mittelspannungsbereich transformiert. Die Hochspannungsschaltanlage ist fast immer als Freiluftanlage ausgeführt. Über Freilufttrennschalter werden die Verbindungen von der ankommenden Hochspannungsleitung zu den Sammelschienen hergestellt. In Freiluftanlagen sind Trenn- und Leistungsschalter auf Schaltgerüsten montiert. Die Transformatoren und Stromwandler sind meist auf Sockeln aufgestellt. Auf dem Bild 3.9.6 ist der Isolator eines Umspanners zu sehen, der wie Freileitungsisolatoren mit einer Luftfunkenstrecke ausgerüstet ist. Für den Blitzschutz der Umspannwerke sind häufig Blitzfangstangen aufgestellt und Blitzfangseile gespannt, die einen direkten Blitzeinschlag verhindern sollen. Darüber hinaus sind vor allem in besonders blitzgefährdeten Gebieten auch die Hochspannungsfreileitungen durch eine Blitzfangleitung geschützt, die an der höchsten Stelle des

3.9 Blitzschutz in Freileitungsnetzen

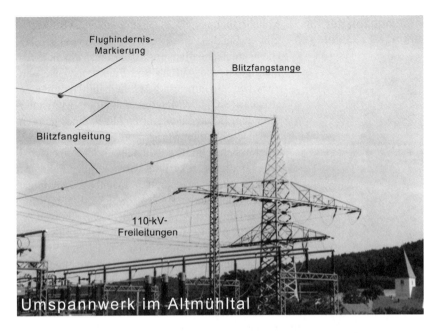

Bild 3.9.7

Freileitungsmastes angeordnet ist und somit den direkten Blitzeinschlag in die Freileitungen verhindern kann. Das Bild 3.9.7 zeigt ein Umspannwerk im oberbayrischen Altmühltal. In der Bildmitte ist eine Fangstange zu sehen, die einen Umspanner vor direkten Einschlägen schützt. Darüber hinaus befindet sich ein großer Teil des Umspannwerkes im zeltförmigen Schutzraum zu den Blitzfangseil, das auf den Freileitungsmasten über den 110-kV-Freileitungen gespannt ist.

In den Mittelspannungsnetzen (10, 20 und 30 kV) kommen in der Regel Überspannungsschutzeinrichtungen zum Einsatz, deren Eigenschaften so ausgelegt sind, dass bei Überspannungsbeanspruchungen eventuelle Schäden verhindert oder auf ein wirtschaftlich vertretbares Maß reduziert werden. Grundsätzlich haben Überspannungsableiter im Mittelspannungsnetz die Aufgabe, Teile der elektrischen Netze vor den schädlichen Auswirkungen der Überspannungen zu schützen, indem sie die Überspannung auf eine ungefährliche Höhe begrenzen. Beim Auftreten von Überspannungen verbindet der Überspannungsableiter den betroffenen Mittelspannungsleiter kurzzeitig mit dem Erdpotential und verhindert somit das Ansteigen der Spannung auf einen zu hohen und schädlichen Wert.

3. Innerer Blitzschutz

Überspannungsableiter für Mittelspannungs-Freileitungen

Bild 3.9.8

Mittelspannungs-Überspannungsableiter (Bild 3.9.8) gibt es für die verschiedensten Anwendungsbereiche in unterschiedlichen Ausführungsformen. In Abhängigkeit von Aufbau und Funktionsweise wird zwischen Siliziumcarbid-Ableitern mit Trennfunkenstrecken (SiC) und Metalloxidableitern (MO) unterschieden. Beide Ableiterarten haben eines gemeinsam, sie enthalten Varistoren. Siliziumcarbid-Ableiter bestehen im Wesentlichen aus der Reihenschaltung, Funkenstrecke und Varistor mit parallel zur Funkenstrecke geschalteten spannungsabhängigen Steuerwiderständen. Diese sind jeweils ringförmig um die Funkenstrecke angeordnet. Sie schützen den Kern des Ableiters gegen Witterungseinflüsse und gegen Verschmutzung. Im Gegensatz zum SiC-Ableiter besteht der MO-Ableiter nur aus einem oder mehreren zylinderförmigen Varistoren. Die Gehäuse von MO- und SiC-Ableitern für Mittelspannungsnetze bestehen bei älteren Typen aus rohrförmigen Porzellankörpern mit glasierter Oberfläche. In abgedichteten Ableitergehäusen werden die aktiven Teile mit einer Druckfeder zusammengepresst. Die MO-Ableiter sind mit Luft und die SiC-Ableiter mit Stickstoff gefüllt. Für den Fall einer Überlastung sind in den Ableitern Überdrucksicherungen eingebaut, die das Zerplatzen des Mittelspannungsableiters verhindern können. Im Überlastfall lassen membranartige Überdrucksicherungen die heißen Gase rechtzeitig aus dem Ableiter entweichen. Das Ausblasen der ionisierenden Gase wird über Düsen realisiert, die so angebracht sind, dass sie in einen definierten Außenbereich des Ableiters blasen. Das begünstigt die Zündung eines Lichtbogens außerhalb des Ableitergehäuses. Nach dem Zünden des äußeren Lichtbogens wird dem Lichtbogen im Ableiterinneren die Energie entzogen, so dass der innere Lichtbogen, ohne Zerplatzen des Ableiters, löschen kann.

Bei einer Überlastung verhindert eine in Reihe zum Varistor liegende Abtrennvorrichtung einen stehenden Erdschluss. Die Abtrennvorrichtung kann ein Bestandteil des Ableiters sein oder aus einem Bauteil bestehen, das getrennt vom Ableiter angebracht ist. Ob und wie Abtrennvorrichtungen eingesetzt werden, ist generell abhängig von der Art der Erdschlussbehandlung des jeweiligen Mittelspannungsnetzes. Neben der sicheren Trennung vom Netz gehört zu den Aufgaben der Abtrennvorrichtung die

3.9 Blitzschutz in Freileitungsnetzen

optische Signalisierung. Die optische Kennzeichnung von defekten Ableitern erleichtert das Auffinden und ermöglicht somit den schnelleren Austausch des Schutzgerätes.

Das Bild 3.9.9 zeigt einen Mittelspannungs-Freileitungsmast mit abgehendem Mittelspannungserdkabel. Diese Übergabestellen von Freileitung zur Erdverkabelung sind meist, wie in der Bildmitte von 3.9.9 zu sehen ist, mit drei Mittelspannungs-Überspannungsableitern beschaltet. Die Oberseiten der Mittelspannungsableiter sind mit den Mittelspannungs-Freileitungen verbunden, und unten bzw. erdseitig sind die Ableiter mit einem Metallwinkeleisen überbrückt, das eine Verbindung zum Freileitungsstahlmast besitzt. Der Freileitungsmast ist einige zehn Zentimeter über der Geländeoberfläche mit einem Bandstahl 30 × 3,5 zusätzlich geerdet (Bild 3.1.10). Für den Anschluss des Bandstahls am Mast werden meist zwei Schrauben M 8 oder eine Schraube M 10 verwendet.

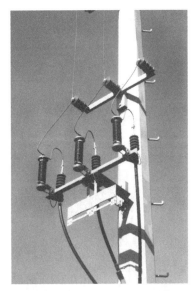

Bild 3.9.9

Um einen wirkungsvollen Schutz der Mittelspannungs-Anlagenteile zu ermöglichen, sollten Überspannungsableiter neben den Maststationen auch an allen anderen Stellen vorhanden sein, die durch Blitzeinwirkung gefährdet sind. Zu diesen Stellen gehören zum Beispiel: Leitungsabzweiger, Ortsnetz-Transformatorstationen, Mittelspannungs-Schaltanlagen usw. Natürlich wird von den Elektrizitäts-Versorgungs-Unternehmen die Wirtschaftlichkeit von Überspannungsschutz-Maßnamen berücksichtigt und von Fall zu Fall unterschieden, ob eine eventuelle Reparatur in der Mittelspannungsanlage nicht günstiger ist als der Einsatz von vielen hochwertigen Überspannungsableitern. Da Mittelspannungs-Überspannungsableiter bei einer energiereichen Beeinflussung zerplatzen können, dürfen sie aus Gründen des Personenschutzes an Orten, die der Öffentlichkeit zugänglich sind, nur ab einer Mindesthöhe von vier Metern über der Geländeoberfläche montiert

Bild 3.9.10

3. Innerer Blitzschutz

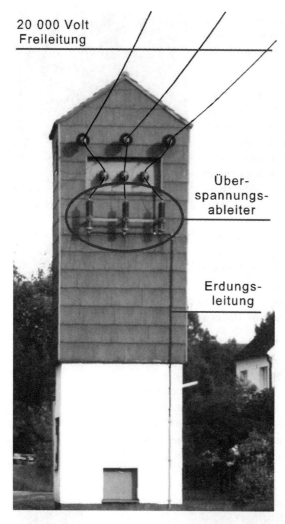

Bild 3.9.11

werden. Bei den üblichen Montageorten für Mittelspannungs-Überspannungsableitern an Freileitungsmasten oder den Einführungen in Ortsnetztransformatorstationen sind die Voraussetzungen zum Einhalten dieser Höhe fast immer gegeben. Das Bild 3.9.11 zeigt eine Ortsnetztransformatorstation mit Mittelspannungs-Überspannungsableiter, die an der Stationseinführung montiert sind. Wie das Beispiel zeigt, kann hier die geforderte Mindesthöhe problemlos eingehalten werden.

Befinden sich unterhalb der Mittelspannungs-Überspannungsableiter Verkehrsflächen, so sind die Ableiter mit einer Schutzabdeckung zu versehen, die dem Zerbersten der Ableiter im Überlastfall standhält. Darüber hinaus werden bei der Auswahl des Montageortes für Mittelspannungs-Überspannungsableiter die Forderungen der Vogelschützer meist beachtet.

Mittelspannungs-Überspannungsableiter dürfen mit speziellen Befestigungsschellen an Traversen, Masten oder Wänden montiert werden. Sie können gegebenenfalls auch direkt in das Freileitungsseil eingehängt werden. Wichtig ist, dass die Verbindung zur Erde immer auf einem möglichst kurzen Weg zustande kommt. Um im Beeinflussungsfall die mechanischen Belastungen des Ableiters gering zu halten, sind auch flexible Anschlussleitungen zulässig.

Neue Mittelspannungsableiter besitzen ein glasfaserverstärktes Kunststoffgehäuse, das mechanisch wesentlich belastbarer ist als ein Porzellanteil. Hinzu kommt, dass der leichtere Kunststoff die Montage erleichtert und der Kunststoff schmutzabweisend wirkt.

3.9 Blitzschutz in Freileitungsnetzen

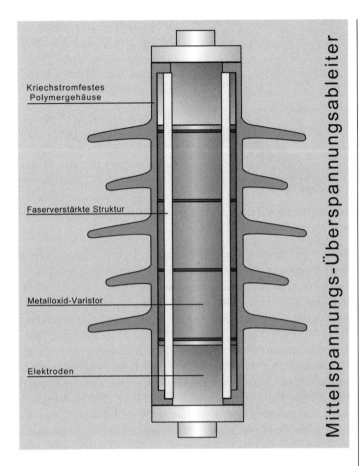

Bild 3.9.12

Auf dem Bild 3.9.12 ist der Schnitt eines solchen modernen Mittelspannungsableiters zu sehen, der sich besonders durch sein geringes Gewicht, der mechanischen Belastbarkeit und der wasser- sowie schmutzabweisenden Beschichtung des Groß-Kleinschirmprofilgehäuses auszeichnet.

Besonders wichtig ist, dass diese Ableiter bei Überlastung nicht wie Porzellanableiter explosionsartig zersplittern können. In der Regel brennt sich bei Überlastung der entstehende Lichtbogen durch das nicht entflammbare Gehäuse, und der Ableiter ist aufgrund dessen ohne optische Defektanzeige leicht zu erkennen.

Das übliche Stoßstromableitvermögen eines Mittelspannungs-Überspannungsableiters beträgt 5.000 oder 10.000 Ampere (8/20). In Gebieten mit großer Gewitterhäufigkeit werden meist die

3. Innerer Blitzschutz

Bild 3.9.13

leistungsfähigeren Ableiter bevorzugt. Die Spannungsbegrenzung liegt je nach der Nennspannung vom Ableiter bei einigen 10.000 Volt.

Zu beachten ist, dass Mittelspannungs-Überspannungsableiter so dimensioniert sind, dass sie in erster Linie die Mittelspannungsanlage schützen und somit keinen ausreichenden Schutz für die Verbraucheranlagen im Niederspannungsnetz darstellen.

Niederspannungs-Verbraucheranlagen, die über blanke Freileitungen versorgt werden, sind bereits bei fernen Blitzeinschlägen besonders stark durch induktive Spannungseinkopplungen gefährdet. Das liegt am verhältnismäßig großen Abstand zwischen den blank verlegten Leitern, der zu einer Induktions-Schleifenbildung führt. Wesentlich geringer ist diese Gefahr für isoliert ausgeführte Freileitungen. Nicht wegen der Leiterisolierung, sondern auf Grund der Leiterverseilung kommt es in isolierten Freileitungen nur selten zu induktiven Einkopplungen. Das Bild 3.9.13 zeigt eine blanke Freileitung, und das Bild 3.9.14 zeigt im Vergleich dazu eine moderne und isoliert ausgeführte Freileitung, bei der die Gefahr einer induktiven Spannungseinkopplung verhältnismäßig gering ist. Noch sicherer als isolierte Freileitungen sind erdverkabelte Niederspannungsnetze. In den Ballungszentren und dicht bebauten Gebieten wird seit jeher eine sichere Stromversorgung über Erdverkabelungen hergestellt. In den ländlichen Gebieten Deutschlands und vor allem in Österreich bleiben die vielen Freileitungsnetze erhalten, da nach der Liberalisierung des Strommarktes viele Elektrizitäts-Versorgungs-Unternehmen aus Kostengründen die Umstellungen von Freileitungsnetzen auf Erdkabelnetze eingestellt haben.

Bild 3.9.14

3.9 Blitzschutz in Freileitungsnetzen

In Freileitungsnetzen mit blanken Leitern kommen für den Überspannungsschutz meist glockenförmige Überspannungs-Schutzeinrichtungen der Anforderungsklasse A zum Einsatz. Diese Ableiter beinhalten die Reihenschaltung, Funkenstrecke, Varistor und Abtrennvorrichtung. Das Bild 3.9.15 enthält die Schnittzeichnung eines Überspannungsableiters, der zur Montage an einer Niederspannungsfreileitung geeignet ist. In der Regel werden diese Überspannungsableiter an den Abzweigpunkten und am Ende jedes Freileitungsausläufers, der länger als 500 m ist, angebracht. Nach DIN VDE 0100 Teil 443 sollten im Verlauf eines Freileitungsnetzes jeweils im Abstand von etwa 500 Meter Überspannungs-Schutzeinrichtungen der Anforderungsklasse A eingesetzt werden. Grundsätzlich darf der Abstand zwischen den Überspannungs-Schutzeinrichtungen 1.000 Meter nicht überschreiten. Stromversorgungsnetze, die teilweise als Freileitungsnetz und teilweise als Erdkabelnetz ausgeführt sind, sollen zusätzlich an den Übergangspunkten vom Freileitungs- ins Kabelnetz mit diesen glockenförmigen Ableitern beschaltet werden (Bild 3.9.16).

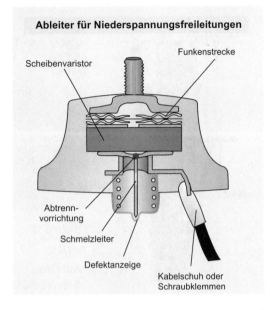

Siliziumcarbid-Scheibenvaristor

Bild 3.9.15

Zu beachten ist, dass für die EVU keine besondere Verpflichtung besteht, Überspannungsableiter ins Freileitungsnetz einzubauen. Nach DIN VDE 0100 Teil 443 ist der Einsatz von Überspannungsableitern in Freileitungsnetzen nur erforderlich, wenn sich die Freileitung in einem Gebiet befindet, in dem die Gewitterhäufigkeit größer ist als 25 Gewittertage pro Jahr, oder wenn eine höhere Zuverlässigkeit der Anlage gefordert wird. Darüber hinaus ist zu berücksichtigen, dass Überspannungs-Schutzeinrichtungen der Anforderungsklasse A nicht vor direkten, sondern nur vor Blitzferneinschlägen schützen.

3. Innerer Blitzschutz

Bild 3.9.16

Bild 3.9.17

Auf Grund der geringen Stoßstrombelastbarkeit (5.000 Ampere 8/20) können die Überspannungs-Schutzeinrichtungen der Anforderungsklasse A nur induktiv eingekoppelte Überspannungen ableiten, die zum Beispiel von Blitzferneinschlägen herrühren. Bei dieser verhältnismäßig geringen Stoßstrombelastbarkeit bieten diese Ableiter einen Schutzpegel von etwa 2.500 Volt.

Problematisch ist, dass die Überlastung einer Überspannungs-Schutzeinrichtung der Anforderungsklasse A nicht immer sofort bemerkt wird, so dass diese Ableiter oft lange Zeit ohne Funktion an den Freileitungen hängen und die elektrischen Anlagen während dieser Zeit völlig ungeschützt sind.

Auf dem Bild 3.9.16 ist ein Niederspannungs-Freileitungsholzmast abgebildet. Links vom Mast ist der Abzweig eines Niederspannungserdkabels zu sehen, und rechts vom Freileitungsmast befinden sich die glockenförmigen Überspannungs-Schutzeinrichtungen der Anforderungsklasse A, deren Stoßstromableitvermögen mit dem einer Überspannungs-Schutzeinrichtung der Anforderungsklasse C vergleichbar ist (siehe 3.14).

Das Bild 3.9.17 zeigt eine Ortsnetztransformatorstation, deren Niederspannungs-Freileitungen alle mit Überspannungs-Schutzeinrichtungen der Anforderungsklasse A schutzbeschaltet sind.

3.10 Hauptpotentialausgleich

Der Hauptpotentialausgleich gehört zu den Maßnahmen, die verhindern, dass gefährliche Spannungsdifferenzen entstehen, die Personen zwischen leitfähigen Teilen abgreifen können, und dient somit vordergründig dem Personenschutz. Das bedeutet, ein konsequent durchgeführter Hauptpotentialausgleich muss in jeder Niederspannungsanlage vorhanden sein. Darüber hinaus ist das Vorhandensein des Hauptpotentialausgleichs Grundvoraussetzung für den Blitzschutz bzw. für den Blitzschutzpotentialausgleich (siehe 3.11), der zusätzliche Installationen erfordert. Bestimmungsgerecht sollte der Hauptpotentialausgleich im Hausanschlussraum (Bild 3.10.1) zur Ausführung kommen, in dem gegebenenfalls auch der Blitzschutzpotentialausgleich realisiert werden kann.

Bei fehlendem Hauptpotentialausgleich können im Falle eines Isolationsfehlers an elektrischen Leitungen lebensgefährliche Potentialunterschiede bzw. Spannungen zwischen leitfähigen Teilen und dem Schutzleiter entstehen (Bild 3.10.2).

Durch den Hauptpotentialausgleich und dem zusätzlichen Potentialausgleich wird dies verhindert. Die Verbindung der Haupterdungsleitung mit elektrisch leitenden Rohrsystemen und Konstruktionen ist im Zuge des Hauptpotentialausgleichs über eine Potentialausgleichsschiene PAS (Bild 3.10.3) herzustellen. Die Hauptpotentialausgleichsschiene ist im Hausanschlussraum so nah wie möglich an der Haupterdungsleitung anzubringen.

Im TT-System ist eine Verbindung von der Hauptpotentialausgleichsschiene zum PE der Stromkreisverteilung herzustellen (Bild 3.10.4). Dabei ist zu beachten, dass der Hauptpotentialausgleichsleiter als separate einadrige Leitung und nicht in der gleichen Leitung wie die Außenleiter und der Neutralleiter zur Stromkreisverteilung verläuft.

Im TN-System wird der Potentialausgleichsleiter nicht zur Stromkreisverteilung, sondern zum Hausanschlusskasten geführt und dort mit dem PEN-Leiter der Hauptleitung zusammengeschlossen.

Ein Potentialausgleichsleiter ist ein Schutzleiter und muss wie dieser in seinem gesamten Verlauf grüngelb gekennzeichnet sein. Die Mindestquerschnittsfläche eines Hauptpotentialausgleichs-

3. Innerer Blitzschutz

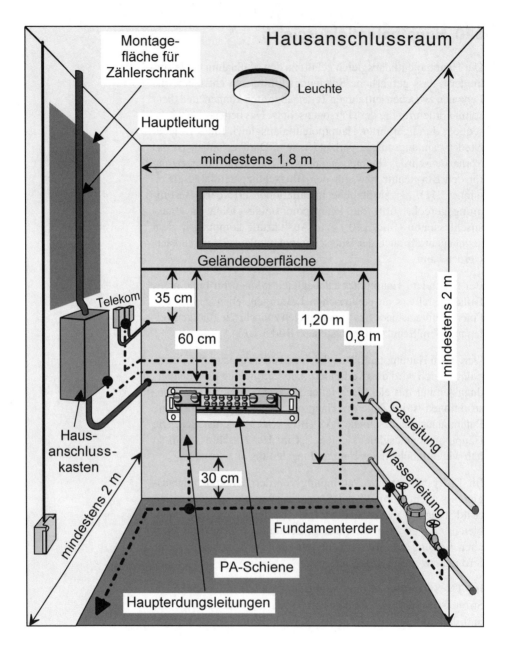

Bild 3.10.1

3.10 Hauptpotentialausgleich

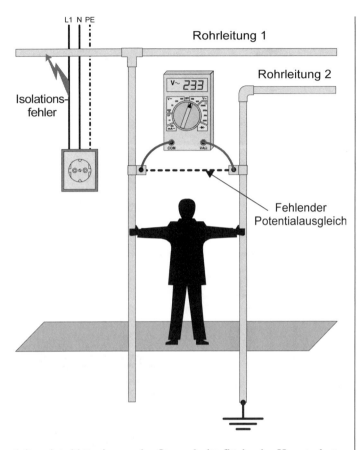

Bild 3.10.2

leiters ist abhängig von der Querschnittsfläche des Hauptschutzleiters (Tabelle, Bild 3.10.4). Zu beachten ist, dass einige Energie-Versorgungs-Unternehmen als Mindestquerschnittsfläche für den Hauptpotentialausgleichsleiter 10 Quadratmillimeter Cu fordern. Ein Hauptpotentialausgleichsleiter aus Kupfer mit einer Querschnittsfläche von 25 Quadratmillimeter ist auch dann ausreichend, wenn die Querschnittsfläche des Hauptschutzleiters größer ist als 50 Quadratmillimeter.

Bild 3.10.3

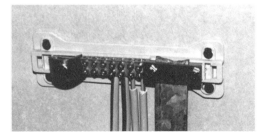

Die von der Hauptpotentialausgleichsschiene am weitesten entfernte Rohrleitung oder Metallkonstruktion sollte keinen höheren Widerstand als drei Ohm aufweisen.

189

3. Innerer Blitzschutz

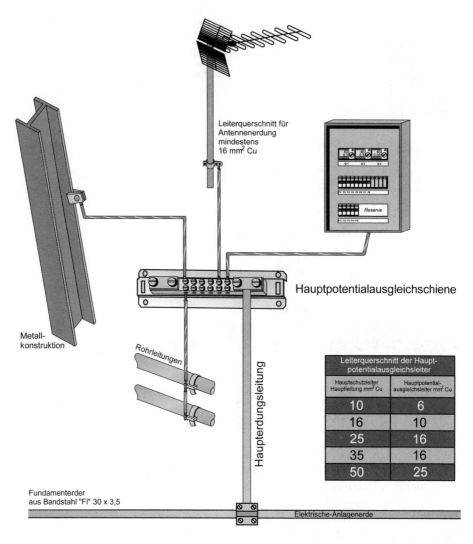

Bild 3.10.4

Das Bild 3.10.5 zeigt eine Hauptpotentialausgleichsschiene mit den üblichen Abgängen zu Überspannungs-Schutzeinrichtungen der Anforderungsklasse B, Gas-, Wasser- und Heizungsrohrleitungen, der Antennen- und Kommunikationsanlage sowie den Anschluss des Haupterdungsleiters, der in Bandstahl $30 \times 3{,}5$ mm, in Rundstahl mit 10 mm Durchmesser oder auch in Kupfer mit 10 mm Durchmesser ausgeführt sein kann.

Viele weitere Informationen zum Thema Elektroinstallation in Haus und Wohnung sind in dem Buch **„Elektroinstallation, Planung und Ausführung"** enthalten. ISBN 3-89576-036-6, Elektor-Verlag, Aachen,

- Bestelltelefon: 0241/88909-66
- Bestelltelefax: 0241/88909-77
- Internet: **www.elektor.de**

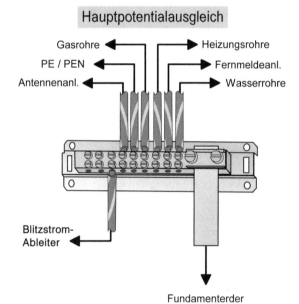

Bild 3.10.5

3.11 Blitzschutzpotentialausgleich

Um das Entstehen von gefährlichen Funken bzw. Lichtbögen im Blitzeinschlagsfall zu verhindern, muss der Blitzschutzpotentialausgleich hergestellt werden. Im Normalfall besteht der Blitzschutzpotentialausgleich aus einer Verbindung des Äußeren Blitzschutzes mit den metallenen Installationen eines Gebäudes und dem Anschluss der Leiter von allen gebäudeverlassenden bzw. in das Gebäude eingeführten elektrischen Leitungen an der Hauptpotentialausgleichsschiene.

3. Innerer Blitzschutz

Mindest-Querschnitte für Blitzschutz-Potentialausgleichsleitungen nach DIN VDE 0185 Teil 1	
Kupfer	10 mm²
Aluminium	16 mm²
Stahl	50 mm²

Bild 3.11.1

Mindest-Querschnitte für Blitzschutz-Potentialausgleichsleitungen nach VDE V 0185 Teil 100	
Kupfer	16 mm²
Aluminium	25 mm²
Stahl	50 mm²

Bild 3.11.2

Da der Fundamenterder meist als gemeinsamer Erder für den Blitzschutz und die Elektroinstallation genutzt wird, ist die Verbindung der metallenen Gebäudeinstallationen zur Blitzschutzanlage bereits über den Hauptpotentialausgleich realisiert. Dienen die Hauptpotentialausgleichsleiter zugleich als Leiter für den Blitzschutzpotentialausgleich, so sind die Mindestquerschnitte für Blitzschutzpotentialausgleichsleitungen einzuhalten. Die alte Norm „DIN VDE 0185 Teil 1" fordert zum Beispiel eine Mindestquerschnittsfläche von 10 mm² für einen Blitzschutzpotentialausgleichsleiter aus Kupfer, und nach der neueren „Norm VDE V 0185 Teil 100" beträgt die geforderte Querschnittsfläche für einen Kupferleiter mindestens 16 mm² (Bild 3.11.1 und 3.11.2).

In dem Normenentwurf der „VDE 0185 Teil 10" von 1999 wird bei den Blitzschutzpotentialausgleichsleitern unterschieden zwischen Leitern, die verschiedene Potentialausgleichsschienen untereinander oder mit der Erdungsanlage verbinden, und zwischen Blitzschutzpotentialausgleichsleitern, die innere metallene Installationen mit der Potentialausgleichsschiene verbinden. Für die zuerst genannte Verbindungsart gelten die gleichen Werte, die in der Tabelle aus „VDE V 0185 Teil 100" aufgeführt sind. Für Verbindungen von inneren metallenen Installationen zur PAS ist nach diesem Normenentwurf ein Leiter aus Kupfer mit einer Querschnittsfläche von 6 mm² ausreichend.

Der Blitzschutzpotentialausgleich für die aktiven Leiter von allen gebäudeverlassenden elektrischen Leitungen ist so nah wie möglich am Gebäudeeintritt durchzuführen. Alle Leiter und Leitungsschirme, für die ein direkter Anschluss an der Hauptpotentialausgleichsschiene nicht möglich ist, sind über Blitzstromableiter mit der Hauptpotentialausgleichsschiene zu verbinden.

Auf dem Bild 3.11.3 ist der prinzipielle Aufbau des Blitzschutzpotentialausgleichs dargestellt.

Darüber hinaus ist die Telekomleitung über blitzstromtragfähige Gasableiter mit der Hauptpotentialausgleichsschiene verbunden, und die aktiven Leiter der 230/400-V-Hauptleitung sind über

3.11 Blitzschutzpotentialausgleich

Bild 3.11.3

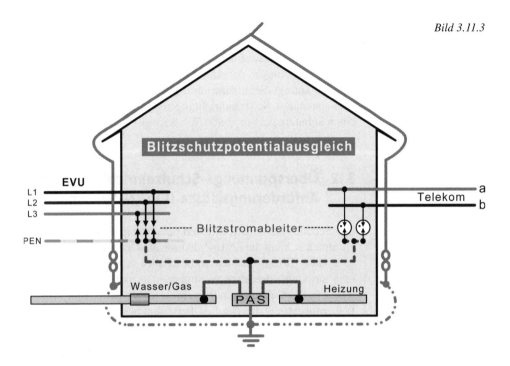

Funkenstrecken bzw. Überspannungs-Schutzeinrichtungen der Anforderungsklasse B angeschlossen.

Der Blitzschutzpotentialausgleich von elektrischen Leitungen, die sich innerhalb eines Gebäudes befinden, ist bei Bedarf mit Überspannungsableitern bzw. mit Überspannungs-Schutzeinrichtungen der Anforderungsklasse D zu realisieren, die so nah wie möglich an den zu schützenden Geräten angebracht werden sollten. Bei geschirmten Leitungen ist eine Beschaltung mit Überspannungsableitern nicht notwendig, wenn die Leitungsschirme an beiden Enden mit dem Blitzschutzpotentialausgleich verbunden sind. Das Gleiche gilt für Leitungen, die in Stahlpanzerrohr oder in Aluminiumrohr eingezogen sind. Voraussetzung dafür ist, dass die Metallrohre keine Unterbrechung aufweisen und elektrisch leitend durchverbunden sind.

Anmerkung:

Bei verseilten Leitungen (z.B. Typ NYM), die rein gebäudeintern verlegt sind, ist die Gefahr einer induktiven Einkopplung sehr gering. Hinzu kommt, dass neue elektrische und elektronische Geräte, die dem EMV-Gesetz entsprechen, eine hohe Spannungs-

3. Innerer Blitzschutz

festigkeit aufweisen. Aus diesem Grund ist in Abhängigkeit vom Typ der Installationsleitungen und vom Baujahr der zu schützenden Geräte zu entscheiden, ob zusätzliche, den Überspannungs-Schutzeinrichtungen der Anforderungsklasse B nachgeschaltete Überspannungs-Schutzeinrichtungen nützlich sind, wenn die Überspannungs-Schutzeinrichtungen der Anforderungsklasse B einen Schutzpegel von < 900 Volt aufweisen.

3.12 Überspannungs-Schutzeinrichtungen der Anforderungsklasse B in TN-Systemen

Um Schäden bei einem direkten oder nahen Blitzeinschlag zu minimieren, kann die EVU-Zuleitung am Gebäudeeintritt mit so genannten Blitzstromableitern beschaltet werden. Die Beschaltung am Gebäudeeintritt verhindert, dass hohe Blitzteilströme weiter in das Gebäude eindringen, wenn der Blitzstrom in einer Wellenform fließt, bei der die Überspannungs-Schutzvorrichtungen ihre Aufgabe erfüllen.

Für eine Schutzbeschaltung am Gebäudeeintritt sind im Normalfall Überspannungs-Schutzeinrichtungen der Anforderungsklasse B im ungezählten Bereich der elektrischen Gebäudeinstallation (Hauptstromversorgungssystem), einzusetzen. Überspannungs-Schutzeinrichtungen der Anforderungsklasse B sind nichts anderes als Funkenstrecken, die der DIN VDE 0675-6 entsprechen. In anderen Normen wird für solche Funkenstrecken auch die Bezeichnung „Blitzstromableiter" verwendet. Vermutlich konnten sich die Verfasser des Musterwortlauts der Technischen Anschlussbedingungen für den Anschluss an das Niederspannungsnetz (TAB) mit der Bezeichnung Blitzstromableiter nicht anfreunden und haben daher den etwas längeren Namen „Überspannungs-Schutzeinrichtungen der Anforderungsklasse B" gewählt. Natürlich ist der Begriff „Überspannungs-Schutzeinrichtung" auch richtiger, weil die eigentliche Aufgabe von so genannten „Blitzstromableitern" die Begrenzung von Blitzüberspannung ist und nicht das Ableiten von Blitzströmen.

In der Tabelle (Bild 3.12.1) sind die unterschiedlichen Aufgaben der Anforderungsklassen B, C und D beschrieben.

Aus dem Musterwortlaut der TAB geht hervor, dass die EVUs den Einsatz von Überspannungs-Schutzeinrichtungen der An-

3.12 Überspannungs-Schutzeinrichtungen der Anforderungsklasse B in TN-Systemen

Bild 3.12.1

Anforderungs-klasse nach DIN VDE 0675-6	Aufgabe der Schutzeinrichtungen
B	Überspannungs-Schutzeinrichtung für den Blitzschutz-Potentialausgleich nach DIN VDE 0185-100 bei direkten oder nahen Blitzeinschlägen
C	Schutzeinrichtung zum Zwecke des Überspannungsschutzes nach DIN VDE 0100-443 bei Überspannungen aufgrund ferner Blitzeinschläge oder Schalthandlungen
D	Schutzeinrichtung bestimmt zum Überspannungsschutz ortsveränderlicher Verbrauchsgeräte an Steckdosen

forderungsklasse B nur dann im ungezählten Bereich dulden, wenn der Elektroplaner bei der Ausarbeitung eines „Blitz-Schutzzonen-Konzeptes", insbesondere in industriellen und gewerblich genutzten Gebäuden, den Einsatz von Blitzstromableitern im ungezählten Bereich für unumgänglich hält. Da Wohngebäude meist keine industrielle oder gewerbliche Nutzung aufweisen, kann man davon ausgehen, dass im Wohnungsbau der Einsatz der Überspannungs-Schutzeinrichtungen im Vorzählerbereich nicht erwünscht ist.

Sollte die Schutzbeschaltung vom örtlichen Stromlieferanten trotzdem zugelassen werden, sind folgende Forderungen bzw. Voraussetzungen für den Einsatz von Überspannungs-Schutzeinrichtungen der Anforderungsklasse B in Hauptstromversorgungssystemen gemäß den TAB zu berücksichtigen:

- Die Auswahl und Errichtung von Überspannungs-Schutzeinrichtungen der Anforderungsklasse B muss nach DIN VDE 0100-534 (Entwurf) erfolgen. Das Bild 3.12.2 zeigt die geforderte Blitzstoßstromtragfähigkeit von Überspannungs-Schutzeinrichtungen der Anforderungsklasse B nach DIN VDE 01 00-534/A1.

3. Innerer Blitzschutz

Bild 3.12.2

Erforderliche Blitzstoßstromtragfähigkeit für Überspannungs-Schutzeinrichtungen der Anforderungsklasse B nach DIN VDE 0100 Teil 534/A1				
Netz-system	Blitzschutzklasse			
	1	2	3	4
TN	$\frac{100\ kA}{n}$	$\frac{75\ kA}{n}$	$\frac{50\ kA}{n}$	$\frac{50\ kA}{n}$
TT (L-N)	$\frac{100\ kA}{n}$	$\frac{75\ kA}{n}$	$\frac{50\ kA}{n}$	$\frac{50\ kA}{n}$
TT (N-PE)	100 kA	75 kA	50 kA	50 kA

n = Anzahl der Leiter, zum Beispiel im TN-C-System bei L1, L2, L3 und PEN ist n = 4

- Es dürfen nur Überspannungs-Schutzeinrichtungen zur Anwendung kommen, die bei einem inneren Kurzschluss dauerhaft vom Netz getrennt werden.

- Die Blitzstoßstromtragfähigkeit von Überspannungs-Schutzeinrichtungen muss unter Berücksichtigung des Einbauortes den in DIN VDE 0185-100 (Vornorm) festgelegten Beanspruchungen standhalten.

- Grundsätzlich sind nur Funkenstrecken als Überspannungs-Schutzeinrichtung im ungezählten Bereich zulässig. Die Parallelschaltung einer Funkenstrecke mit einem Varistor ist unzulässig.

- Es dürfen nur Überspannungs-Schutzeinrichtungen eingesetzt werden, für die der Hersteller eine Kurzschlussfestigkeit entsprechend den TAB-Anforderungen bescheinigt.

- Die Überspannungs-Schutzeinrichtungen der Anforderungsklasse B sind grundsätzlich gemeinsam mit den dazugehörigen Überstrom-Schutzeinrichtungen in schutzisolierte Gehäuse der Schutzart IP 54 einzubauen. Die besonderen Überstrom-Schutzeinrichtungen für Überspannungs-Schutzeinrichtungen sind nicht erforderlich, wenn der Nennstrom der Sicherungen im Hausanschlusskasten kleiner oder gleich dem Nennstrom ist, den der Hersteller der Überspannungs-Schutzein-

3.12 Überspannungs-Schutzeinrichtungen der Anforderungsklasse B in TN-Systemen

richtungen für sein Produkt angibt. Sind keine besonderen Überstrom-Schutzeinrichtungen erforderlich, so können anstelle der Überstrom-Schutzeinrichtungen Trennmesser eingelegt werden. Die Trennmesser ermöglichen den sicheren Austausch einer überlasteten oder auf andere Weise defekt gegangenen Überspannungs-Schutzeinrichtung der Anforderungsklasse B, ohne eine Unterbrechung der Energieversorgung. Die zu verwendenden Gehäuse müssen für die Aufnahme von Überstrom- und Überspannungs-Schutzeinrichtungen geeignet sein und vom Hersteller der Überspannungs-Schutzeinrichtungen für diesen Zweck geprüft und zugelassen sein. Vom Hersteller geprüfte Gehäuse sind nur dann notwendig, wenn die Überspannungs-Schutzeinrichtungen im Beeinflussungsfall ausblasen. Das Gehäuse muss dann so beschaffen sein, dass es sich durch den beim Ausblasen entstehenden Druck nicht verformt und auch nicht zerplatzt. Darüber hinaus dürfen die ausgeblasenen Gase nicht in andere Bereiche des Hauptstromversorgungssystems (wie zum Beispiel Zählerschrank oder Hauptverteiler) eindringen.

- Gehäuse, die für die Aufnahme von Überstrom- und Überspannungs-Schutzeinrichtungen im ungezählten Bereich geeignet sind, müssen grundsätzlich plombierbar sein.

Verschiedene Hersteller bieten nicht ausblasende Überspannungs-Schutzeinrichtungen der Anforderungsklasse B an. Nicht ausblasende Überspannungs-Schutzeinrichtungen dürfen, mit Zustimmung vom örtlichen EVU, ohne ein schutzisoliertes Gehäuse in eine Hauptverteilung oder in den unteren Anschlussraum eines Zählerschrankes eingebaut werden.

Der Einsatz von Überspannungs-Schutzeinrichtungen der Anforderungsklasse B wird nicht vom Energieversorger verlangt. Es entscheidet im Normalfall der Elektroplaner und/oder der Stromkunde, ob die Notwendigkeit für den Einsatz dieser Schutzeinrichtungen besteht.

Die Bilder 3.12.3 und 3.12.4 zeigen beispielhaft Überspannungs-Schutzeinrichtungen der Anforderungsklasse B, die im Hauptstromversorgungssystem eines TN-C- und eines TN-S-Systems eingesetzt sind. Bei dem TN-S-System befinden sich die Überspannungs-Schutzeinrichtungen der Anforderungsklasse B in unmittelbarer Nähe vom Hausanschlusskasten, in dem die beiden Leiter (N und PE) zusammengeschlossen sind.

3. Innerer Blitzschutz

Bild 3.12.3

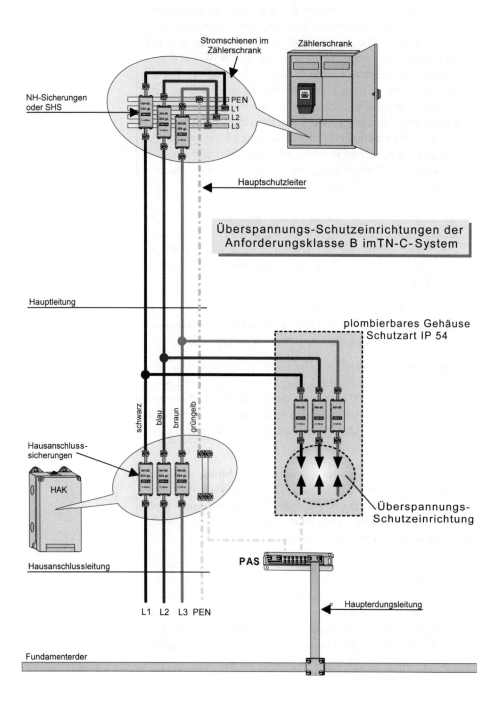

3.12 Überspannungs-Schutzeinrichtungen der Anforderungsklasse B in TN-Systemen

Bild 3.12.4

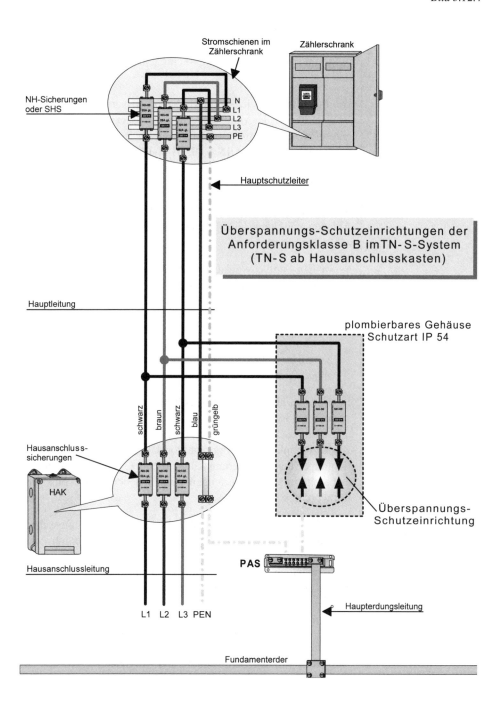

3. Innerer Blitzschutz

Wegen des kurzen Leitungsweges vom Hausanschlusskasten zur Überspannungs-Schutzeinrichtung der Anforderungsklasse B ist für eine der Darstellung entsprechende Schutzbeschaltung (TN-S-System ab Hausanschlusskasten) die sonst übliche Beschaltung N/PE mit einer Überspannungs-Schutzeinrichtung nicht erforderlich.

Die Potentialausgleichsleiter sind zu dimensionieren nach DIN VDE 0100-540, der Mindestquerschnitt beträgt jedoch bei Kupferleitern 16 mm^2, gemäß der Forderung für Blitzschutz-Potentialausgleichsleiter nach DIN VDE 0185-100.

Obwohl der Zähler durch den Einsatz von Überspannungs-Schutzeinrichtungen der Anforderungsklasse B im ungezählten Bereich mitgeschützt wäre, lassen die EVUs zum Beispiel in folgenden Anlagen meist keine Überspannungs-Schutzeinrichtungen im Vorzählerbereich zu:

- In Ein- und Zweifamilienhäusern, in denen der Hausanschlusskasten und der Zählerplatz aus einer baulichen Einheit besteht oder eine räumliche Nähe zwischen beiden vorhanden ist.

- In Mehrfamilien-Wohnhäusern, in denen die Zählerplätze zentral im Keller des Gebäudes nahe am Hausanschlusskasten angeordnet sind.

In diesen Fällen müssen entsprechend der TAB die Überspannungs-Schutzeinrichtungen dem Zähler nachgeordnet werden. Hierzu kann gegebenenfalls der obere Anschlussraum im Zählerschrank für die Montage von Überspannungs-Schutzeinrichtungen der Anforderungsklasse B oder C genutzt werden, wie es bereits in älteren Fassungen verschiedener TAB berücksichtigt worden war.

Die TAB beschreibt keinen mehrstufigen Überspannungsschutz nach dem Entwurf der VDE 0100-534/A1, sondern lediglich die zwingenden Anforderungen, die erfüllt werden müssen, wenn Überspannungs-Schutzeinrichtungen im ungezählten Bereich eingesetzt werden. Das örtliche EVU kann die Inbetriebsetzung einer Anlage, bei der die Anforderungen der TAB nicht beachtet wurden, verweigern und eine Ausbesserung verlangen.

TAB und viele elektrotechnischen Normen sind sehr wichtig, weil zum Beispiel jeder Elektroplaner auf Vorgaben angewiesen ist,

3.12 Überspannungs-Schutzeinrichtungen der Anforderungsklasse B in TN-Systemen

nach denen er arbeiten kann. Genauso wichtig sind die Normen für ausführende Firmen, die häufig von Elektroplanern Ausschreibungstexte erhalten, von denen „nur" die Einhaltung aller maßgebenden Normen, für die zu errichtende elektrische Anlage gefordert wird. Sehr früh haben verschiedene Hersteller erkannt, dass die Mitarbeit in Normengremien besonders lukrativ ist. Vor allem dann, wenn der Hersteller Texte in neue Normen einbringen kann oder gar Normen selber so verfasst, dass sie sich verkaufsfördernd auf seine Produkte auswirken. Dient eine neue Norm nur zum Wohl der Allgemeinheit oder nur zur Harmonisierung sind die meisten Hersteller nicht mehr bereit, an Normenvorhaben mitzuarbeiten.

Ein typisches Beispiel dafür sind die 230-V-Schutzkontakt-Steckvorrichtungen, die auf Grund der zu großen Herstellerlobby leider nicht harmonisiert wurden. Die Harmonisierung versprach bei diesen Produkten keine zusätzlichen Gewinne für die Hersteller, sondern vermutlich nur zusätzliche Kosten, und ist somit unter den Tisch gefallen. Im Klartext heißt das, harmonisiert wird nur das, was die Herstellergewinne steigert. Dass den Europäern, die in Bild 3.12.5 dargestellte Vielfalt von Schutzkontaktsteckdosen bleibt, spielt bei der allgemeinen Harmonisierung scheinbar nur eine untergeordnete Rolle.

Schutzkontakt-Steckvorrichtungen in Europa

Deutschland   Island   Türkei
Bulgarien   Luxemburg   Ungarn
Finnland   Niederlande
Frankreich   Österreich
Griechenland Portugal
Italien   Schweden

Belgien   Slowakei
Frankreich   Tschechien
Griechenland
Norwegen
Polen
Schweiz

Großbritannien

Griechenland

Dänemark

Schweiz

Bild 3.12.5

3. Innerer Blitzschutz

Ein weiteres schönes Beispiel liefert die Harmonisierung von Kabeln und Leitungen, die für Elektroinstallationen in Wohngebäuden zu verwenden sind. Vor rund 20 Jahren hatte ein genialer Kopf, der vermutlich aus den Reihen der Kabelhersteller kam, eine profitable Idee. Bei der Berechnung der Strombelastbarkeit von Kabeln und Leitungen kann im Zuge der Harmonisierung, nicht wie bisher, eine durchschnittliche Raumtemperatur von 25 °C angenommen werden, sondern wegen den südlich gelegenen Ländern muss man jetzt mit einer durchschnittlichen Raumtemperatur von 30 °C rechnen. Die um 5 °C erhöhte Raumtemperatur hat zu Folge, dass zum Beispiel dort, wo früher eine Querschnittsfläche von 1,5 mm^2 für eine Kupferleitung ausreichend war, heute ein Kupferleiter mit 2,5 mm^2 Querschnittsfläche erforderlich ist, und anstelle eines Leiters mit 2,5 mm^2 Querschnittsfläche ist heute ein Leiter mit 4 mm^2 Querschnittsfläche gefordert usw. Obwohl kein einziger Fall bekannt wurde, der belegt, dass ein nach der alten VDE 0100 Teil 523 (gültig bis 1988) ausgewählter Leiterquerschnitt nicht ausreicht, wurden die neuen Normen, die höhere Querschnitte fordern, auch von den Deutschen problemlos übernommen. Bei dieser Harmonisierung handelt es sich um ein Milliardengeschäft, das auf dem Rücken der Normung, zum Leidwesen der Verbraucher, ausgetragen wurde. Der Grund für die gewaltigen Umsatz- und Gewinnsteigerungen liegt vermutlich darin, dass dicke Kabel mehr kosten als dünne und dass die dicken Kabel mit Sicherheit auch einen größeren Gewinn abwerfen. Anschließend kam die Harmonisierung von Kabeln und Leitungen wieder zur Ruhe, weil es für die Hersteller nicht mehr viel zu erreichen gab. Somit leben wir heute noch mit einer Vielzahl von harmonisierten und nicht harmonisierten elektrischen Leitungen. Diese Beispiele lassen erkennen, wie das lukrative Geschäft mit der Normung zustande kommt. Aber nicht nur die Elektroindustrie hat erkannt, dass die „richtige" Normung mehr bringt als die teuerste und umfangreichste Werbeaktion, sondern auch in anderen Bereichen wird heute alles genormt, was nicht niet- und nagelfest ist. Zum Beispiel wurde im Jahr 2000 sogar das Toilettenpapier genormt – und das vermutlich nicht nur der Umwelt zuliebe.

Das Paradebeispiel für ein umsatzsteigerndes Normvorhaben in punkto Blitzschutz ist der Entwurf der VDE 0100 Teil 534, der vorsieht, dass Überspannungs-Schutzeinrichtungen auf eine besondere Art und immer dreistufig in den elektrischen Anlagen einzusetzen sind, um einen wirkungsvollen Überspannungsschutz

3.12 Überspannungs-Schutzeinrichtungen der Anforderungsklasse B in TN-Systemen

zu erreichen. Durch den mehrstufigen Einsatz der Schutzeinrichtungen kann sich selbstverständlich auch der Herstellerumsatz wesentlich erhöhen. Wen wundert es da noch, wenn einige Hersteller in solche Normungsvorhaben Millionen investieren. Natürlich wird bei solchen Projekten die europaweite und auch weltweite Harmonisierung nicht vergessen.

Wesentlich wirkungsvoller und preisgünstiger als der mehrstufige Einsatz von Überspannungs-Schutzeinrichtungen der Anforderungsklassen B, C und D wäre zum Beispiel bei Neuanlagen, in denen nur EMV-konforme Geräte zum Einsatz kommen, der alleinige Einsatz von Überspannungs-Schutzeinrichtungen der Anforderungsklassen B im Hauptstromversorgungssystem. Voraussetzung dafür ist eine Überspannungs-Schutzeinrichtung der Anforderungsklasse B, die Überspannungen auf < 900 Volt begrenzt. Da die Leitungen für eine moderne und zeitgerechte Elektroinstallation meist verseilt sind, ist eine induktive Einkopplung von hohen Spannungen in gebäudeintern verlegte Leitungen, auch beim direkten Blitzeinschlag, eher unwahrscheinlich. Als zusätzliche Schutzmaßnahme müssten eventuell nur noch kombinierte Schutzgeräte zum Einsatz kommen, die durch Schleifenbildung verursachte Überspannungen reduzieren.

Diese kombinierten Überspannungs-Schutzgeräte können dort montiert werden, wo Geräte an zwei Netzen angeschlossen sind, wie zum Beispiel in der Nähe des Fernsehgerätes, das einen Anschluss am 230-V-Netz und am Antennenkabel benötigt, und am PC, der am 230-V-Netz und meist auch am Netz der Telekom angeschlossen ist.

Durch Überspannungs-Schutzeinrichtungen der Anforderungsklasse B, die auf < 900 Volt begrenzen, wird ein höchst wirkungsvoller Blitzschutz für jedermann erschwinglich, weil nahezu alle weiteren Schutzgeräte der Anforderungsklassen C und D entfallen könnten. Darüber hinaus sind keine Entkopplungsspulen erforderlich, die den Aufwand für Überspannungs-Schutzmaßnamen erhöhen und meist nur dann wirksam sind, wenn der Blitzstrom in der genormten Wellenform 10/350 in das Gebäude eindringt. Die eingesparten Überspannungs-Schutzeinrichtungen würden aber den Umsatz der Schutzgeräte-Hersteller zu stark schmälern. Auf Grund dessen wird der mehrstufige Überspannungs-Schutz nach wie vor weltweit propagiert.

3. Innerer Blitzschutz

Oft wird das Argument gebraucht, Überspannungs-Schutzeinrichtungen mit einem Schutzpegel < 1.000 Volt sprächen zu häufig an, wegen den sehr häufig auftretenden Überspannungen, die höher sind als 1.000 Volt, wodurch der störungsfreie Anlagenbetrieb zu oft beeinträchtigt würde.

Es treten bei weitem nicht so viele Überspannungen in den Niederspannungsanlagen auf, wie angenommen wird, das bestätigen die in DIN VDE 0100 Teil 443/2002-01 aufgeführten Rundversuche und die Erfahrungen des Autors, der in zahlreichen Anlagen Messungen durchgeführt hat, bei denen keine nennenswerten Überspannungen zu registrieren waren.

Obwohl die DIN VDE 0110 ursprünglich mit dem Blitzschutz nichts zu tun hatte, nützen verschiedene Interessenvertreter das Vorhandensein dieser Norm für ihre Zwecke, indem sie die Mei-

Bild 3.12.6

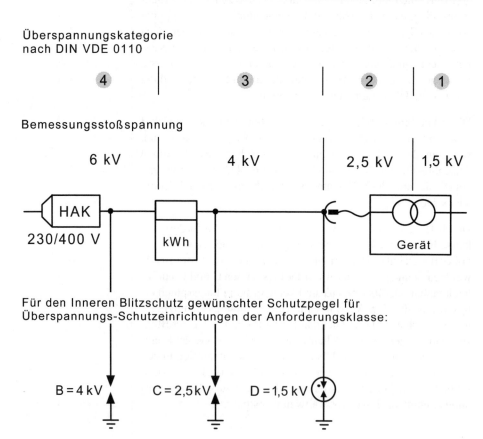

3.12 Überspannungs-Schutzeinrichtungen der Anforderungsklasse B in TN-Systemen

nung vertreten, dass Überspannungsschutzeinrichtungen gemäß dieser Norm Blitzüberspannungen vom Hausanschlusskasten bis hin zum zu schützenden Gerät stufenweise nach unten hin abbauen müssen, wenn ein wirkungsvoller Schutz erreicht werden soll. Das Bild 3.12.6 zeigt die Überspannungskategorien nach VDE 0110 mit den dazugehörigen Bemessungsstoßspannungen und die in Anlehnung dazu geforderten Schutzpegel, die von Überspannungs-Schutzeinrichtungen der Anforderungsklassen B bis D eingehalten werden sollten.

Bei dem mehrstufigen Überspannungsschutz kommt erschwerend hinzu, dass die Überspannungs-Schutzeinrichtungen entkoppelt werden müssen, um zu funktionieren. Das heißt, es sind entweder längere Leitungen zwischen den Überspannungs-Schutzeinrichtungen der unterschiedlichen Klassen erforderlich, oder es sind bei zu kurzen Leitungen zusätzlich Entkopplungs-Induktivitäten einzubauen, damit der Mehrfachschutz funktioniert. Geeignete Entkopplungsspulen bieten die Blitzschutzhersteller als nützliches Zubehör an.

Anmerkung:
Handelsübliche Entkopplungsinduktivitäten bieten nur dann eine ausreichende Entkopplung, wenn der Blitzstrom in der genormten oder in einer ähnlichen Wellenform über die Entkopplungsspulen fließt. Bei flacheren Wellenformen, die sicher auch in der Natur der Blitze liegen, können die Entkopplungsspulen ihrem Namen nicht mehr gerecht werden. Das Gleiche gilt auch für die von Herstellern angegebenen Mindestleitungslängen, die zwischen den Überspannungs-Schutzeinrichtungen der verschiedenen Anforderungsklassen zur Entkoppelung erforderlich sind.

Dabei wäre es so einfach, einen guten EMV-konformen sowie funktionierenden Inneren Blitzschutz zu errichten, der zudem noch preisgünstig ist und keine Entkopplung benötigt, wenn die Hersteller darauf hinweisen würden, wie mit weniger Überspannungs-Schutzeinrichtungen mehr erreicht werden kann. Das Bild 3.12.7 zeigt eine Überspannungs-Schutzeinrichtung der Anforderungsklasse B, die Überspannungen am Gebäudeeintritt der EVU-Zuleitung auf < 900 Volt begrenzt und damit den gesamten Bereich vom Hausanschluss bis zum Endgerät auch vor den leitungsgebundenen Auswirkungen eines direkten Blitzeinschlages schützt. Das gilt besonders dann, wenn es um den Überspannungsschutz von elektrischen und elektronischen Geräten geht, die nach

3. Innerer Blitzschutz

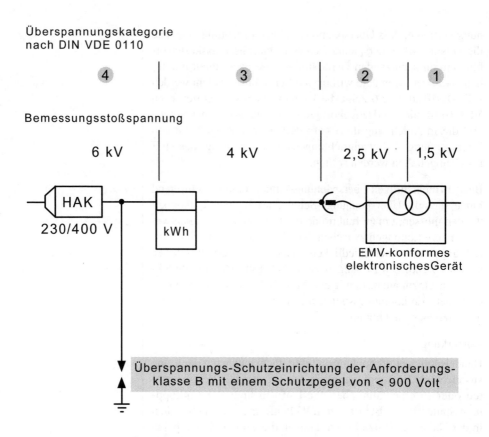

Bild 3.12.7

1998 gebaut wurden und somit dem EMV-Gesetz entsprechen müssen.

Eine Überspannungs-Schutzeinrichtung der Anforderungsklasse B, die Überspannungen auf < 900 Volt begrenzt, verstößt nicht gegen die Forderungen der VDE 0110, sondern ermöglicht in Übereinstimmung mit dieser Norm einen wirkungsvollen Schutz, ohne dass ein Mehrfachschutz mit Überspannungs-Schutzeinrichtungen aller Anforderungsklassen zum Einsatz kommt.

Der deutsche Physiker und weltweit bekannte Schriftsteller Georg Christoph Lichtenberg war ein vielseitiger Naturwissenschaftler und Forscher auf dem Gebiet der experimentellen Physik. Er sagte vor über 200 Jahren:

3.12 Überspannungs-Schutzeinrichtungen der Anforderungsklasse B in TN-Systemen

„Es ist sonderbar, dass nur außerordentliche Menschen die Entdeckungen machen, die nachher so leicht und simpel scheinen. Dies setzt voraus, dass, um die simpelsten oder wahren Verhältnisse der Dinge zu bemerken, sehr tiefe Kenntnisse notwendig sind."

Der Verbraucherschutz ist heute mehr den je auch in technischer Hinsicht gefordert. Er hat die Verpflichtung, die Rechte der Verbraucher durchzusetzen. Aus diesem Grund wäre es angebracht, dass ein Vertreter des Verbraucherschutzes Normenvorhaben wie das der VDE 0100-534 kontrolliert und Gesetze erlassen werden, die jedem Blitzschutzbedürftigen einen wirkungsvollen und preisgünstigen Schutz gegen die Naturgewalten eines Gewitters ermöglicht. Demzufolge muss auch der Privatmann die Genehmigung vom örtlichen EVU für den Einsatz von Überspannungs-Schutzeinrichtungen der Anforderungsklasse B im Vorzählerbereich erhalten, wenn er in seinen Installationen einen schwer wiegenden Schaden durch Blitzschlag zu erwarten hat.

Außerdem resultiert aus dem Musterwortlaut der TAB eine Ungleichbehandlung der Stromkunden, die mit an Sicherheit grenzender Wahrscheinlichkeit gegen das Grundgesetz verstößt. Es kann nicht sein, dass es nur einigen Auserwählten im Rahmen eines Blitzschutzzonenkonzeptes gestattet wird, Überspannungs-Schutzeinrichtungen der Anforderungsklasse B im Hauptstromversorgungssystem einzusetzen.

Bild 3.12.6/1

3. Innerer Blitzschutz

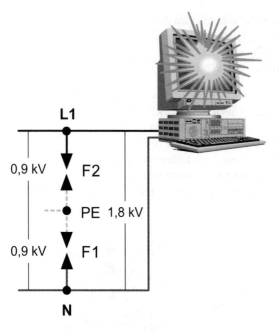

Bild 3.12.8

Den Mehrfachschutz fordert die VDE 0100-534 für TN-S-Systeme in einer ganz besonderen Art und Weise der Schutzbeschaltung. Die Überspannungs-Schutzeinrichtungen der Anforderungsklasse B sind nach dieser Norm zwischen den Außenleitern und dem Netz-PE sowie zwischen dem Neutralleiter und Netz-PE einzusetzen. Das heißt, selbst dann, wenn Überspannungs-Schutzeinrichtungen der Anforderungsklasse B zum Einsatz kämen, die einen Schutzpegel von < 900 Volt aufweisen, wäre der damit erreichbare Schutzpegel für die Begrenzung von symmetrischen Überspannungen zu hoch, weil sich der Schutzpegel infolge der Beschaltungsart verdoppelt, so dass die Restspannung zwischen den Außenleitern und dem Neutralleiter ca. 1.800 Volt beträgt. Aus diesem Grund ist der Verbraucher gezwungen, den Schutzeinrichtungen der Anforderungsklasse B weitere Schutzeinrichtungen der Anforderungsklassen C und D nachzuschalten.

Wie in Bild 3.12.8 dargestellt, ergibt sich durch die Reihenschaltung von zwei Funkenstrecken zwischen den Außenleitern und dem Neutralleiter eine Restspannung von 1,8 kV, die an allen Steckdosen im Beeinflussungsfall ansteht. Bei nicht EMV-konformen bzw. älteren Geräten und EMV-konformen Geräten, die nur der in VDE 0847 Teil 4–5 geforderten Mindestspannungsfestigkeit von 500 Volt zwischen den Leitungen und von 1.000 V zwischen Leitung und Erde entsprechen, kann dieser hohe Schutzpegel zur Zerstörung der zu schützenden Geräte führen. Wobei die geringe Mindestforderung von nur 500 Volt zwischen den Leitungen unverständlich ist, weil es keine Überspannungs-Schutzeinrichtungen gibt, die ein, auf der 230-V-Seite, nur 500 Volt spannungsfestes Gerät „wirkungsvoll" vor Überspannungen schützen können. Vermutlich wurde der Text des EMV-Gesetzes von den Verfassern des Anhangs B (informativ) der VDE 0847 Teil 4–5 missverstanden und deshalb nicht richtig umgesetzt.

3.12 Überspannungs-Schutzeinrichtungen der Anforderungsklasse B in TN-Systemen

Das Bild 3.12.9 zeigt ein Netzsystem, das ab der Transformatorstation als TN-S-System ausgeführt und gemäß VDE 0100-534 mit Überspannungs-Schutzeinrichtungen der Anforderungsklasse B beschaltet ist. Auf dem Ersatzschaltbild ist gut zu erkennen, dass zwischen den Außenleitern und dem Neutralleiter jeweils

Bild 3.12.9

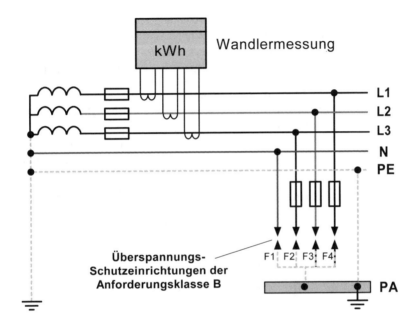

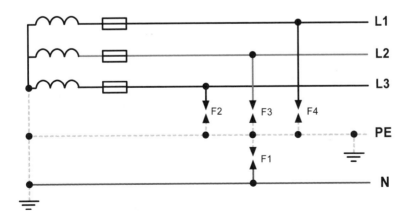

3. Innerer Blitzschutz

zwei Überspannungs-Schutzeinrichtungen der Anforderungsklasse B in Reihe liegen, wodurch sich der Schutzpegel zwischen L1, L2, L3 und N verdoppelt und ein wirkungsvoller Überspannungsschutz ohne nachgeschaltete Schutzeinrichtungen unmöglich wird. Bei dem favorisierten Schutzpegel für Überspannungs-Schutzeinrichtungen der Anforderungsklasse B von 4.000 Volt ergibt sich wegen der Reihenschaltung von zwei Überspannungs-Schutzeinrichtungen der sehr hohe Schutzpegel von 8.000 Volt, die auch ein EMV-konformes Gerät, das die Prüfungen mit dem härtesten Prüfschärfegrad (4.000 V) besteht, nicht überleben kann.

Für ein TN-S-System ist ein wirkungsvoller und verhältnismäßig preisgünstiger Innerer Blitzschutz und Blitzschutzpotentialausgleich realisierbar, wenn Überspannungs-Schutzeinrichtungen der Anforderungsklasse B in der 3+1-Schaltung zur Anwendung kommen, wodurch eine akzeptable Spannungsbegrenzung (0,9 kV) von symmetrischen Überspannungen möglich ist (siehe Überspannungs-Schutzeinrichtungen der Anforderungsklasse B in TT-Systemen). Das Bild 3.12.10 zeigt die 3+1-Schaltung sowie die von der VDE 0100-534 für TN-S-Systeme geforderte Schaltung zum Vergleich.

Bild 3.12.10

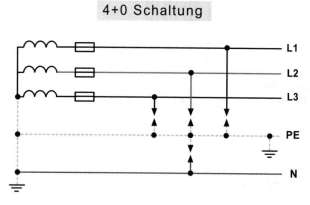

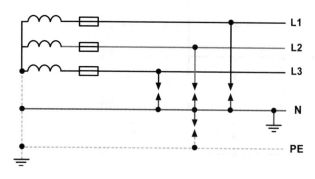

Das in Bild 3.12.9 dargestellte TN-S-System mit Stromwandlermessung ermöglicht eine wirkungsvolle Schutzbeschaltung, auch nach der Messung, außerhalb des Hauptstromversorgungssystems. Der Grund dafür ist, dass bei einer Wandlermessung der Blitzstrom nicht über den Zähler fließt, auch dann nicht, wenn die Beschaltung mit Überspannungs-Schutzeinrichtungen erst nach der Messung erfolgt. In fast allen gewerblich und industriell genutzten Anlagen, die über eine eigene Transformatorstation verfügen, sind Wandlermessungen im Einsatz.

Unabhängig vom Niederspannungs-Netz-System, über das EVUs Privathaushalte mit Elektrizität versorgen (TT oder TN-C), entscheidet im Normalfall bei industriell und gewerblich genutzten Gebäuden mit eigener Transformatorstation der Elektroplaner, welches Netz-System nach der Transformatorstation zur Ausführung kommt. Aus EMV-Gründen und anderen sicherheitstechnischen Gesichtspunkten kommen heutzutage in solchen Niederspannungsanlagen überwiegend TN-S-Systeme zur Ausführung, selbst dann, wenn das EVU alle Privatkunden über ein TT-System mit Strom versorgt.

Da in der VDE 0100-534 Anlagen mit gewerblicher oder industrieller Nutzung, die mit einer eigenen Transformatorstation und einer Stromwandlermessung ausgerüstet sind, keine Berücksichtigung finden (obwohl diese zu mehreren Hunderttausenden im Einsatz sind), kann man davon ausgehen, dass die Urheber der 0100-534 mit derartigen Anlagen nicht vertraut sind. Damit stellen sich die Verfasser dieser Norm ein Zeugnis aus, das ihren Wissensstand schwarz auf weiß bescheinigt.

Für jeden, der mehr Informationen über die verschiedenen Netzsysteme benötigt, ist das Buch „Elektroinstallation, Planung und Ausführung"(ISBN 3-89576-036-6) eine hervorragende Ergänzung zu dieser Lektüre.

3.13 Überspannungs-Schutzeinrichtung der Anforderungsklasse B im TT-System

Beim Einsatz von Überspannungsschutzeinrichtungen der Anforderungsklasse B im TT-System sind die zuvor beschriebenen Anforderungen der TAB zu berücksichtigen. Die Schutzbeschaltung wird mit Überspannungs-Schutzeinrichtungen der Anforderungsklasse B in der 3+1-Schaltung ausgeführt. Bei dieser Schaltung sind drei Überspannungs-Schutzeinrichtungen für die Beschaltung der Außenleiter eingesetzt, und ein so genannter Summenstrom-Ableiter befindet sich zwischen Neutralleiter und PE (Bild 3.13.1).

3. Innerer Blitzschutz

Bild 3.13.1

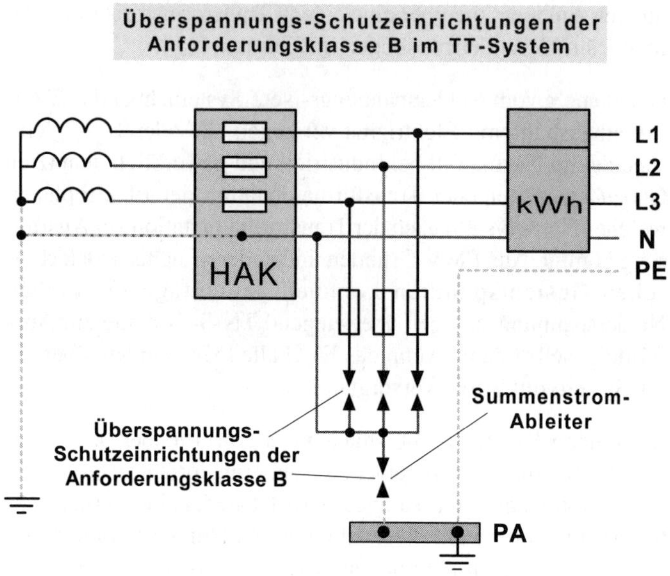

Überspannungs-Schutzeinrichtungen der Anforderungsklasse B im TT-System

[Schaltbild mit HAK, kWh-Zähler, Anschlüssen L1, L2, L3, N, PE, Überspannungs-Schutzeinrichtungen der Anforderungsklasse B, Summenstrom-Ableiter und PA]

Unabhängig vom Niederspannungsnetz-System wurden früher alle Überspannungsableiter gegen Erde geschaltet. Das galt für Funkenstreckenableiter ebenso wie für Varistoren. Diese Schaltung ist heute nicht mehr vertretbar, weil man erkannt hat, dass die möglichen Leckströme bei Varistoren über den Erdungswiderstand eine unzulässig hohe Berührungsspannung am PE hervorrufen können. Ein nachgeschalteter FI-Schutzschalter kann diese Leckströme nicht erkennen. Der FI-Schutzschalter bzw. die Fehlerstrom-Schutzeinrichtung kann den Leckstrom von Varistoren nur dann registrieren, wenn diese der Fehlerstrom-Schutzeinrichtung nachgeschaltet sind. Außerdem würde ein durchlegierter und niederohmiger Varistor eine unzulässige Verbindung zwischen N- und PE-Leiter herstellen und damit die Funktion des FI-Schutzschalters stark beeinträchtigen. Als sicherheitstechnisch unbedenkliche Schaltung wird daher auch im Normentwurf der VDE 0100 Teil 543/A1 die „3+1-Schaltung" gefordert. Bei dieser Schaltung werden nicht wie bisher die Ableiter zwischen den aktiven Leitern (L1, L2, L3) und Netz-PE installiert, sondern gegen den Neutralleiter geschaltet. Zwischen dem Neutralleiter und dem PE-Leiter wird als viertes Schutzelement eine Trennfunkenstrecke, die mit dem zu erwartenden Summenstrom belastet werden kann, geschaltet. Darüber hinaus bewirkt die N/PE-Trennfunkenstrecke, dass eine galvanische Trennung zwi-

3.13 Überspannungs-Schutzeinrichtung der Anforderungsklasse B im TT-System

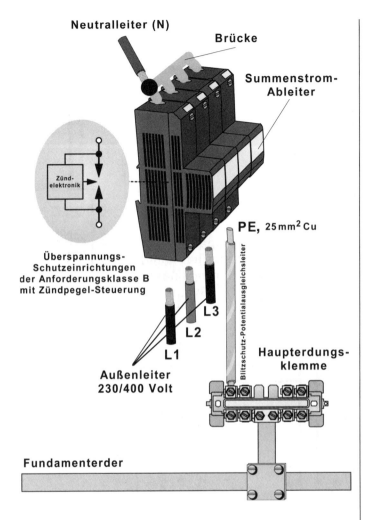

Bild 3.13.2

schen dem Neutralleiter und dem Netz-PE vorliegt, so dass alterungsbedingte und durch Überlastung hervorgerufene Leckströme nicht über den PE-Leiter abfließen können und eine gefahrbringende Spannungsanhebung des Erdpotentials ausgeschlossen ist.

Das Bild 3.13.2 zeigt Überspannungs-Schutzeinrichtungen der Anforderungsklasse B mit Zündpegelsteuerung in 3+1-Schaltung für ein TT-System. Über TT-Systeme werden bis auf wenige Ausnahmen nur Wohngebäude mit der Netzspannung versorgt.

3. Innerer Blitzschutz

Bild 3.13.3

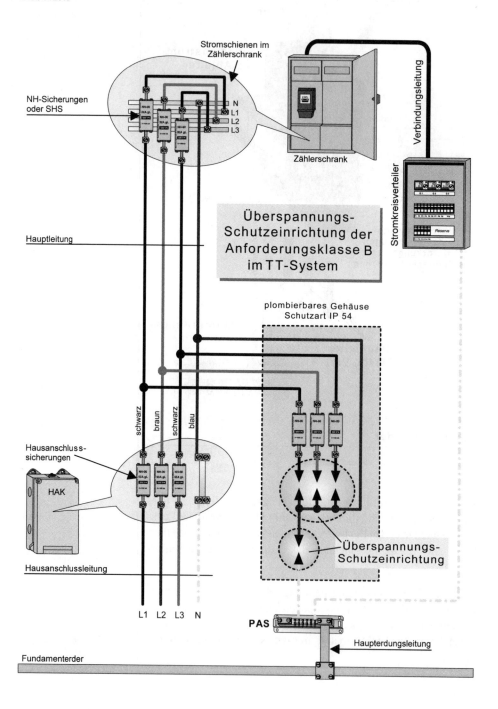

3.14 Überspannungs-Schutzeinrichtungen der Anforderungsklasse C

Für den Blitzschutz von Wohngebäuden erteilt der örtliche Energieversorger gemäß TAB im Regelfall keine Genehmigung für den Einsatz von Überspannungs-Schutzeinrichtungen im Hauptstromversorgungssystem. Aus diesem Grund ist es unverständlich und nahezu überflüssig, dass die Autoren der VDE 0100-534 diesen Anwendungsfall beschreiben.

Um den Überspannungsschutz wirkungsvoll und verhältnismäßig preisgünstig zu realisieren, sollte auch in TT-Systemen und in Wohngebäuden Überspannungs-Schutzeinrichtungen der Anforderungsklasse B mit Zündpegelsteuerung (Schutzpegel 0,9 kV) zur Anwendung kommen.

Das Bild 3.13.3 zeigt die Schutzbeschaltung im Vorzählerbereich eines TT-Systems. Alternativ zu dem Einsatz von Ableitern in nächster Nähe vom Hausanschlusskasten (HAK) würden sich so genannte nichtausblasende Überspannungs-Schutzeinrichtungen der Anforderungsklasse B für die Montage neben den NH-Sicherungen bzw. neben dem selektiven Hauptleitungs-Schutzschalter im unteren Anschlussraum des Zählerschrankes eignen.

3.14 Überspannungs-Schutzeinrichtungen der Anforderungsklasse C in TN- und TT-Systemen

Überspannungs-Schutzeinrichtungen der Anforderungsklassen C (Bild 3.14.1) werden in Verbraucheranlagen meist in der Stromkreisverteilung nur hinter dem Zähler eingesetzt. Sie sind nicht blitzstromtragfähig.

Bild 3.14.1

Laut DIN VDE 0100 Teil 443, gültig seit Januar 2002, sind Überspannungs-Schutzeinrichtungen gegen Schaltüberspannungen meistens nicht erforderlich. Statistische Untersuchungen haben ergeben, dass das Risiko einer Schaltüberspannung nur sehr gering ist.

Beim Vorhandensein von Überspannungs-Schutzeinrichtungen der Anforderungsklasse B, die leitungsgebundene Überspannungen auf 900 Volt begrenzen, ist es unzweckmäßig, viel Geld in Überspannungs-Schutzeinrichtungen der Anforderungsklasse C zu investieren, wenn für die Elektroinstallation ausschließlich verseilte Leitun-

3. Innerer Blitzschutz

Bild 3.14.2

gen zum Beispiel vom Typ NYM verwendet wurden. Das Gleiche gilt auch für geschirmte und in Metallrohr eingezogene Leitungen, deren Leitungsschirm bzw. Metallrohr an beiden Seiten mit dem Potentialausgleich verbunden ist. Ausnahmen bilden zum Beispiel in Kunststoffrohr eingezogene Aderleitungen und NYIF-Flachleitungen. Die Adernverseilung (Bild 3.14.2) von Kabeln und Leitungen verhindert eine Schleifenbildung, hervorgerufen durch Abstände zwischen den Adern, wie sie eventuell bei der Verwendung von Flachleitungen auftreten könnte. Auf Grund dessen ist eine induktive Einkopplung von hohen Spannungen, auch bei direktem Blitzeinschlag, kaum möglich.

Die Verfasser der internationalen Norm IEC 60364-4-443 (VDE 0100-443) gehen davon aus, dass für Anlagen, die über Freileitungen oder Erdkabel versorgt werden, keine Notwendigkeit für den Einsatz von Überspannungs-Schutzeinrichtungen besteht,

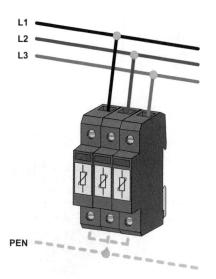

Bild 3.14.3

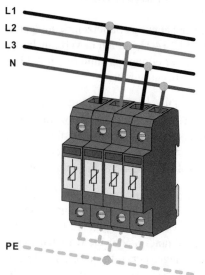

Bild 3.14.4

3.14 Überspannungs-Schutzeinrichtungen der Anforderungsklasse C

wenn sie in einem Gebiet liegen, in dem die Gewitterhäufigkeit geringer ist als 25 Gewittertage pro Jahr.

Sollte ein Elektroplaner die Ausführungen eines Blitzschutzzonenkonzeptes für unumgänglich halten, so können den Überspannungs-Schutzeinrichtungen der Anforderungsklasse B, Überspannungs-Schutzeinrichtungen der Anforderungsklasse C in den Stromkreisverteilungen nachgeschaltet werden. Dies erfordert jedoch eine Koordination der Überspannungs-Schutzeinrichtungen. Derart aufwändige Schutzmethoden verursachen sehr hohe Kosten, die meist wirtschaftlich nicht vertretbar sind. Ein Innerer Blitzschutz, der Blitzschutzzonenkonzepte berücksichtigt, ist eventuell sinnvoll für militärische Atombunkeranlagen usw. Darüber hinaus bleibt auch für Anlagen, deren Blitz- und Überspannungsschutz unter konsequenter Einhaltung von Blitzschutzzonen errichtet wurde, ein verhältnismäßig hohes Restrisiko bestehen (siehe Blitzschutzzonen).

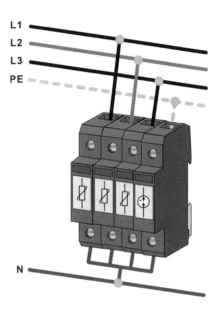

Überspannungs-Schutzeinrichtungen der Anforderungsklasse C im TT-System

Bild 3.14.5

Nach VDE 0100-534 sind in jeder Stromkreisverteilung drei oder vier Überspannungs-Schutzeinrichtungen der Anforderungsklasse C entsprechend dem Netzsystem einzubauen (Bilder 3.14.3 bis 3.14.5). Beim Einsatz der Überspannungs-Schutzeinrichtungen in TT-Systemen ist zu beachten, dass für die Spannungsbegrenzung zwischen Neutralleiter und Schutzleiter nur Funkenstrecken-Ableiter zulässig sind.

Varistorableiter haben keine strombegrenzende Wirkung. Sie begrenzen nur die Spannung. Im Beeinflussungsfall kann der Blitzstrom auch hinter den Varistorableiter tief in die Anlage eindringen und bis zur letzten Steckdose fließen. Das ist vor allem dann sehr problematisch, wenn der Blitz mit einer Wellenform ankommt, bei der die im Rahmen eines gestaffelten Mehrfachschutzkonzeptes vorgeschalteten Überspannungs-Schutzeinrichtungen der Anforderungsklasse B nicht ansprechen und die Überspannungs-Schutzeinrichtungen der Anforderungsklasse C in den Stromkreisverteilungen zerplatzen.

3. Innerer Blitzschutz

Überspannungs-Schutzeinrichtungen der Anforderungsklasse B mit einem auf 900 Volt abgesenkten Schutzpegel könnten das Risiko des Nicht-Ansprechens auf ein Minimum reduzieren. Darüber hinaus ist es nicht erforderlich, Überspannungs-Schutzeinrichtungen der Anforderungsklasse B mit abgesenkter Zündspannung, Varistorableiter bzw. Überspannungs-Schutzeinrichtungen der Anforderungsklasse C in den Stromkreisverteilungen nachzuschalten, wenn die zu schützenden Geräte EMV-gerecht sind und somit bereits einen Überspannungsschutz enthalten. In der Praxis ist es leider üblich, dass Überspannungsableiter völlig unkoordiniert und planlos in jede Stromkreisverteilung eingesetzt werden, ohne genau zu klären, welchen Schutz die vorhandenen elektrischen und elektronischen Geräte benötigen.

Ein wirtschaftlicher und funktionsfähiger Überspannungsschutz setzt grundsätzlich eine gute Elektroplanung voraus, bei der auch das eigentliche Schutzziel berücksichtigt werden sollte.

3.15 Überspannungs-Schutzeinrichtung der Anforderungsklasse D

Zu den Überspannungs-Schutzeinrichtungen der Anforderungsklasse D gehören 230-V-Netzsteckdosen und Zwischenstecker mit integriertem Überspannungsschutz (Bild 3.15.1). Weiterhin zählen auch Überspannungs-Schutzgeräte, die zum Einbau in Unterflurdosen, Kabelkanäle und Unterputzdosen geeignet sind, zu den Überspannungs-Schutzeinrichtungen der Anforderungsklasse D. Diese Überspannungs-Schutzeinrichtungen ermöglichen den Schutz von elektrischen und elektronischen Geräten gegen Blitzferneinschläge bzw. gegen transiente Störimpulse aus dem 230/400-V-Niederspannungsnetz mit geringem Energieinhalt.

Bild 3.15.1

Anmerkung:

Elektrische und elektronische Geräte, die nach 1998 produziert wurden, müssen dem EMV-Gesetz entsprechen und besitzen deshalb einen herstellerseitig eingebauten Überspannungsschutz, der im Regelfall besser und wirkungsvoller ist als eine Überspannungs-Schutzeinrichtung der Anforderungsklasse D. Dies be-

3.15 Überspannungs-Schutzeinrichtung der Anforderungsklasse D

Bild 3.15.2

deutet, der Einsatz von Überspannungs-Schutzeinrichtungen der Anforderungsklasse D ist nur dann nützlich, wenn ein älteres oder historisches elektronisches Gerät vor Überspannungen geschützt werden soll.

Geräte, die vor 1998 hergestellt wurden, verfügen bereits über einen ausreichenden Überspannungsschutz, wenn die Verbraucheranlage mit wenigen Überspannungs-Schutzeinrichtungen der Anforderungsklasse D ausgestattet ist. Erfahrungsgemäß entstehen große Schäden an alten elektronischen Geräten infolge eines Blitzeinschlags meist nur im Radius von etwa 100 Meter um die Blitzeinschlagstelle (Bild 3.15.2). In diesem Bereich kann es vorkommen, dass die Überspannungs-Schutzeinrichtungen der Anforderungsklasse D überlastet und zerstört werden, wenn keine Überspannungs-Schutzeinrichtungen der Anforderungsklasse B vorgeschaltet sind. Vor weiter entfernten Blitzeinschlägen, die sich zum Beispiel im Bereich zwischen 100 m und 500 m Entfernung von zu schützenden Geräten ereignen, ermöglichen Überspannungs-Schutzeinrichtungen der Anforderungsklasse D durchaus einen wirkungsvollen Schutz für nicht EMV-konforme elektronische Geräte, wenn der Schutzpegel des eingesetzten Überspannungs-Schutzgerätes der Anforderungsklasse D nicht zu hoch ist.

Leider ist es nicht möglich, für den Radius, innerhalb dessen der alleinige Einsatz von Überspannungs-Schutzeinrichtungen der Anforderungsklasse D ausreichen kann, eine genaue Länge anzugeben, weil Blitzeinschläge nicht mit gleichen Belastungen

3. Innerer Blitzschutz

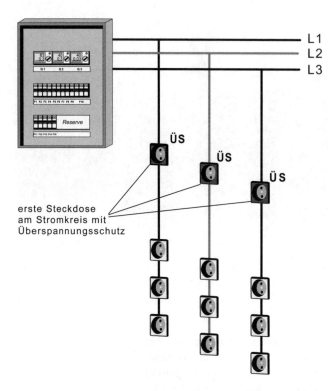

Bild 3.15.3

auftreten und die Belastbarkeiten der Überspannungs-Schutzgeräte unterschiedlich sind.

Die Größe eines Gebietes, in dem sich verhängnisvolle Schäden ereignen können, ist unter anderem abhängig vom Maximalwert des Blitzstoßstromes. Bei einem Blitzeinschlag, der den sehr hohen Maximalwert von 300.000 Ampere erreicht, ist der Radius dementsprechend größer, und bei geringeren Blitzstoßströmen von beispielsweise nur 1.000 Ampere kann sich dieser Radius für den extrem gefährdeten Bereich bis auf wenige 10 Meter reduzieren.

Um den Einsatz der Überspannungs-Schutzeinrichtung für den Schutz von älteren Geräten sinn- und wirkungsvoll sowie in einem wirtschaftlich vertretbaren Rahmen zu gestalten, ist es notwendig, jede erste Steckdose am Stromkreis gegen eine Steckdose mit integriertem Überspannungsschutz auszuwechseln oder einen Zwischenstecker mit integriertem Überspannungsschutz an jeder ersten Steckdose eines Stromkreises anzustecken (Bild 3.15.3).

Im Normalfall sind durch den Einsatz eines Überspannungsableiters an der ersten Steckdose die nachgeschalteten Steckdosen mitgeschützt.

Bei der Auswahl geeigneter Überspannungs-Schutzgeräte ist zu beachten, dass diese eine tiefe Querspannungsbegrenzung ermöglichen. Das heißt, vor allem die symmetrisch auftretenden Überspannungen zwischen Außenleiter und Neutralleiter müssen besonders tief begrenzt werden. Der Grund dafür ist, dass viele elektronische Geräte zwischen ihrem Außen- und Neutralleiteranschluss nur eine sehr geringe Spannungsfestigkeit auf-

3.15 Überspannungs-Schutzeinrichtung der Anforderungsklasse D

weisen. Zum Beispiel kann das Schaltnetzteil eines alten PCs schon von einer Überspannung zerstört werden, die weit unter 1.000 Volt liegt, wenn diese symmetrisch zwischen den beiden zuvor genannten Leitern auftritt.

Das Bild 3.15.4 zeigt einen geöffneten Zwischenstekker mit integriertem Überspannungs-Schutz, der von der Stiftung Warentest die Note „gut" erhielt, obwohl er eigentlich nicht besonders gut ist. Die Bauteile sind frei in Luft verdrahtet und nur weich an den Steckdosen-Kontakten angelötet. Die Schutzschaltung enthält zwei 250-V-Varistoren (MOV) mit je 14 mm Scheiben-Durchmesser, die von der Firma CNR in Taiwan hergestellt werden, und einen 600-V-Gasableiter sowie eine mittelträge 3,15-A-Geräteschutzsicherung (Bild 3.15.5). Laut Bedienungsanleitung beträgt der Schutzpegel zwischen Außen- und Neutralleiter 1300 Volt. Das ist zwar richtig, aber der Hersteller verschweigt, dass sich dieser Schutzpegel auf den sehr geringen Stoßstrom von nur 50 Ampere bezieht. Üblicherweise geben die Hersteller einen Schutzpegel an, dem der Nenn- oder Grenzableitstoßstrom zu Grunde liegt.

Bild 3.15.4

Bild 3.15.5

Der Grenzableitstoßstrom ist der Strom, den ein Varistor mindestens einmal zerstörungsfrei ableiten kann. Der Hersteller dieses Schutzgerätes gibt den Grenzableitstoßstrom (4.500 Ampere) für die Scheiben-Varistoren Typ: CNR-14D391K richtig an, ohne auf den verhältnismäßig hohen Schutzpegel von 2.000 Volt hinzuweisen, der sich ergibt, wenn ein Stoßstrom von 4.500 Ampere über die Varistoren fließt. Für viele alte Geräte aus dem Bereich der Unterhaltungselektronik führen 2.000 Volt Querspannungsdifferenz zur Zerstörung. Der Hersteller des Deltron Überspannungs-Schutzsteckers schreibt in seiner Bedienungsanleitung: „Je nach den primären Maßnahmen gegen Überspannungen, welche in der Hausinstallation bereits vorhanden sind, wie zum Beispiel Blitzableiter, Schirmung, Erdung usw.,

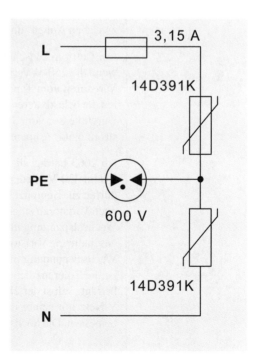

3. Innerer Blitzschutz

Bild 3.15.6

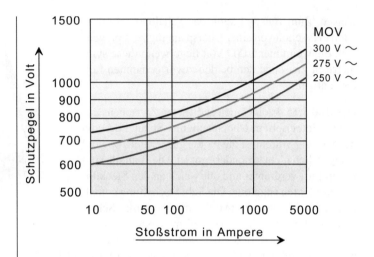

gewährt der Deltron einen zuverlässigen Schutz für Fernseher, Videorekorder, Receiver, HiFi-Anlagen, Computer und ähnliche Geräte gegen Überspannungen durch die Reduzierung auf ein ungefährliches Maß innerhalb der angegebenen Ableiter Parameter". Diese Angaben sind nichtssagend und für den Verbraucher irreführend. Darüber hinaus ist ein Schutzpegel von 2.000 V zwischen Außen- und Neutralleiter kein ungefährliches Maß.

Der Deltron-Zwischenstecker wäre schutztechnisch in Ordnung, wenn die 250-V-Varistoren ausgewechselt würden gegen 140-V-Varistoren vom Typ CNR-14D221K. Noch besser geeignet wären die belastbareren Metalloxid-Scheibenvaristoren mit 20-mm-Durchmesser vom Typ CNR-20D221K, deren Grenzableitstoßstrom 6.500 Ampere beträgt.

Ab 2003 beträgt die höchstzulässige Spannung in Ländern der EU im 230-V-Niederspannungsnetz 253 Volt. Aus diesem Grund dürfen zur Begrenzung von symmetrischen Überspannungen nur noch Varistoren eingesetzt werden, deren höchstzulässige 50-Hz-Wechselspannung mindestens 280 Volt beträgt oder bei in Reihe geschalteten Varistoren die addierte, höchstzulässige Varistor-Wechselspannung mindestens 280 Volt ergibt. Der Grund dafür ist die Toleranz der Varistorspannung, die normalerweise 10 % beträgt. Selbst der 280-V-Varistor ist für den Anschluss am 230-V-Netz mit seiner unteren Toleranzgrenze (252 V) sehr knapp bemessen. Die höchstzulässige Varistorspannung sollte aber auch

3.15 Überspannungs-Schutzeinrichtung der Anforderungsklasse D

nicht wesentlich höher sein als 280 Volt, damit der Varistor Überspannungen auf die tiefstmöglichen Werte begrenzt.

Auf den Kennlinien im Bild 3.15.6 ist die Abhängigkeit des Schutzpegels von der Höhe des Stoßstromes, für drei 14er-Metalloxid-Varistoren mit unterschiedlichen Varitorspannungen dargestellt.

Zum Beispiel liegt der Schutzpegel des 275-V-MOV bei etwa 750 Volt, wenn ein Stoßstrom von 100 Ampere über ihn fließt. Bei einem Stoßstrom von 1.000 Ampere beträgt der Schutzpegel des MOV nur noch 950 Volt. Zu berücksichtigen ist, dass sich die Kennlinien immer auf die ungünstigste Lage der Varistortoleranz beziehen. Bei günstigster Lage der Toleranz und einem Stoßstrom von 100 Ampere ist der Schutzpegel des 275-V-Varistors um ca. 100 besser und liegt dann etwa bei etwa 650 Volt.

Die Kennlinie des 250-V-Varistors bestätigt auch die Angabe für den symmetrischen Schutzpegel des Deltron-Überspannungs-Schutzsteckers. Der 250-V-Varistor liefert bei einem Stoßstrom von 50 Ampere einen Schutzpegel von ca. 650 Volt (Bild 3.15.6). Bei zwei in Reihe geschalteten 250-V-Varistoren verdoppelt sich der Schutzpegel auf die für den Deltron ausgewiesenen 1.300 V.

Darüber hinaus zeigt die U/I-Kennlinie des 250-V-Varistors deutlich den hohen Schutzpegel, der sich beim Fließen eines Stoßstromes von 4.500 Ampere ergibt.

Für die Spannungsbegrenzung von asymmetrischen Überspannungen (Längsspannungen), die sich zwischen dem Außen- und Schutzleiter sowie Neutral- und Schutzleiter ereignen, sorgt im Deltron-Schutzstecker ein 600-V-Gasableiter, der am Schutzkontakt der Steckdose und zwischen den beiden 250-V-Varistoren angelötet ist (Bild 3.15.4 und 3.15.5).

Erfahrungsgemäß entstehen die meisten Schäden an empfindlichen alten elektronischen Geräten durch symmetrisch eingekoppelte Überspannungen. Aus diesem Grund ist für einen wirkungsvollen Blitz- und Überspannungsschutz die Querspannungsfestigkeit und die Begrenzung von symmetrischen Überspannungen wichtiger als die Begrenzung der asymmetrisch eingekoppelten Spannungsimpulse.

Zu den Normen, die nur Längsspannungsfestigkeiten berücksichtigen, zählt die VDE 0110 (Isolationskoordination für elektrische

3. Innerer Blitzschutz

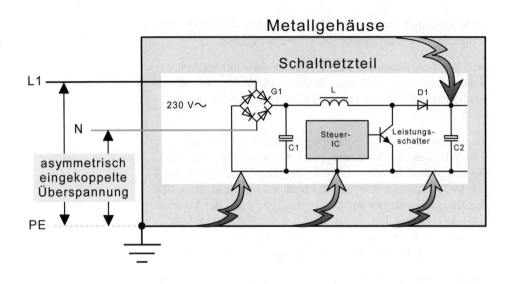

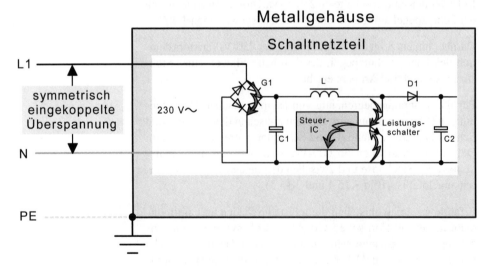

Bild 3.15.7

Betriebsmittel in Niederspannungsanlagen), auf der die Blitzschutz-Lobbyisten mit ihren mehrfach selektiv gestaffelten und energetisch koordinierten Schutzkonzepten herumreiten. Nach VDE 0110 muss z.B. die Isolationsfestigkeit zwischen den elektrischen und elektronischen Komponenten eines Gerätes und dem

3.15 Überspannungs-Schutzeinrichtung der Anforderungsklasse D

am Netzschutzleiter angeschlossenen Metallgehäuse größer sein als 1.500 Volt. Das heißt, eine Überspannung darf erst bei Werten > 1.500 Volt zu einem Überschlag führen. Das Bild 3.15.7 zeigt die elektronische Eingangsschaltung eines primärgetakteten Netzteiles und die unterschiedlichen Einkopplungsarten (symmetrisch und asymmetrisch) im Vergleich.

Die Isolationsfestigkeit ist unter anderem abhängig vom Werkstoff des Isoliermaterials und dem Abstand, der zwischen dem Gehäuse und der Elektronik vorhanden ist. Um einen Millimeter Luft zu überbrücken, sind je nach Luftfeuchte, Luftdruck usw. etwa 3.000 Volt notwendig. Zur Begrenzung der Längsspannung bzw. der asymmetrisch eingekoppelten Überspannung kommen in Überspannungs-Schutzeinrichtungen der Anforderungsklasse D Gasableiter zum Einsatz. Hierfür geeignet sind Gasableiter mit 600 Volt statischer Ansprechspannung.

Für die Längsspannungsbegrenzung ist im Regelfall ein Gasableiter mit einer Ansprechgleichspannung von 600 Volt völlig ausreichend, weil er Überspannungen auf Werte begrenzt (etwa 1.000 Volt), die deutlich unter der geforderten Längsspannungsfestigkeit liegen.

Im Handel sind mehrere 100 unterschiedliche Überspannungs-Schutzsteckdosen und Zwischenstecker, mit den verschiedensten Schutzschaltungen, erhältlich. Zum Beispiel kann man auch den in Bild 3.15.8 gezeigten Überspannungs-Schutz-Zwischenstecker für ein paar Euro käuflich erwerben.

Bild 3.15.8

Obwohl der Zwischenstecker als Schutzklasse-I-Stecker ausgeführt ist, enthält er keine längsspannungsbegrenzenden Bauteile. Sollte sich während eines Gewitters ein historisches Gerät verabschieden, das mit diesem Zwischenstecker geschützt ist, dann muss mit ziemlicher Sicherheit der Hersteller für den Schaden geradestehen, den sein Gerät nicht verhindern konnte. Aber mit hundertprozentiger Sicherheit kann man das nicht behaupten, denn: **„Sicher ist, dass nichts sicher ist. Selbst das nicht."** (Joachim Ringelnatz)

Das Bild 3.15.9 enthält den Schaltplan von dem im Bild 3.15.8 dargestellten Schutzstecker, der

3. Innerer Blitzschutz

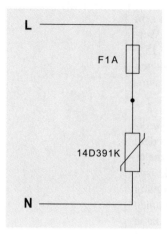

Bild 3.15.9

zur Querspannungsbegrenzung einen 250-V-Varistor der Firma CNR enthält. Der Varistor Typ 14D391K begrenzt die Querspannung auf sehr tiefe Werte (Bild 3.15.6). Infolge von einigen Ableitvorgängen, die hart an der Belastbarkeitsgrenze eines Varistors liegen, kann sich seine Kennlinie so verändern, dass beim Anliegen der Betriebsspannung ein zu hoher Strom über ihn fließt. Je nach Beschädigungsgrad des Varistors kann dieser zu hohe Leckstrom auch unter dem Nennstrom der vorgeschalteten Sicherung liegen, so dass diese nicht auslöst und der Varistor zu glühen beginnt. Aus diesem Grund, und um das Brandrisiko zu reduzieren, sollten grundsätzlich nur Varistoren mit thermischer Abtrennvorrichtung am 230/400-V-Netz zum Einsatz kommen.

Die in Bild 3.15.10 dargestellte Lösung arbeitet mit einem Varistor, dessen maximal zulässige 50-Hz-Wechselspannung 275 Volt beträgt. Der Varistor ist in das Gehäuse ohne Geräteschutzsicherung und ohne eine thermische Abtrennvorrichtung eingelötet. Auch bei diesem Schutzgerät kann der Schaden, den es anrichtet, größer sein als der Schaden, den es eventuell verhindert.

Dieser Schutzklasse-II-Stecker ist aufgrund der fehlenden thermischen Abtrennvorrichtung eine Brandgefahr und sollte nicht in die 230-V-Steckdose eingesteckt werden.

Bild 3.15.10

Ein weiteres Beispiel für Zwischenstecker mit integriertem Überspannungsschutz liefert das im Bild 3.15.11 gezeigte Schutzgerät. Der Schutzstecker enthält einen 275-V-Metalloxid-Varistor (14 Millimeter Scheibendurchmesser) und einen 700-V-Gasableiter in Parallelschaltung sowie eine mittelträge 10-A-Geräteschutzsicherung (Bild 3.15.12).

Die Schutzschaltung liegt zur Begrenzung von symmetrischen Überspannungen parallel an der 230-V-Netzspannung. Wie bereits in 3.3 beschrieben, kann ein parallel zum Netz geschalteter Gasableiter den nach seinem Ansprechen fließenden Netzfolgestrom nicht selbständig löschen. Auf Grund dessen löst mit Sicherheit die 10-A-Geräteschutzsicherung aus. Diese Sicherung ist eingelötet und kann nicht ausgewechselt werden. Das heißt, nach jedem Ansprechen

3.15 Überspannungs-Schutzeinrichtung der Anforderungsklasse D

Bild 3.15.11

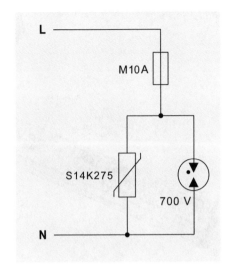

Bild 3.15.12

muss der Überspannungs-Schutzstecker dahin, wo er hingehört, zum Restmüll.

Beim Kauf einer Schutz-Steckdose oder eines Steckdosen-Adapters ist Folgendes zu beachten:

- Die Varistoren sollten mit einer thermischen Abtrennvorrichtung und einer Defektanzeige ausgestattet sein.

- Der Schutzpegel zwischen Außen- und Neutralleiter sollte nicht höher sein als 1.500 Volt.

- Das Stoßstrom-Ableitvermögen zwischen Außenleiter und Neutralleiter sollte nicht weniger als 2.500 Ampere betragen.

- Eine Betriebsanzeige, die das Vorhandensein der Netzspannung signalisiert, darf nicht fehlen.

- Das Steckdosengehäuse sollte, wegen der Gefahr einer mechanischen Beschädigung, aus einem robusten Material bestehen.

Bei den preiswerten Steckdosen kommt es gelegentlich zu umgeknickten Schutzkontakten und zu mechanischen Beschädigungen am Gehäuse.

3. Innerer Blitzschutz

Bild 3.15.13

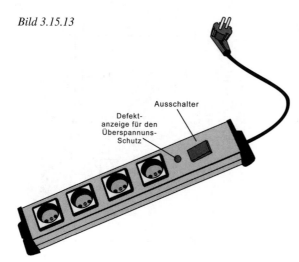

Empfehlenswert ist die Verwendung einer Mehrfach-Steckdose mit integriertem Überspannungs-Schutz, an der man alle Geräte anstecken und gemeinsam über den Hauptschalter in der Steckdosenleiste ein- bzw. ausschalten kann (Bild 3.15.13).

Das Bild 3.15.14 zeigt den Schaltplan einer guten Überspannungs-Schutzeinrichtung der Anforderungsklasse D.

Die Schutzschaltung enthält zwei in Reihe geschaltete Varistoren für die Begrenzung der symmetrisch auftretenden Überspannungen und einen Gasableiter, der für die Längsspannungsbegrenzung sorgt.

Bild 3.15.14

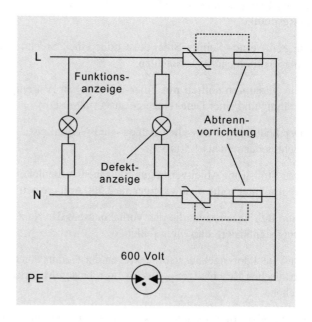

Darüber hinaus sind für die Varistoren eine thermische Abtrennvorrichtung mit Defektanzeige und eine Betriebsanzeige vorhanden.

3.16 Energetische Koordination

Der Begriff *Energetik* kommt aus dem Griechischen und steht für „die Lehre der naturwissenschaftlichen und philosophischen Energie". Die naturwissenschaftliche Energetik befasst sich mit der Lehre der Energie und den möglichen Umwandlungen zwischen ihren Formen sowie den dabei auftretenden Auswirkungen und Gesetzmäßigkeiten. Die philosophische Energetik ist die Lehre, die die Energie als Wesen und Grundkraft aller Dinge erklärt, sie wird auch *Energetismus* genannt. Nach dieser Lehre ist die Energie das Wirkliche in der Welt und Grundlage allen Geschehens.

Bei der Parallelschaltung einer Funkenstrecke mit einer Ansprechspannung von 4.000 Volt zu einem 280-V-Varistor wird im Blitzeinschlagsfall der Varistor niederohmig, und die vorgeschaltete Funkenstrecke mit dem höheren Stoßstromableitvermögen bleibt unbeansprucht (Bild 3.16.1). Wenn der Varistor zu den Überspannungs-Schutzeinrichtungen der Anforderungsklasse C zählt, ist er den Belastungen eines direkten Blitzeinschlages meist nicht gewachsen und wird zerstört. Um ein energetisch koordiniertes und nahezu gleichzeitiges Arbeiten von beiden Schutzelementen zu erreichen, muss zur Entkopplung eine Induktivität zwischen beide Bauteile geschaltet werden. Im Überspannungsfall wird dann zuerst der Varistor niederohmig; auf Grund dessen entsteht an der Entkopplungsinduktivität ein Spannungsfall, der bewirkt, dass auch die vorgeschaltete Funkenstrecke beziehungsweise die vorgeschaltete Überspannungs-Schutzeinrichtung der Anforderungsklasse B mit der höheren Ansprechspannung und dem wesentlich höheren Stoßstromableitvermögen durchzündet. Das funktioniert aber nur, wenn der Spannungsfall an der Induktivität mindestens so hoch ist wie die Differenz vom Schutzpegel des Varistors zur Ansprechspannung der Funkenstrecke (Bild 3.16.2).

In der Praxis realisiert man die Entkopplung der Überspannungs-Schutzeinrichtungen mit der Haupt- und der Verbindungsleitung, die vom Hausanschlusskasten über den Zähler zur Stromkreisverteilung führt. Je nach Fabrikat und Zündspannung der verwendeten Funkenstrecken ist für deren Entkoppelung eine Leitungsinduktivität von etwa 20 µH erforderlich. Das entspricht

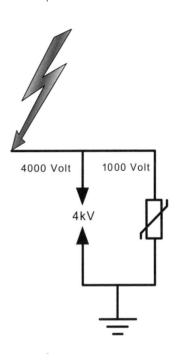

Bild 3.16.1

3. Innerer Blitzschutz

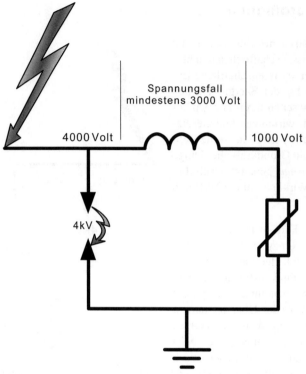

Bild 3.16.2

einer Leitungslänge von ca. 20 Metern. Bei zu kurzen Leitungen ist zusätzlich eine Spule zwischen die Überspannungs-Schutzeinrichtungen zu schalten. Das Gleiche gilt für die Entkopplung zwischen den Überspannungs-Schutzeinrichtungen der Anforderungsklasse C und denen der Anforderungsklasse D, nur mit dem Unterschied, dass hier bereits wenige Meter Leitung zur Entkopplung ausreichend sein können.

Energetisch koordinierte Überspannungs-Schutzeinrichtungen der Anforderungsklasse B und C ermöglichen bei einem tiefen Schutzpegel das zerstörungsfreie Ableiten von hohen Blitzstoßströmen, vorausgesetzt, der Blitzstoßstrom kommt in der genormten Wellenform oder in einer steileren Wellenform zum Fließen.

Die energetische Koordination von Überspannungs-Schutzeinrichtungen der Anforderungsklassen B bis D lehnt sich an die VDE 0110 (Isolationskoordination für elektrische Betriebsmittel in Niederspannungsanlagen) und pegelt die Überspannung vom Hausanschlusskasten oder Zählerschrank bis hin zum zu schützenden Gerät stufenweise nach unten, auf immer tiefer werdende Spannungswerte. In der zuvor genannten Norm ist zwar festgelegt, dass die Spannungsfestigkeit im Hauptstrom-Versorgungssystem bzw. im ungezählten Bereich mindestens 6.000 Volt betragen soll. Es geht aber nicht aus dieser VDE-Norm hervor, dass Überspannungs-Schutzeinrichtungen der Anforderungsklasse B, die in diesem Bereich montiert werden, die Spannung auf 4.000 Volt begrenzen müssen, um die in der VDE 0110 geforderte Längsspannungsfestigkeit von 6.000 Volt auch im Blitzeinschlagsfall zu gewährleisten.

3.16 Energetische Koordination

Der Wunsch nach den energetisch koordinierten und dem stufenweise nach unten Pegeln einer Blitzüberspannung ist vermutlich zurückzuführen auf verkaufsfördernde Maßnahmen und Argumentationen, die den Umsatz der Blitzschutzhersteller steigern. Die Einhaltung der in VDE 0110 geforderten Spannungsfestigkeiten bzw. Isolationsfestigkeiten bei leitungsgebundenen Blitzüberspannungen könnte ohne großen Aufwand mit nur einer Anordnung von Überspannungs-Schutzeinrichtungen der Anforderungsklasse B erreicht werden, wenn Zündpegel gesteuerte Funkenstrecken zum Einsatz kommen, deren Ansprechspannung 900 Volt oder weniger beträgt.

Das Bild 3.16.3 zeigt die Überspannungs-Schutzkategorien nach VDE 0110 mit den verschiedenen Bemessungsstoßspannungen und in Anlehnung dazu eine energetische Ableiterkoordination. Unterhalb der koordinierten Anordnung ist eine Zündpegel gesteuerte Funkenstrecke zu sehen, die kostengünstiger und wirkungsvoller die Überspannungen auf zum Beispiel 900 Volt begrenzt und im Blitzeinschlagsfall ein Überschreiten der von VDE 0110 geforderten Bemessungsstoßspannungen vom Hausanschlusskasten bis zur Steckdose verhindert, wenn der Blitzstoßstrom leitungsgebunden über die EVU-Zuleitung in das zu schützende Gebäude eindringt.

Bei der Realisierung eines Inneren Blitzschutzes mit energetisch koordinierten Überspannungs-Schutzeinrichtungen treten meist folgende Probleme auf, die vermeidbar sind, wenn Überspannungs-Schutzeinrichtungen der Anforderungsklasse B mit Zündpegelsteuerung zum Einsatz kommen, deren Ansprechspannung 900 Volt beträgt.

Für eine energetisch koordinierte Überspannungs-Schutzbeschaltung im 230/400-V-Netz sind im günstigsten Fall (TN-C-System) mindestens je drei Überspannungs-Schutzeinrichtungen der Anforderungsklassen B, C und D erforderlich (Bild 3.16.4). Eventuell kommen bei zu kurzen Leitungen Entkopplungsspulen hinzu, für deren Einbau in vielen Anlagen kein ausreichender Platz in den Stromkreisverteilungen vorhanden ist. Daher entstehen zusätzliche Kosten wegen der Erweiterung oder der Erneuerung der Sicherungsverteiler. In TN-S- und TT-Systemen werden zusätzlich zu den in Bild 3.16.4 gezeigten Komponenten Summenstromableiter benötigt, so dass ein energetisch koordinierter Blitzschutz sehr hohe Kosten verursachen kann.

3. Innerer Blitzschutz

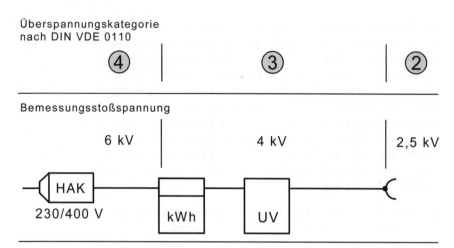

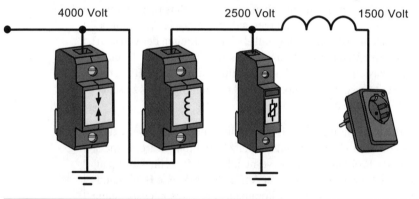

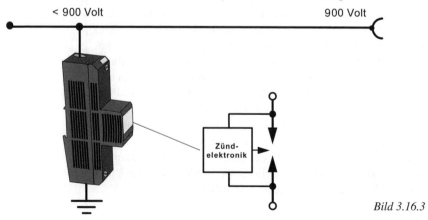

Bild 3.16.3

3.16 Energetische Koordination

Kommt der Blitz mit einer Wellenform, die etwas flacher ist als die der genormten 10/350-µs-Wellenform, reicht die Entkopplungs-Induktivität nicht aus. Infolge dessen können die vorgeschalteten Überspannungs-Schutzeinrichtungen der Anforderungsklasse B nicht ansprechen, was unweigerlich zur Überlastung der Überspannungs-Schutzeinrichtungen der Anforderungsklasse C führt. Natürlich wirkt sich auch ein regelmäßiger Austausch der abziehbaren Oberteile von Überspannungs-Schutzeinrichtungen der Anforderungsklasse C sehr positiv auf den Umsatz der Hersteller aus.

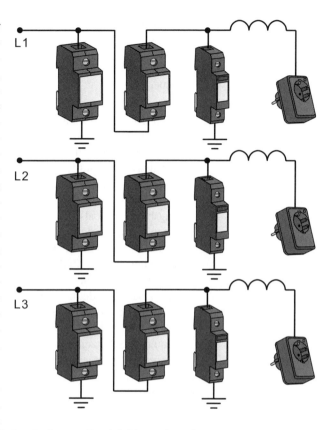

Bild 3.16.4

Darüber hinaus ist eine energetische Koordination der Schutzeinrichtungen, die vor dem Zähler eingesetzt sind, mit denen, die sich hinter dem Zähler befinden, meist nicht möglich, wenn im Zähler der zu schützenden Anlage bereits Metalloxid-Varistoren eingebaut sind. Ob Elektroplaner, die im Rahmen eines Blitzschutzzonenkonzeptes den Einsatz von Schutzgeräten vor und hinter dem Zähler planen, auf Varistoren achten, die von außen nicht sichtbar in Zählern sitzen, ist fraglich. Beim Einsatz einer Überspannungs-Schutzeinrichtung der Anforderungsklasse B, deren Zündspannung 900 Volt beträgt, spielt es keine Rolle, ob Varistoren im Zähler vorhanden sind, wodurch sich auch die Arbeit des Elektroplaners erleichtert.

Trotz des hohen Aufwandes, den der Einsatz von energetisch koordinierten Ableitern mit sich bringt, ist ein hundertprozentiger Überspannungs-Schutz nie gewährleistet. Erfahrungsgemäß kommt es auch nach dem konsequent durchgeführten Einsatz von energetisch koordinierten Überspannungs-Schutzeinrichtungen

3. Innerer Blitzschutz

aller Anforderungsklassen zur Beschädigung von elektronischen Geräten, weil oft der Schutzpegel zwischen Außen- und Neutralleiter zu hoch ist.

Anmerkung:

Zu beachten ist, dass bei einem direkten Blitzeinschlag oder bei einem Blitznaheinschlag Überspannungen in ungeschirmte und unverseilte Installations-Leitungen einkoppeln können. Aus diesem Grund sollten für Neuinstallationen generell nur verseilte Installations-Leitungen zum Einsatz kommen. In industriell und gewerblich genutzten Gebäuden ist die Verwendung von verseilten Installations-Leitungen (NYM) üblich. Auch im Wohnungsbau dürfen, als Haupt- und Verbindungsleitung, nur die verseilten Leitungstypen NYM oder NYY zur Ausführung kommen. Für die Wohnungsinstallation selbst dürfen jedoch die unverseilten Flachleitungen Typ NYIF... oder im Rohr verlegte und unverseilte PVC-Aderleitungen installiert werden. Da bei einem direkten Blitzeinschlag induktive Einkopplungen in unverseilte Leitungen möglich sind, sollten für den Schutz von eventuell vorhandenen alten, nicht EMV-konformen Geräten zusätzlich zu Überspannungs-Schutzeinrichtungen der Anforderungsklasse B Überspannungs-Schutzeinrichtungen der Anforderungsklasse D in unmittelbarer Nähe der zu schützenden Geräte zur Anwendung kommen.

4.1 Heimelektronik

4. Schutzvorschläge

4.1 Heimelektronik

Grundsätzlich müssen alle auf dem Dach angebrachten Antennenträger auf kurzem Weg mit der Erdungsanlage verbunden sein (siehe 2.5 Antennenerdung). Zu beachten ist, dass der Schutzleiter oder Neutralleiter des 230/400-V-Netzes nicht für diesen Zweck verwendet werden darf. Auch der Schirm eines zur Verlegung in Wohngebäuden geeigneten Antennenkabels ist aufgrund seines geringen Leiterquerschnittes kein geeigneter Leiter für die Antennenerdung.

Um empfindliche elektronische Geräte wie Fernseher, Videorecorder, Stereoanlage und Satellitenreceiver wirkungsvoll vor den Überspannungen eines Blitzferneinschlags zu schützen (Bild 4.1.1), sind die in 2.5 beschriebenen Maßnahmen meist nicht ausreichend. Zusätzlich zur Antennenerdung nach VDE 0855 sollte ein kombinierter Geräteschutz zur Anwendung kommen, der die Heimelektronik vor Überspannungen aus dem 230-V-Netz und aus dem Antennenkabel schützt. Leider besitzen die meisten handelsüblichen Kombi-Überspannungs-Schutzgeräte nur einen Gasableiter, der vor Blitzüberspannungen aus dem Antennenkabel schützen soll (Bild 4.1.2). Dieser Gasableiter ist zum Schutz vor induktiv eingekoppelten Überspannungen nahezu überflüssig, da er im Regelfall erst dann zünden kann, wenn ein sehr hoher Stoßstrom über den Schirm des

Bild 4.1.1

Bild 4.1.2

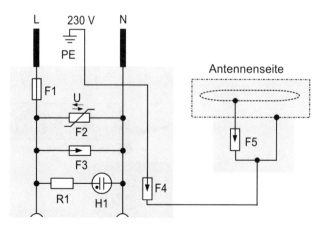

4. Schutzvorschläge

Antennenkabels fließt. Stoßströme, die zum Zünden eines Gasableiters, der zwischen Innen- und Außenleiter eines Antennenkabels geschaltet ist, erforderlich sind, kann nur ein direkter Blitzeinschlag verursachen. Selbst wenn der Gasableiter zünden sollte, ist der Schutzpegel, den er bietet (ca. 500 bis 1.000 V), in vielen Fällen nicht ausreichend, um die Heimelektronik vor Schäden zu bewahren. Die Erfahrung lehrt, dass viele Fernseher, Videorecorder, Satellitenreceiver usw. infolge von Blitzeinwirkungen sterben, obwohl ein handelsüblicher Kombi-Überspannungs-Schutzadapter angeschlossen ist.

Bild 4.1.3

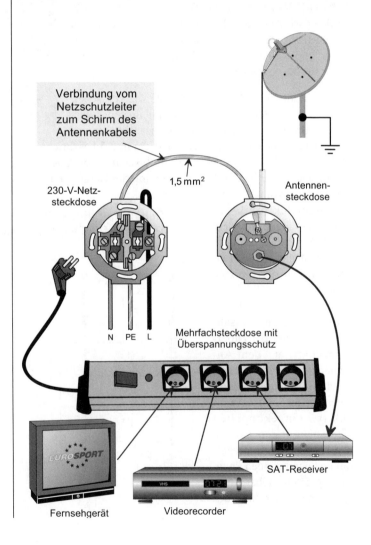

4.1 Heimelektronik

Bei Blitzbeeinflussung einsteht eine hohe Potentialdifferenz zwischen dem geerdeten Antennenträger und dem Netzschutzleiter der 230-V-Steckdose, von der aus diese Heimelektronik mit der Netzspannung versorgt wird. Typisch ist eine Spannungsfall von mehreren 10.000 V pro Meter Leitung. Die vom Spannungsfall verursachten Potentialdifferenzen können zwischen der Antennen- und Netzsteckdose einige 10.000 V betragen. Um einen guten Überspannungsschutz zu realisieren, ist zunächst auf dem kürzest möglichen Weg und in unmittelbarer Nähe der zu schützenden Elektronik eine Verbindung zwischen dem Leitungsschirm des Antennenkabels und dem Netzschutzleiter (PE) herzustellen (Bild 4.1.3).

Für die Begrenzung der symmetrischen und asymmetrischen Überspannungen aus dem 230-V-Netz empfiehlt sich der Einsatz einer Netzsteckdosenleiste, mit integriertem Überspannungsschutz, an der alle Geräte anzustecken sind (Bild 4.1.3).

Beim Kauf einer Netzsteckdosenleiste ist zu beachten, dass diese vor allem symmetrische Überspannungen zwischen Außenleiter (L) und Neutralleiter (N) auf möglichst tiefe Werte begrenzt. Ein exakt einzuhaltender Mindestschutzpegel kann nicht genannt werden, weil die Querspannungsfestigkeit von alten zu schützenden Geräten sehr unterschiedlich sein kann und meist nicht bekannt ist.

Die Verbindung zwischen dem Netzschutzleiter und dem Schirmleiter des Antennenkabels kann über die Antennensteckdose oder über handelsübliche Adapter hergestellt werden. Das Bild 4.1.4 zeigt den Überspannungsschutz für einen Satelliten-Receiver, der zum Schutz vor Überspannungen aus dem 230-V-Netz einen Netzsteckdosenadapter mit integriertem Überspannungsschutz erhält und ein Kupplungsstück mit F-Anschlusstechnik ermöglicht die niederohmige Verbindung vom Schutzleiter zum Leitungsschirm des Antennenkabels.

Der Schutzvorschlag auf Bild 4.1.5 zeigt die Punkte PA 1 und PA 2, zwischen denen im Beeinflussungsfall hohe Potentialdifferenzen entstehen, und die für den Potentialausgleich erforderliche Verbindung vom Netzschutzleiter zum Schirmleiter des Antennenkabels.

Einen wirkungsvollen Überspannungsschutz erhält das Fernsehgerät auf der Antennenseite durch die Beschaltung des Antennen-

4. Schutzvorschläge

kabels mit einem 25-V-Varistor. Der MOV begrenzt Überspannungen auf wesentlich tiefere Werte als ein Gasableiter. Einziger Nachteil bei der Anwendung eines Varistors ist der zusätzliche Aufwand, der für eine Frequenzkompensierung erforderlich ist. Die hohe Eigenkapazität des Varistors würde das HF-Signal für den Fernseher zu stark dämpfen, wenn keine Frequenzkompensierung vorhanden ist. Die Eigenkapazität eines Varistors erhöht sich mit zunehmendem Durchmesser des wirksamen Varistorelements und mit geringer werdender Varistorspannung. Zum Beispiel beträgt die Kapazität eines Varistors mit 5 mm Durchmesser und einer Varistorspannung von 30 V nur 580 pF

Bild 4.1.4

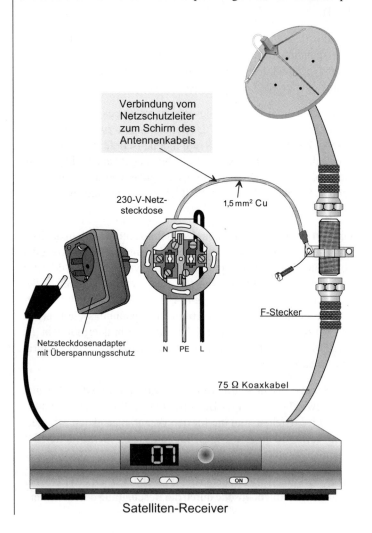

4.1 Heimelektronik

bei 1 kHz. Die Kapazität eines 20er Scheibenvaristors mit der Nennspannung 11 V beträgt dagegen bereits 18.000 pF. Der Schaltplan auf Bild 4.1.5 zeigt die Frequenzkompensierung eines 14er Scheibenvaristors mit 25-V-Varistorspannung mittels Kondensator und Spule.

Bild 4.1.5

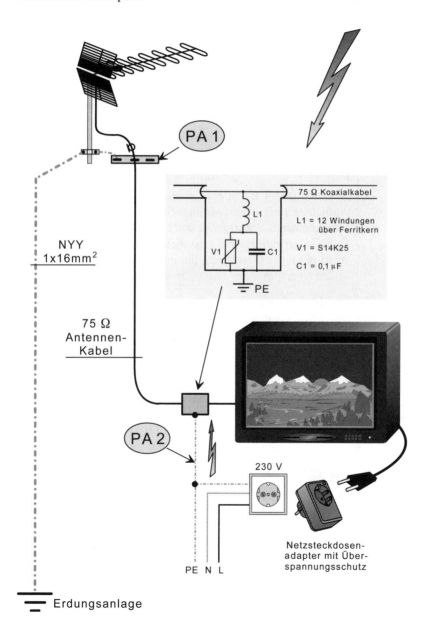

4. Schutzvorschläge

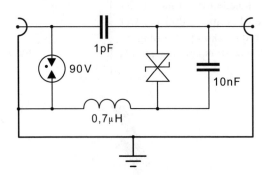

Bild 4.1.6

Eine weitere Überspannungs-Schutzschaltung, die einen tiefen Schutzpegel auf der Antennenseite gewährleistet, enthält das Bild 4.1.6. Der 90-V-Gasableiter ermöglicht ein hohes Stoßstromableitvermögen und die nachgeschaltete bipolare Suppressor-Diode, deren Nennspannung 20 oder 30 V betragen kann, bietet einen sehr tiefen Schutzpegel. Der 1-pF-Kondensator dient zur Entkopplung von Gasableiter und Varistor, und mit der 0,7-µH-Induktivität und dem 10-nF-Kondensator wird eine ausreichende Frequenzkompensierung realisiert.

Auf dem Bild 4.1.7 ist ein Gehäuse zu sehen, das sich für die Aufnahme einer Überspannungs-Schutzschaltung eignen kann. Überspannungs-Schutzgeräte sind mit dieser oder einer ähnlichen Gehäuseform im Handel erhältlich. Diese Teile enthalten aber meist nur einen Gasableiter, der im Regelfall keinen wirkungsvollen Überspannungsschutz gewährleistet.

Der Überspannungsschutz für einen Kabelfernsehanschluss ist auf Bild 4.1.8 dargestellt. Auch bei diesem Schutzvorschlag ist es wichtig, eine impedanzarme Verbindung zwischen dem Schirm des Breitbandantennenkabels und dem Netzschutzleiter herzustellen. Bei dieser Schutzschaltung kann der Gasableiter zur Erhöhung des Stoßstromableitvermögens entfallen, weil jeder Hausübergabepunkt (HÜP) für die Aufnahme eines Gasableiters vorbereitet ist. Der Knopfableiter muss nur in den HÜP gesteckt werden, das ist fast immer problemlos möglich.

Bild 4.1.7

Aus Kostengründen setzen die Betreiber von Breitbandkabelnetzen meist nur dann Gasableiter in ihre Hausübergabepunkte ein, wenn der Antragsteller mehr als nur einen hohen Überspannungsschaden nachweisen kann.

4.1 Heimelektronik

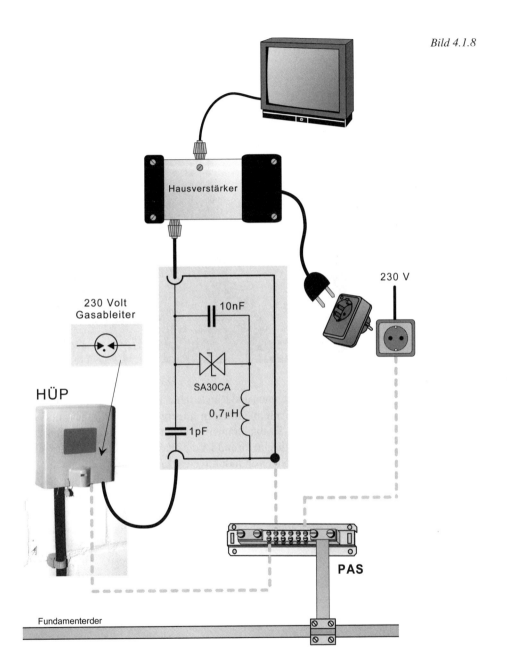

Bild 4.1.8

4. Schutzvorschläge

4.2 Funkanlagen

Bild 4.2.1

Bild 4.2.2

Die Richtantennen und Rundstrahler der Funkamateure sind meist auf hohen Antennenträgern angebracht (Bild 4.2.1), und ihre Kurzwellen-Drahtantennen besitzen Längen von 40 Metern und mehr. Aus diesem Grund ist die Wahrscheinlichkeit eines Blitzeinschlags oder von induktiven Spannungseinkopplungen höher als bei üblichen Antennenanlagen, die nur dem Fernseh- und Rundfunkempfang dienen. Hinzu kommt, dass die meisten Funker verhältnismäßig viel Geld in ihr Hobby bzw. in ihre Funkanlage investieren. Selbst ein kleines Amateurfunkgerät, das für einen Funker mit dem Amateurfunkzeugnis der Klasse 3 geeignet ist (Bild 4.2.2), besitzt einen beachtlichen Wert. Funkamateure mit der A-Lizenz oder mit dem Amateurfunkzeugnis der Klasse 1 betreiben ihr Hobby nicht selten seit vielen Jahren. Der Wert einer guten Amateurfunkanlage wächst ständig, da im Laufe der Zeit immer wieder neue und bessere Gerätschaften hinzukommen. Funkanlagen, in die mehrere Tausend Euro investiert wurden, sind deshalb keine Selten-

4.2 Funkanlagen

Bild 4.2.3

heit (Bild 4.2.3). Aber nicht nur der Sachwert ist beachtlich, sondern vor allem der Liebhaberwert und die jahrelange Arbeit, die oft in solchen Anlagen steckt; sie ersetzt keine Versicherung, wenn eine atmosphärische Entladung die wertvolle Anlage zerstört.

Ein wirklich guter Überspannungsschutz, der ein Amateurfunkgerät vor Überspannungen aus dem Antennenkabel bewahrt, ist meist nicht möglich. Die Sender-Endstufe ist zwar in der Regel verhältnismäßig spannungsfest und könnte auch mit herkömmlichen Überspannungs-Schutzgeräten vor einer Beschädigung durch Blitzeinwirkung bewahrt werden, nur die Spannungsfestigkeit des Empfängers lässt oft zu wünschen übrig. Der Einsatz eines Überspannungs-Schutzgerätes, das die Spannung auf einen ausreichend tiefen Wert begrenzt, der auch für den Schutz des Funkempfängers ausreichend ist, kann wegen der Betriebsspannung, die während des Sendens im Antennenkabel auftritt, nicht realisiert werden.

Bild 4.2.4

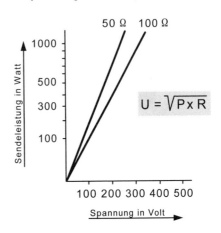

Bei einer Sendeleistung von 750 W beträgt die Spannung zwischen Innenleiter und dem Schirm des Antennenkabels etwa 200 V (Bild 4.2.4).

4. Schutzvorschläge

Bild 4.2.5

Bild 4.2.6

Zu berücksichtigen ist, dass sich bei einer Fehlanpassung von 1:2 die Spannung um 100 V, also auf 300 V erhöhen kann. Käme für den Überspannungsschutz eines solchen Funkgerätes ein koaxiales Schutzgerät (Bild 4.2.5) zum Einsatz, dessen Gasableiter eine Ansprechgleichspannung von 90 V besitzt, dann würde der Ableiter beim Sendebetrieb einen Kurzschluss verursachen, der unter Umständen die Senderendstufe zerstört. Unter Berücksichtigung einer 20%-Toleranz, sollte die Ansprechgleichspannung eines Gasableiters, der für den Einsatz an 750-W-Funkanlagen geeignet ist, nicht unter 500 V liegen. Je nach Steilheit der Blitzüberspannung kann die Ansprechstoßspannung eines 500-V-Gasableiters Werte erreichen, die über 1.000 V hinausgehen. Im Regelfall ist eine Zündspannung von 1.000 V viel zu hoch, um einen Funkempfänger wirkungsvoll zu schützen. Aus diesem Grund ist ein wirkungsvoller Überspannungs-Schutz für ein derartige Funkgeräte nur möglich, wenn der Funkgerätehersteller den Empfängereingang bereits auf der Platine des Funkgerätes mit Überspannungs-Schutz-Bauteilen ausstattet, die frequenzkompensiert sind und einen tiefen Schutzpegel besitzen. Die Schutzbeschaltung könnte vom Hersteller des Funkgerätes so dimensioniert werden, dass die Schutzelemente auf der Platine für eine tiefe Spannungsbegrenzung sorgen und der zusätzliche Einsatz eines koaxialen Überspannungs-Schutzgerätes (Bild 4.2.5) das Stoßstromableitvermögen erhöht.

Für CB-Funkgeräte ist wegen der geringen Sendeleistung (4 W) der Einsatz eines 90-V-Gasableiters möglich. Zu beachten ist, dass der 90-V-Gasableiter Überspannungen auf etwa 500 V begrenzt. Ein Schutzpegel von 500 V reicht aber meistens nicht aus, um den Empfänger im CB-Funkgerät wirkungsvoll zu schützen.

Koax-Überspannungs-Schutzgeräte eignen sich eventuell für den Schutz der Antennenkabel. Für einen zuverlässigen Überspannungs-Schutz der Funkgeräte reicht der Schutzpegel von Koax-Überspannungs-Schutzgeräten meist nicht aus. Zum Glück muss ein Funkamateur nicht ständig empfangsbereit sein. Aus diesem Grund gilt heute noch genauso wie früher: Antennenstecker abschrauben, bevor das Gewitter aufzieht. BOS-Funkgeräte müssen sich dagegen in

4.2 Funkanlagen

ständiger Empfangsbereitschaft befinden, zumindest so lange, bis der Blitz einschlägt (Bild 1.7.15). Um die Höhe der Blitzströme zu reduzieren, die über Antennenkabel ins Gebäude fließen, und um Brandgefahren entgegenzuwirken, sind alle Schirme der Antennenkabel an der Stelle, an der sie vom Antennenmast abgehen, zu erden bzw. mit dem geerdeten Antennenträger zu verbinden (Bild 4.2.6.). Eine weitere Verbindung der Antennenkabelschirme sollte im Gebäude vorhanden sein. Zum Beispiel kann dieser Erdanschluss am Antennenumschalter erfolgen (Bild 4.2.7).

Bild 4.2.7

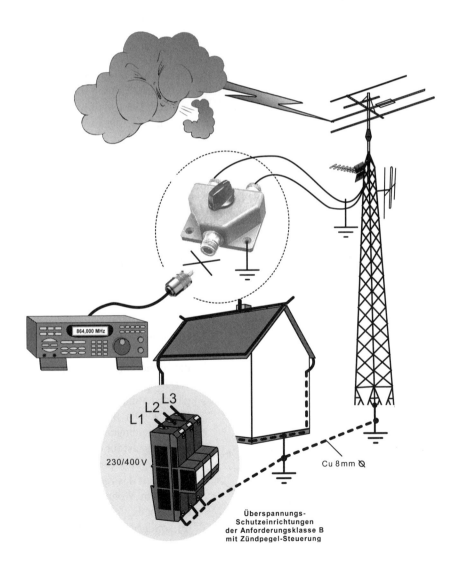

Überspannungs-
Schutzeinrichtungen
der Anforderungsklasse B
mit Zündpegel-Steuerung

4. Schutzvorschläge

Die Erdung des Antennenmastes ist unter Berücksichtigung der DIN VDE 0185 Teil 1 oder VDE V 0185 Teil 100 sowie der VDE 0855 herzustellen (siehe 2.4).

Bessere Empfangsergebnisse kann man erzielen, wenn der Erder des Antennenträgers als Gegenpol zur Antenne wirkt. Im Falle von Vertikalstrahlern und zur Erdung der Abschlusswiderstände von aperiodischen Antennen ist ein Erdanschluss für die Funkantenne unbedingt notwendig. In diesem Fall spricht man von einer Hochfrequenz-Erdung (HF-Erdung). Diese HF-Erdung ist betriebsbedingt und hat eine andere Aufgabe als die Blitzschutzerdung.

Ein Blitzschutzerder ist nicht immer ein guter Erder für die HF-Erdung. Zum Beispiel sind Tiefenerder als HF-Erder höchst ungeeignet, weil für eine gute Hochfrequenz-Erdung nur der Bodenbereich bis zu maximal einem Meter Tiefe wichtig ist. Oberflächenerder, die als Ring- und/oder Strahlenerder ausgeführt sind und ca. eine halben Meter tief im Erdreich liegen (Bild 4.2.8), ermöglichen wesentlich bessere Empfangsergebnisse.

Ein HF-Erder sollte zugleich als Blitzschutz verwendet werden und ist mit der Blitzschutzerde des Gebäudes entweder direkt oder über eine blitzstromtragfähige Trennfunkenstrecke zu verbinden. Welche Verbindung für den Funkempfang besser ist, muss man testen. Blitzschutztechnisch ist eine direkte Verbindung beider Erder zu bevorzugen.

Bei einem direkten Blitzeinschlag in den Antennenmast fließen hohe Blitzteilströme über den Erder und die Potentialausgleichsleitungen in das 230/400-V-Netz. Der beste Schutz vor Überspannungen aus der 230-V-Steckdose ist für CB- und Amateurfunkgeräte nach wie vor mit Sicherheit das Ziehen der Netzstecker. Im Wohnhaus eines Funkers gibt es nicht nur Funkgeräte, sondern auch viele andere

Bild 4.2.8

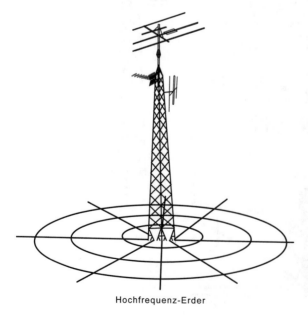

Hochfrequenz-Erder

schützenswerte Anlagen und Geräte die über das 230/400-V-Netz mit Spannung versorgt werden. Das Ziehen der Netzstecker von verschiedenen Geräten ist nicht immer erwünscht oder möglich. Aus diesem Grund sollte für den Schutz der Niederspannungsanlage und den daran angeschlossenen elektrischen und elektronischen Geräten eine Überspannungs-Schutzeinrichtung der Anforderungsklasse B deren elektronische Zündpegelsteuerung (siehe 3.12 und 3.13) auf eine Zündspannung < 1000 V eingestellt ist, wenn möglich im Vorzählerbereich montiert werden. Selbst dann, wenn keine Geräte angeschlossen sind, ist das Vorhandensein einer Überspannungs-Schutzeinrichtung der Anforderungsklasse B sehr wichtig, weil bei einem direkten Blitzeinschlag in den Antennenträger oder in den Gebäude-Blitzableiter alle elektrischen Leitungen, Zählerschrank, Stromkreisverteiler, Schalter und Steckdosen zerstört werden können.

4.3 Telefonanlagen

Ein analoger Telefonapparat, der direkt am öffentlichen Telefonnetz angeschlossen ist, erhält seine Versorgungsspannung stets von der Vermittlungsstelle. Entsprechend dem Betriebszustand liegen am Telefon drei verschiedene Spannungen an (Bild 4.3.1). Im Ruhezustand beträgt die Speisespannung 60 V. Bei einem ankommenden Ruf überlagert eine Rufwechselspannung von 75 V die 60-V-Speisegleichspannung. Nach dem Abheben des Telefonhörers fließt ein Betriebsstrom von ca. 20 mA, der bewirkt, dass die Speisegleichspannung auf etwa 12 V abfällt.

Die Rufsignalisierung erfolgt über den Rufwechselstromkreis. Das Rufsignal bildet eine 25-Hz-Wechselspannung, deren Spitzenwert bis zu 120 V erreichen kann. Auch wenn beim Rufsignal nur geringe Ströme fließen, werden doch Werte erreicht, die lebensgefährlich sein können. Das heißt, dass bei Arbeiten an Telefonanschlüssen grundsätzlich die Sicherheitsregeln zu beachten sind. Die fünf Sicherheitsregeln und vieles andere mehr sind sehr ausführlich in dem Buch „Elektrogeräte, Funktion – Reparatur – Prüfung" beschrieben (ISBN 3-89576-081-1).

Die Speisespannung aus dem öffentlichen Telekommunikationsnetz, die am Telefon oder an der Tk-Anlage anliegt, beträgt natürlich nicht exakt 60 V. Es handelt sich bei diesem Wert nur um den Nennspannungswert. Je größer die Leitungslänge von der

4. Schutzvorschläge

Bild 4.3.1

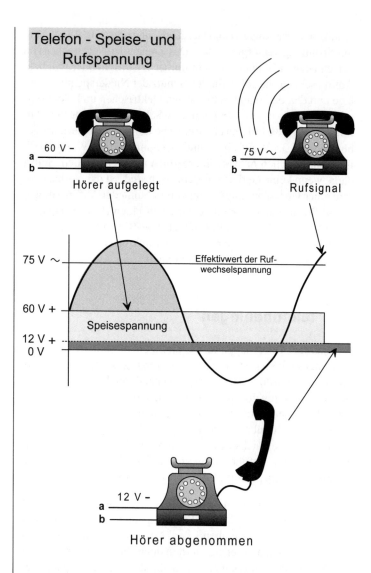

Vermittlungsstelle zum Telefon, umso geringer ist die Speisespannung, und dementsprechend niedriger ist die Betriebsspannung, die bei abgehobenem Hörer am Apparat ansteht. In der Regel liegt die von der Vermittlungsstelle kommende Speisespannung zwischen 40 und 80 V. Bei privaten Nebenstellenanlagen ist auf Grund der verhältnismäßig kurzen Leitungslängen die Spannung nicht so hoch bemessen und beträgt meist nur 24 V.

4.3 Telefonanlagen

Die Speisespannung ist grundsätzlich eine Gleichspannung, bei der die a-Ader negative Spannung, die b-Ader positive Spannung führt. Beide Potentiale sind erdfrei.

Bei der Auswahl eines geeigneten Überspannungs-Schutzgerätes sind die höchste Signalspannung und der maximale Signalstrom auf der zu beschaltenden Leitung zu berücksichtigen. Die höchste Signalwechselspannung auf einer analogen Telefonleitung beträgt ca. 110 V. Das heißt, die Nennwechselspannung eines geeigneten „Überspannungs-Schutzgerätes" muss mindestens 110 V betragen. Um den tiefstmöglichen Schutzpegel zu erhalten, sollte aber die Nennwechselspannung des Überspannungs-Schutzgerätes auch nicht höher sein als 110 V.

Am wirksamsten ist der Einsatz von Überspannungs-Schutzgeräten, wenn sie so nah wie möglich am zu schützenden Gerät montiert werden. Die Anwendung von Überspannungsableitern in nächster Nähe der zu schützenden Elektronik ermöglicht kurze Leitungswege für die geschützten Leitungen. Je kürzer die geschützte Leitung ist, umso geringer ist die Gefahr einer induktiven Spannungseinkopplung in die vom Ausgang des Schutzgerätes zum zu schützenden Gerät verlegte, bereits geschützte Leitung.

Der maximale Strom auf einer analogen Telefonleitung ist mit 30 mA sehr gering. Die Nennströme der gängigen Überspannungsableiter, die sich zur Beschaltung von Telefonleitungen eignen, betragen üblicherweise 0,1 bis 2 A. Der Strom auf der zu beschaltenden Telefonleitung kann wesentlich kleiner sein als der Nennstrom des ausgewählten Überspannungs-Schutzgerätes; er darf nur nicht größer sein, weil sonst die Entkopplungsglieder im Schutzgerät überlastet bzw. überhitzt würden.

In vielen Tk-Anlagen und Telefonapparaten bzw. Endgeräten sind bereits Metalloxyd-Varistoren für den Überspannungsschutz eingesetzt (Bild 4.3.2 und 4.3.3). Das erschwert

Bild 4.3.2

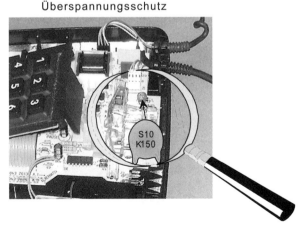

Telefonapparat mit Überspannungsschutz

4. Schutzvorschläge

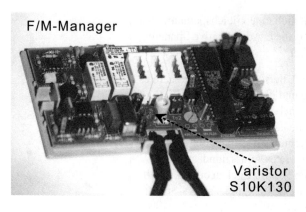

Bild 4.3.3

die Koordination erheblich und verhindert oft die Entkopplung von den Varistoren im zu schützenden Gerät zu den Varistoren im Überspannungs-Schutzgerät.

Das heißt, im Beeinflussungsfall wird nur der Varistor belastet, der die niedrigere Nennspannung besitzt, und das ist meist der weniger belastbare Varistor im zu schützenden Gerät. Dieser Varistor kann im Beeinflussungsfall überlastet werden; der stoßstrombelastbarere Varistor im Schutzgerät bleibt unbeansprucht.

Bild 4.3.4

Das Bild 4.3.4 zeigt die praxisübliche und unkoordinierte Anordnung eines Schutzgerätes zu einem Varistor im Endgerät oder in einer Nebenstellenanlage.

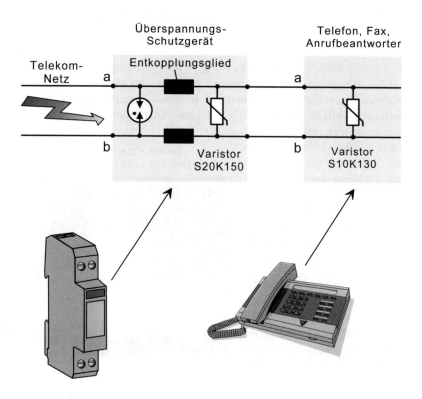

250

4.3 Telefonanlagen

Darüber hinaus ist der vom Schutzgeräte-Hersteller angegebene Schutzpegel zu beachten, der sich meist nur auf den Nennableitstoßstrom eines Überspannungs-Schutzgerätes bezieht. Fließt ein Stoßstrom über das Schutzgerät, der höher ist als sein Nennableitstoßstrom, erhöht sich der Schutzpegel dementsprechend. Aber nicht nur ein höherer, sondern auch ein geringerer Stoßstrom kann einen wesentlich höheren Schutzpegel bewirken. Der Grund dafür ist, dass bei geringer Belastung der Gasableiter im Überspannungs-Schutzgerät nicht voll durchzündet und somit der nachgeschaltete Varistor oder die nachgeschaltete Diode wesentlich stärker beansprucht wird. Dass sich der Schutzpegel eines Überspannungs-Schutzgerätes bei kleineren Stoßstrombeanspruchungen um ein mehrfaches der angegebenen Werte erhöhen kann, verschweigen die Hersteller, indem sie nur den geschönten Schutzpegel angeben, der sich beim Fließen des so genannten Nennableitstoßstromes einstellt. Hinzu kommt, dass der Blitz die genormte Wellenform 8/20 und 10/350 nicht kennt und fast ausnahmslos mit anderen Wellenformen in die zu schützende Anlage eindringt. Ein flacherer Blitzstoßstrom mit längerer Anstiegszeit bewirkt, dass der Gasableiter im Überspannungs-Schutzgerät nicht anspricht, weil bei flacheren Stromimpulsen die Impedanzen der Entkopplungsglieder im Überspannungs-Schutzgerät oft zu gering sind, wodurch das Schutzgerät überlastet wird und defekt geht. Bei der im Bild 4.3.4 gezeigten Anordnung bewirkt ein Blitzstoßstrom mit flacher Wellenform, dass im Überspannungs-Schutzgerät weder der Gasableiter noch der Varistor arbeitet. Infolge dessen führt ein Stoßstrom, dessen Höhe das verhältnismäßig geringe Stoßstromableitvermögen des im Telefonapparat eingesetzten Varistors übersteigt, zur Zerstörung des Apparates. Dieses Beispiel gilt natürlich nicht nur für Telefonapparate, sondern für alle Endgeräte und Telekommunikations-Anlagen.

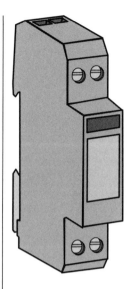

Bild 4.3.5

Weitere Probleme ergeben sich beim Einsatz von Überspannungs-Schutzgeräten, bei denen der Hersteller den Schutzpegel nicht richtig angibt (Bild 4.3.5).

Es sind zahlreiche Überspannungs-Schutzgeräte im Einsatz, die elektrische und konstruktive Mängel besitzen. Zum Beispiel weisen einige „Schutzgeräte" in ihren Oberteilen zu geringe Abstände von den ungeschützten zu den geschützten Leiterbahnen und Bauteilen auf. Bei diesen Schutzgeräten ist meist der Schutzpegel,

4. Schutzvorschläge

den der Hersteller angibt, wesentlich geringer als der tatsächliche Wert, auf den solche Geräte eine Überspannung begrenzt.

Der Verbraucherschutz ist völlig überfordert, wenn er Überspannungs-Schutzgeräte testet und beurteilt. Das bestätigt der Artikel „Schutz mit Lücken" der Stiftung Warentest (Heft 11/96). Einen Farbfernseher zu testen ist verhältnismäßig einfach. Nach dem Anschluss und dem Einschalten des Gerätes kann man ein Bild sehen und einen Ton hören. Bild und Ton lassen sich auch gut beurteilen. Nach dem Einbau eines Überspannungs-Schutzgerätes tut sich meistens gar nichts, man kann nur hoffen, dass die Angaben des Herstellers richtig sind und der Überspannungsschutz seine Schutzaufgaben erfüllt.

Erfahrungsgemäß sterben bei einem Blitzeinschlag sehr viele mit Überspannungs-Schutzgeräten geschützte elektronische Geräte. Konnte ein Überspannungs-Schutzgerät die Zerstörung eines elektronischen Gerätes nicht verhindern, kann in der Regel vom Hersteller des Überspannungs-Schutzgerätes kein Schadenersatz gefordert werden. Der Grund dafür ist, dass der Hersteller nur für die Richtigkeit der technischen Daten seiner Schutzgeräte eine Garantie übernimmt. Somit ist es für den Hersteller völlig in Ordnung, wenn ein Überspannungs-Schutzgerät eine Überspannung zum Beispiel auf 600 V begrenzt, auch dann, wenn das zu schützende Gerät bei einem Blitzeinschlag zerstört wird, weil es nur eine Spannungsfestigkeit besitzt, die unterhalb von 600 V liegt.

Für die Auswahl von geeigneten Überspannungs-Schutzgeräten ist im Normalfall der Elektroplaner oder die ausführende Firma zuständig, die auch haftbar sind, wenn ein Überspannungs-Schutzgerät seine Aufgabe nicht erfüllt. Es sei denn, die technischen Daten, die der Hersteller für seine Schutzgeräte angibt, sind nicht richtig, wie bei dem zuvor beschriebenen Teil, dann haftet natürlich der Hersteller im vollen Umfang für Überspannungsschäden, die seine Geräte mit falsch angegebenen Schutzpegel nicht verhindern konnten.

Bevor man den Überspannungsschutz für eine analoge Telefonanlage plant, sollte man die Wirtschaftlichkeit der Schutzmaßnahmen betrachten. Zum Beispiel sind für den vollständigen Überspannungschutz einer analogen Telefonanlage, an der vier Endgeräte angeschlossen sind, zwölf Überspannungs-Schutzgeräte erforderlich (Bild 4.3.6). Bei der Verwendung von Überspannungs-Schutzgeräten der gehobenen Preisklasse betragen die

4.3 Telefonanlagen

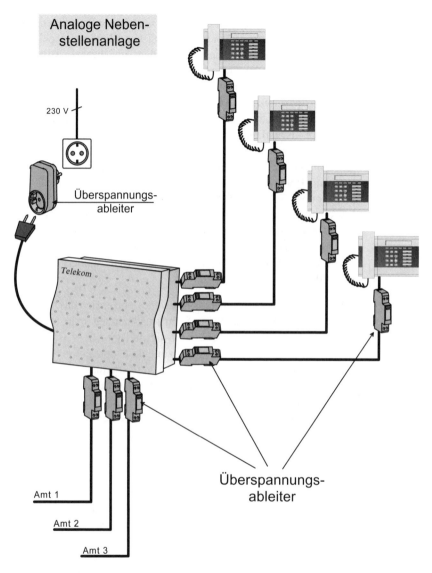

Kosten für die Schutzgeräte ca. 1.200,– EUR. Hinzu kommen die Kosten für die Montage, die mit etwa 300,– EUR zu Buche schlagen. Insgesamt müsste also ein Betrag von 1500,–EUR investiert werden, um einen Überspannungsschutz zu erhalten, der unter Umständen gar nicht funktioniert – das für den Schutz einer Telefonanlage, die inklusive Endgeräte ab 300,– EUR im Handel erhältlich ist.

Bild 4.3.6

4. Schutzvorschläge

Zu beachten ist, dass die im Bild 4.3.6 dargestellten Überspannungs-Schutzgeräte nur einen Schutz vor Blitzferneinschlägen bieten. Ein Schutz für die Telefonanlage vor direkten Blitzeinschlägen würde die Kosten für den Inneren Blitzschutz deutlich erhöhen. Um den genormten und höchstmöglichen Wirkungsgrad eines Blitzschutzes von 0,98 zu erreichen, müsste von einem Elektroplaner oder einer Beratungsgruppe ein Blitzschutzzonenkonzept ausgearbeitet werden, das auch einen Äußeren Blitzschutz mit zusätzlicher Gebäudeschirmung, Raumschirmung und Geräteschirmung berücksichtigt (siehe Kapitel 7). Darüber hinaus wären im Rahmen eines Blitzschutzzonenkonzeptes auch Überspannungs-Schutzeinrichtungen der Anforderungsklassen B und C einzubauen, um einen 98-prozentigen Schutz für die Telefonanlage zu ermöglichen. Die Kosten für einen Blitzschutz, der Blitzschutzzonen mit Gebäude- und Raumschirmung berücksichtigt, liegen dann nicht mehr bei 1.500,– EUR sondern eher bei 15.000,– EUR.

Der Verbraucher fährt meist am besten, wenn er sich das Geld für zweifelhafte Überspannungs-Schutzmaßnahmen spart und eine sichere Versicherung abschließt, die preisgünstiger ist als die Realiesierung eines Blitzschutzzonenkonzeptes. Im Blitzeinschlagsfall werden von einer guten Versicherung nicht nur die beschädigten Telefone bezahlt, sondern es werden fast alle Sachschäden ersetzt, die durch Blitzeinwirkung entstanden sind. Bei einem direkten Blitzeinschlag reguliert die Gebäudebrandversicherung den Blitzsachschaden, und die infolge eines nahen oder fernen Blitzeinschlages entstandenen Schäden an elektronischen Geräten werden der Hausratversicherung gemeldet.

Bild 4.3.7

ISDN-Tk-Anlage
Eumex 504-PC-USB

Für ISDN-Anlagen gilt das Gleiche wie für analoge Telefonanlagen. Obwohl die Netzabschlussgeräte für den ISDN-Basisanschluss (NTBA) sehr spannungsfest sind und vermutlich mit dem EMV-Gesetz konform gehen, kommt es nach einem Blitznaheinschlag häufig zur Zerstörung der dem NT nachgeschalteten Eumex-Tk-Anlagen (Bild 4.3.7). Das heißt, eine Überspannung gelangt über NT, ohne ihn zu beschädigen, zur Tk-Anlage. Erst die weniger spannungsfeste Eumex wird von dem Überspannungsimpuls zerstört.

4.3 Telefonanlagen

In einer Ortschaft nahe bei Neumarkt schlug der Blitz am Abend des 9. Juli 2002 in das Schulhaus ein. In einem von der Schule ca. 50 Meter entfernten Wohnhaus wurde bei diesem Blitzferneinschlag nur die Eumex-Tk-Anlage zerstört. Der NT und die Telefone, die an der Eumex angeschlossen waren, funktionierten zwar noch, aber der USB und V24-Schnittstellen-Baustein in der Eumex waren zerstört, so dass es nicht mehr möglich war, über den PC eine Verbindung zum öffentlichen Netz herzustellen. Die Erfahrung zeigt, dass während der Gewitterzeit zahlreiche Eumex defekt gehen, die das zuvor genannte Schadensbild aufweisen. Dieser Sachverhalt lässt vermuten, dass die Hersteller der Eumex-Anlagen mit dem EMV-Gesetz nicht vertraut sind.

Für den Überspannungsschutz einer ISDN-Anlage werden häufig von Spezialisten sehr aufwendige und kostenintensive Schutzvorschläge unterbreitet, die deshalb meist unwirtschaftlich sind (Bild 4.3.8).

Mit der nachfolgend vorgestellten und sehr einfachen Anordnung einer preisgünstigen Überspannung-Schutzmaßnahme kann man für den Schutz einer ISDN-Anlage und den daran angeschlossenen Geräten fast alle Schäden verhindern, die infolge eines fernen oder nahen Blitzeinschlages entstehen können. Vor den Auswirkungen eines direkten Blitzeinschlages in die Gebäude-Blitzschutzanlage kann dieser Schutzvorschlag einen Schaden an der ISDN-Anlage eventuell nicht verhindern. Sie haben mit der Anwendung des nachfolgenden Vorschlages (Bild 4.3.9) trotzdem sehr viel für den Schutz Ihrer ISDN-Anlage und dem daran angeschlossenen PC-System getan, weil der Blitz meist nicht direkt, sondern in der Umgebung einschlägt und nur leitungsgebunden, über die Telefon und EVU-Zuleitung, Überspannungen in Ihr Gebäude eindringen.

Das NT benötigt nur dann eine 230-V-Versorgungsspannung, wenn keine ISDN-Tk-Anlage vorhanden ist und direkt am NT ISDN-Endgeräte angeschlossen sind, die über keine eigene Stromversorgung verfügen. Es schadet dem NT nicht, wenn Sie es aus blitzschutztechnischen Gründen trotzdem mit der 230-V-Steckdose verbinden.

Gemäß den Empfehlungen einiger Blitzschutz-Spezialisten verfügt eine ISDN-Anlage über zwei Schnittstellen, die es vor Blitzschlag zu schützen gilt. Die U-Schnittstelle ist eine Zweidraht-

4. Schutzvorschläge

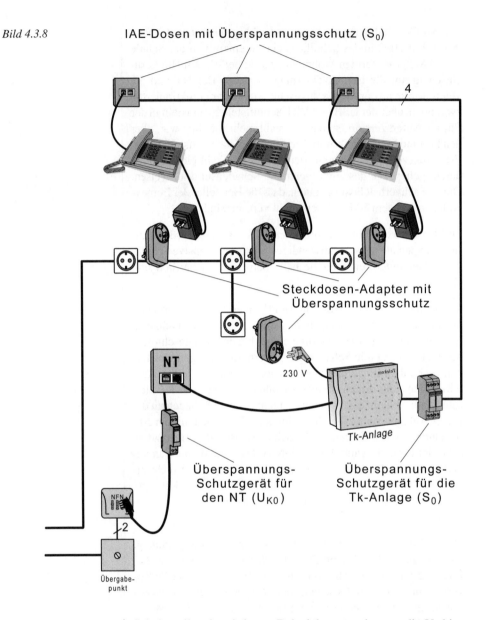

Bild 4.3.8 IAE-Dosen mit Überspannungsschutz (S_0)

Steckdosen-Adapter mit Überspannungsschutz

Überspannungs-Schutzgerät für den NT (U_{K0})

Überspannungs-Schutzgerät für die Tk-Anlage (S_0)

Schnittstelle; sie wird zum Beispiel verwendet, um die Verbindung zwischen der Telekom-Vermittlungsstelle und dem NTBA in Ihrem Haus oder in Ihrer Wohnung herzustellen. Diese Zweidrahtschnittstelle dient zur digitalen Übertragung im öffentlichen ISDN. An einem NTBA kommt die U-Schnittstelle mit so ge-

4.3 Telefonanlagen

nannter Echokompensation (U_{K0}-Schnittstelle) zum Einsatz. Die Reichweite einer U-Schnittstelle beträgt etwa acht Kilometer. Durch die Echokompensation wird Bandbreite gespart, so dass sich die herkömmlichen analog genutzten Telefonleitungen auch zur Übertragung der ISDN-Signale recht gut eignen.

Um die maximale Reichweite einer U-Schnittstelle zu erhalten, ist der Einsatz von zusätzlichen Längsimpedanzen problematisch, obwohl sie die Überspannungs-Schutzfunktion verbessern könnten. Die Schaltung in Bild 4.3.9 zeigt auch den üblichen Schaltungsaufbau eines Überspannungsableiters, der für die Beschaltung einer U-Schnittstelle geeignet ist.

Eine Anordnung von mehreren Anschlussdosen im ISDN bezeichnen wir als S_0-Bus. An diesem Bus können mehrere ISDN-Endgeräte angeschlossen werden. Der S_0-Bus ist ein digitales Signal-Verteilsystem, das in Verbindung mit einem ISDN-Mehrgeräteanschluss verwendet werden kann. Dieser Bus bietet die Möglichkeit einer Parallelschaltung von maximal zwölf ISDN-Steckdosen (IAE). Es gibt zwei Sendeleitungen und zwei Empfangsleitungen, die vom NTBA an die Anschlussdosen führen. An diesen Leitungen dürfen bis zu acht Endgeräte angesteckt sein, von denen bis zu vier ihre Spannungsversorgung vom NTBA erhalten können. Die restlichen Endgeräte müssen über eine unabhängige eigene Stromversorgung verfügen. Bei Bedarf kann man eines der Telefone auf Notbetrieb einstellen. Nach einem Ausfall der Netzspannungsversorgung kann man mit diesem einzigen Telefon weiterhin telefonieren. Die Gesamtlänge eines S_0-Busses ist begrenzt und darf je nach Anordnung der Anschlussdosen zwischen 100 m bis 200 m betragen. Viele weitere und ausführliche Informationen über den Aufbau, die Funktion und die Montage von analogen sowie ISDN-Telefonanlagen enthält der Elektor-Praxis-Ratgeber mit dem Titel „Telekommunikation mit Computer, Fax und Telefon (ISBN 3-89576-097-8). Noch mehr Information und eine CD-ROM zum Thema bietet das große Praxisbuch der Kommunikationstechnik (ISBN 3-89576-109-5). Die Bestellannahme des Elektor-Verlages freut sich auf Ihren Anruf unter der Nummer 0241/88909-66 (Fax 0241/8890977).

Vor allem dann, wenn die S_0-Busleitung als sehr lange oder Gebäude überschreitende Leitung ausgeführt ist, sollten Sie auch in diese vieradrige Leitung zum Schutz des NT oder Tk-Anlage einen Überspannungs-Schutz einbauen (Bild 4.3.10). Zu berück-

4. Schutzvorschläge

Bild 4.3.9

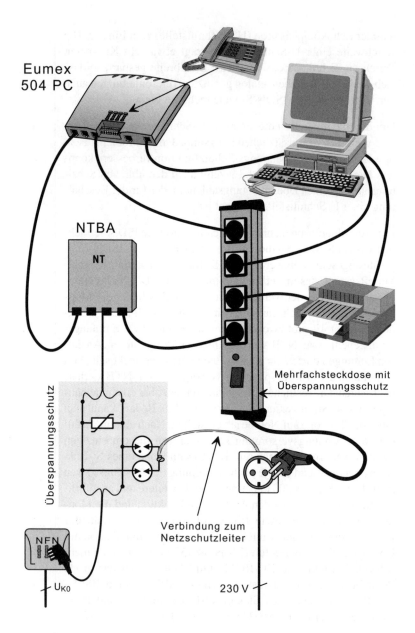

sichtigen ist, dass sich durch den Einsatz der Entkopplungselemente von Überspannungs-Schutzgeräten die maximale S_0-Bus-Leitungslänge erheblich reduziert.

4.3 Telefonanlagen

Bild 4.3.10

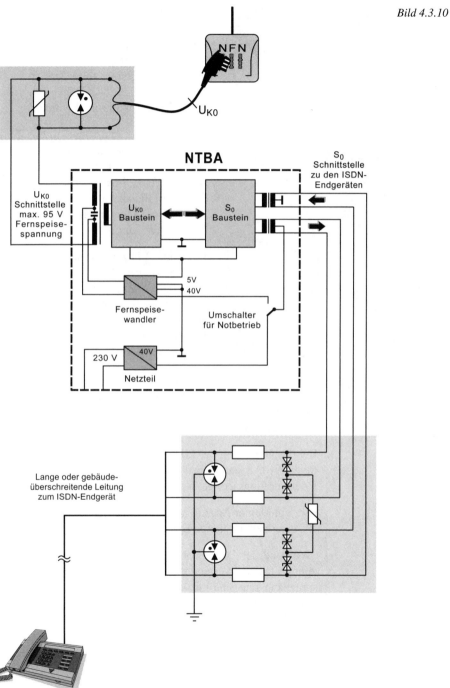

4. Schutzvorschläge

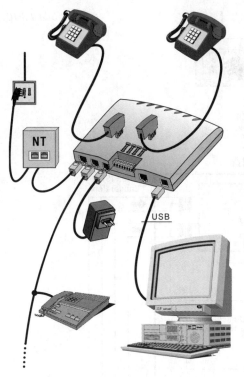

Bild 4.3.11

Zu berücksichtigen ist, dass eine Anlage, die nur mit Überspannungs-Schutzgeräten geschützt ist, durch einen nahen oder direkten Blitzeinschlag, inklusive Überspannungs-Schutzgeräte, völlig zerstört werden kann, wenn keine zusätzlichen Schutzmaßnahmen zur Ausführung kommen.

Für Freiberufler und Kleinbetriebe, für die eine ständige Verfügbarkeit der ISDN-Tk-Anlage sehr wichtig ist, kann sich die Anschaffung einer Ersatzanlage lohnen, die im Schadensfall nahezu von jedem Nichtfachmann in nur wenigen Minuten ausgewechselt werden kann.

Das Bild 4.3.11 zeigt die üblichen Anschlüsse einer kleinen ISDN-Tk-Anlage, die im Regelfall nur über TAE und Western-Stecker mit den Systemkomponenten verbunden ist, wodurch der Austausch dieser Anlage gegen eine neue Anlage in wenigen Minuten möglich ist.

Als Ersatz-Tk-Anlage sollte Sie sich eine Anlage zulegen, die mit der vorhandenen Tk-Anlage identisch ist, damit Ihnen eine eventuelle, umständliche und zeitraubende Neuinstallation der Anlagensoftware erspart bleibt.

Bei Problemen mit der ISDN-Anlagenkonfiguration können Sie für einige Dutzend Euro den von der Telekom angebotenen Fern-Konfigurationsservice in Anspruch nehmen!

Hier ein kleiner Auszug aus den Anleitungen zum Telefonieren aus einem etwas älteren Berliner Telefonbuch:

„Während der Dauer von Gewittern werden von den Vermittelungsanstalten Verbindungen nicht ausgeführt. Sämtliche Fernsprechapparate sind mit äußerst empfindlichen Blitzschutzvorrichtungen versehen, welche etwaige Entladungen atmosphärischer Elektrizität sicher auffangen und ableiten. Immerhin wird empfohlen, bei nahen und schweren Gewittern die Fernsprechapparate und Leitungen nicht zu berühren."

4.4 Computersysteme

Heute steht fest, dass die häufigsten Computerschäden auf eine unfachgerechte Elektroinstallation zurückzuführen sind. Es ist also nicht damit getan, blindlings ein paar Überspannungs-Schutzgeräte einzubauen. Erst durch eine zeitgerechte Elektroinstallation wird die Betriebssicherheit von sensiblen elektronischen Anlagen und Geräten wesentlich erhöht. Schadensanalysen von mehreren Sachverständigen haben ergeben, dass sich die üblichen Schadensursachen in drei Gruppen einteilen lassen. Das größte Schadensaufkommen verursachen nicht EMV-gerechte Elektroinstallationen, gefolgt von Überspannungseinkopplungen und Spannungsspitzen aus dem Niederspannungsnetz.

Bild 4.4.1

Früher versuchte man, dem drastischen Anstieg der Überspannungsschäden entgegenzuwirken mit einem so genannten groben, mittleren und feinen Überspannungsschutz im Hauptverteiler, in den Unterverteilungen und an den Steckdosen. Heute wissen wir, dass diese Maßnahmen für den Schutz von Computern und deren Peripherie nur eine untergeordnete Rolle spielen. Der Grund dafür ist, dass Überspannungs-Schutzeinrichtungen der Anforderungsklassen B bis D energetisch koordiniert sein können, aber die wichtige Koordination der Überspannungs-Schutzeinrichtungen zu den zu schützenden Geräten fehlt meistens. Gemäß der DIN VDE 0875 müssen Elektrogeräte funkentstört sein, zu diesem Zweck sind auch in Computern und deren Systemkomponenten X- und Y-Entstörkondensatoren bzw. Entstörfilter (Bild 4.4.1) eingebaut. Y-Kondensatoren sind für die Beschaltung zwischen dem Außenleiter und Schutzleiter sowie Neutralleiter und Schutzleiter geeignet (Bild 4.4.2). X-Kondensatoren dürfen dagegen nur zwischen Außen- und Neutralleiter eingesetzt werden (Bild 4.4.3). Diese Kondensatoren und Entstörfilter dämpfen aber nur hochfrequente Störungen, eine Überspannung durchdringt den in Bild 4.4.1 gezeigten Filter nahezu ungedämpft. Da Geräte, die vor 1998 ge-

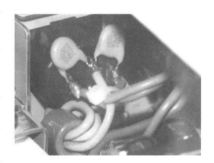

Bild 4.4.2

Bild 4.4.3

4. Schutzvorschläge

baut wurden, in der Regel nur mit diesem erwähnten Störschutz ausgerüstet sind, ist für deren Schutz der Einsatz von Überspannungsableitern der Anforderungsklasse D, die Überspannungen auf einen sehr tiefen Wert begrenzen, besonders wichtig. Leider kann man für den einzuhaltenden Schutzpegel keinen exakten Wert angeben, weil zum Beispiel die Spannungsfestigkeit von älteren PC-Netzteilen sehr unterschiedlich und meist nicht bekannt ist. Die Spannungsfestigkeit eines PC-Netzteils kann im ungünstigen Fall unter 1.000 V liegen. Sie kann aber auch 2.500 V betragen. Aus diesem Grund sollte man für den Überspannungsschutz von PCs Überspannungs-Schutzeinrichtungen der Anforderungsklasse D verwenden, die symmetrische Überspannungen mit zwei in Reihe geschalteten 140-V-Metalloxid-Varistoren begrenzen. Für die Begrenzung der asymmetrischen Überspannungen ist in der Regel ein 600-V-Gasableiter ausreichend, der am Mittelpunkt der beiden Varistoren und am Netzschutzleiter angeschlossen ist. Aus den technischen Unterlagen von Überspannungs-Schutzgeräten geht meist nicht hervor, welche Bauteile enthalten sind; die angegebenen Werte für den Schutzpegel sind oft unbrauchbar, weil die Schutzgeräte-Hersteller den Schutzpegel ihrer Produkte oft nicht korrekt angeben. Allerdings können die Verbraucher hoffen, dass sie mit dem geplanten Verbraucherinformationsgesetz einen Anspruch auf diesbezügliche und eindeutige Informationen erhalten.

Selbst ein normgerecht und konsequent realisierter 98%-Blitzschutz, gemäß der Blitzschutzklasse 1, berücksichtigt die Querspannungsfestigkeiten von ältern sensiblen Geräten nicht und kann auch dann nicht wirksam werden, wenn das Niederspannungssystem und die Erdungsanlage allen EMV-Ansprüchen genügen. Um einen guten Überspannungsschutz zu erhalten, sind im Rahmen eines Blitzschutzkonzeptes Überspannungs-Schutzeinrichtungen der Anforderungsklasse B, wenn möglich im Vorzählerbereich, zu installieren. Zu beachten ist, dass diese Überspannungs-Schutzeinrichtungen einen Schutzpegel aufweisen, der bei 900 V liegen sollte. Eventuell kann zusätzlich ein kombiniertes Überspannungs-Schutzgerät zum Einsatz kommen, dass das Computersystem vor Blitzüberspannungen bewahrt, die sich durch die Schleifenbildungen von Niederspannungs- und Kommunikationsleitungen ergeben können. Bei der Planung eines Schutzkonzeptes sollte ein EMV-Spezialist zu Rate gezogen werden, da die Kosten für einen derartigen Experten meist deutlich geringer sind als

4.4 Computersysteme

die Kosten, die durch Nachbesserung und Schäden entstehen, wenn sich herausstellt, dass der Schutz von willkürlich und unkontrolliert eingebauten Überspannungs-Schutzeinrichtungen nicht ausreichend war.

Seit 1998 ist das EMV-Gesetz gültig, das jede Elektrofachkraft verpflichtet, die Elektroinstallation unter Berücksichtigung der EMV auszuführen. EMV ist nach DIN VDE 0870 Teil 1 die Abkürzung für **E**lektro**M**agnetische**V**erträglichkeit:

Das ist die Fähigkeit einer elektrischen Einrichtung, in ihrer elektromagnetischen Umgebung zufriedenstellend zu funktionieren, ohne die elektromagnetische Umgebung unzulässig zu beeinflussen. Zur elektromagnetischen Umgebung müssen alle natürlichen Ereignisse und technischen Einrichtungen gezählt werden, die mit Elektrizität und/oder Magnetismus zu tun haben.

Die Auswirkungen von nicht EMV-konformen Transformatoren, Elektromotoren usw. auf den Rundfunkempfang sind fast jedem bekannt. Sie werden, wenn sie nicht allzu gravierend sind, oft hingenommen. Doch elektromagnetische Beeinflussungen von wichtigen EDV-Systemen und Computeranlagen oder gar lebenserhaltenden medizintechnischen Geräten sind in unserer hoch technisierten Welt untragbar und durch das EMV-Gesetz auch strafbar geworden.

Computersysteme und auch andere sensible elektronische Anlagen erreichen durch die Einhaltung folgender Empfehlungen eine hohe Betriebssicherheit:

1. Konsequenter Aufbau des Niederspannungsnetzes als TN-S-System (siehe Fachbuch *Elektroinstallation, Planung und Ausführung*).

2. Bei kleineren PC-Systemen sind alle Geräte an einer Steckdosenleiste anzuschließen (maximale Strombelastbarkeit der Steckdosenleiste beachten).

3. Kleinere Computersysteme sollten alle über eine Stromkreisverteilung versorgt werden, deren Zuleitung als dreiadrige Wechselstrom-Verbindungsleitung ausgeführt ist, weil die Aufteilung der Stromkreise auf drei Außenleiter die Gefahren erhöht, die eine Neutralleiterunterbrechung mit sich bringen kann. Zu beachten ist, dass sich durch den Einsatz einer

4. Schutzvorschläge

   Stromkreisverteilung mit Wechselstromzuleitung keine ungleichmäßige Belastung der Außenleiter in der Hauptleitung ergibt.

4. Die Erdungsanlage muss intakt und niederohmig sein. Darüber hinaus ist ein konsequent durchgeführter Hauptpotentialausgleich notwendig, der den einschlägigen Bestimmungen entspricht.

5. Der Einbau von Überspannungs-Schutzeinrichtungen der Anforderungsklasse B in das Hauptstromversorgungssystem ist nur dann sinnvoll, wenn die Beschaltung der Hauptleitung richtig ausgeführt wird und der Schutzpegel der Überspannungs-Schutzeinrichtungen 900 V beträgt.

6. In gewittergefährdeten Gebieten sind gefährdete Datenübertragungsstrecken mit Lichtwellenleiter oder mit drahtlosen Verbindungen zu realisieren.

7. PC-Arbeitsplätze sollten nach Möglichkeit über Online-USV-Anlagen versorgt werden, um ein Maximum an Sicherheit zu erreichen. Eine USV-Anlage ist eine unterbrechungsfreie Stromversorgung, die bei einem teilweisen oder vollständigen Ausfall der örtlichen Elektrizitätsversorgung die Versorgung von Verbrauchern für einen meist vom Anlagebetreiber vorgegebenen Zeitraum sicherstellt. Diesen Zeitraum nennt man Überbrückungszeit oder Batteriebetriebsdauer. Die zur Überbrückung des Stromausfalls erforderliche Elektrizität wird üblicherweise aus einer Batterie entnommen, deren Ladung die Länge der Überbrückungszeit mitbestimmt. Die Überbrückungszeit kann bei einigen Augenblicken liegen oder viele Stunden betragen.

Um die Verbraucheranforderungen zu erfüllen, stehen USV-Anlagen mit unterschiedlichem Leistungsbereich (von einigen hundert Watt bis zu mehreren Megawatt) zur Verfügung. Für die verschiedenen Sicherheitsbedürfnisse lassen sich USV-Anlagen in drei Kategorien einteilen:

Online-, Offline- und Netzinteraktive USV-Anlagen

Offline-USV-Anlagen schützen nur bei Netzausfall und Netzspannungsschwankungen. Vor ihrem Einsatz muss immer geklärt werden, ob die anzuschließenden Geräte eine Umschaltzeit von ca. vier Millisekunden vertragen.

4.4 Computersysteme

Netzinteraktive USV-Anlagen funktionieren ähnlich wie Offline-Anlagen, jedoch bieten sie eine zusätzliche stufenweise Ausregelung von Spannungsschwankungen.

Online-USV-Anlagen garantieren eine kontinuierliche und stabile Energieversorgung auch nach einem Stromausfall. Sie stabilisieren perfekt die Versorgungsspannung, eliminieren jede Unregelmäßigkeit im Netz und schützen vor Netzspannungsschwankungen sowie vor Netzspannungseinbrüchen. Darüber hinaus bieten viele Modelle einen überaus wirkungsvollen Schutz gegen Überspannungen. Im Handel sind Online-USV-Anlagen erhältlich, die Blitzüberspannungen nicht nur auf einen bestimmten Wert begrenzen, sondern diese völlig vernichten. Die leistungsfähigen Ein- und Ausgangsfilter dieser USV-Anlagen in Kombination mit einem Isoliertransformator stellen auch bei energiereichen Überspannungsimpulsen am USV-Eingang eine unbeeinflusste und saubere Ausgangswechselspannung zur Verfügung. Online-USV-Anlagen sind als echte Dauerwandler nach EN 50091-1 mit doppelter Energieumwandlung aufgebaut. Dadurch wird für alle Arten von Netzstörungen der kontinuierliche Betrieb empfindlicher Verbraucher gesichert. Diese USV-Anlagen funktionieren wie ein eigenes Kraftwerk. Ein Gleichrichter am Eingang (AC/DC-Wandler) formt die Wechselspannung in Gleichspannung um. Er wirkt als Batterie-Ladegerät und liefert auch die für den Dauerbetrieb notwendige Energie. Der nachgeschaltete DC/DC-Wandler optimiert die Batteriespannung für den Wechselrichter, der die Gleichspannung wieder in eine sinusförmige 50 Hz Wechselspannung umwandelt. Eingang und Ausgang sind galvanisch getrennt. Ausgangsspannung und Ausgangsfrequenz sind unabhängig von eingangsseitigen Störungen. Es gibt keine Umschaltzeiten zwischen Netz- und Batteriebetrieb, weil der Verbraucher ständig über die von der Online-USV erzeugte Spannung versorgt wird. Da Online-USV-Anlagen alle Überspannungen völlig eliminieren, sind sie für den Überspannungsschutz von sensiblen elektronischen Geräten wesentlich besser geeignet als die besten Überspannungs-Schutzeinrichtungen der Anforderungsklasse D. Vor dem Einsatz der USV muss keine Ermittlung der Quer- und Längsspannungsfestigkeit der zu schützenden Gerätes erfolgen. Die Wirksamkeit des Überspannungsschutzes einer Online-USV ist nicht nur zu 98 %, sondern zu 100 % gewährleistet.

4. Schutzvorschläge

Bild 4.4.4

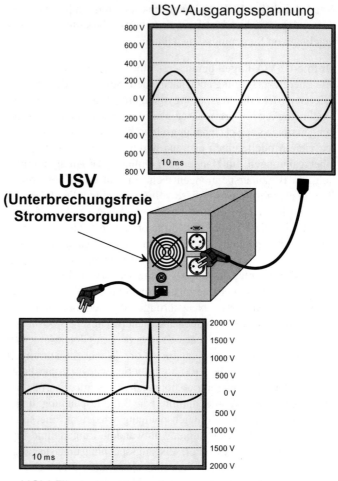

Das Bild 4.4.4 zeigt das Oszillogramm einer Überspannung am Eingang einer Online-USV und das dazugehörige Oszillogramm der völlig sauberen Ausgangsspannung.

Die Blockschaltpläne in Bild 4.4.5 lassen den Unterschied zwischen einer guten Online-USV und einer herkömmlichen Off-line-USV erkennen.

Um einen wirkungsvollen Schutz auch bei direktem Blitzeinschlag zu erreichen, ist das Vorhandensein eines Äußeren Blitzschutzes Grundvoraussetzung. Fehlt die Äußere Blitzschutzanlage, kann

4.4 Computersysteme

gute USV-Technik

Bild 4.4.5

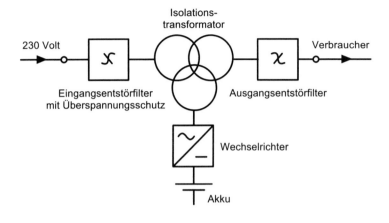

herkömmliche USV-Technik

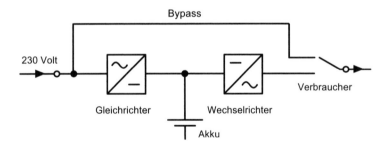

das Gebäude als Folge des Blitzeinschlags gemeinsam mit den zu schützenden Geräten abbrennen.

Blitzströme, die bei einem direkten Blitzeinschlag über den Potentialausgleich in die Anlage fließen, können so hoch sein, dass Überspannungs-Schutzeinrichtungen der Anforderungsklasse B notwendig sind. Um eine Online-USV wirkungsvoll vor den Auswirkungen eines direkten Blitzeinschlages zu schützen, sind auch Überspannungs-Schutzeinrichtungen der Anforderungsklasse B zu installieren, deren Schutzpegel ca. 1.000 V beträgt.

4. Schutzvorschläge

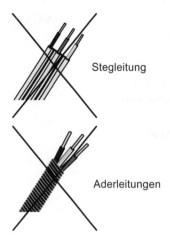

Stegleitung

Aderleitungen

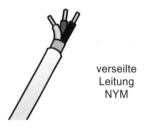

verseilte
Leitung
NYM

Bild 4.4.6

Ein gutes Blitzschutzkonzept berücksichtigt auch, dass für EMV-gerechte Neuinstallationen nur verseilte Installationsleitungen Typ NYM zur Anwendung kommen (Bild 4.4.6). Wegen der Induktionsschleifen, die unverseilte Stegleitungen und in Kunststoffrohr eingezogene Aderleitungen zwischen den Adern bilden, sind Leitungen für eine EMV-konforme Elektroinstallation höchst ungeeignet. Darüber hinaus sollte man die Verlegung von Leitungen an Außenwänden nicht zulassen und alle sensiblen Geräte so platzieren, dass sie in möglichst großen Abständen zu Außenwänden und Fenstern angeordnet sind.

Das Bild 4.4.7 zeigt den prinzipiellen Aufbau einer zeitgemäßen EMV-gerechten Stromversorgung.

Die Mehrkosten, die durch eine dem Bild 4.4.7 entsprechende Stromversorgung entstehen, sind durchaus gerechtfertigt, wenn wir bedenken, welche Folgeschäden durch einen Ausfall der EDV- und anderen wichtigen Anlagen und Geräten entstehen können (siehe Kapitel 1.7).

Leider arbeiten in der Blitzschutzbranche nicht alle Firmen seriös. Wie überall gibt es natürlich auch in diesem Gewerbe schwarze Schafe. Grundsätzlich sollte eine Beratung über Blitzschutzmaßnahmen und EMV-gerechte Elektroinstallationen nur ein unabhängiger und von den Elektronik-Versicherern empfohlener Sachverständiger durchführen.

4.4 Computersysteme

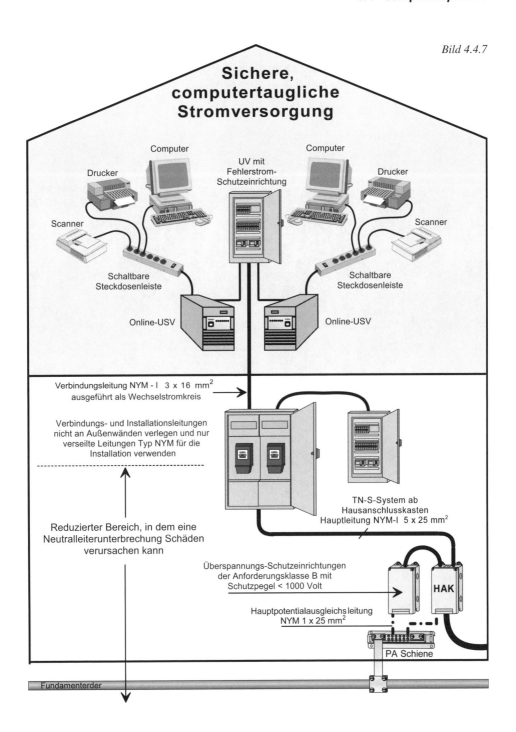

Bild 4.4.7

5. Kleines USV-Lexikon

A

Ausgangskurzschlussstrom:

Der Ausgangskurzschlussstrom fließt über die Ausgangsanschlüsse der USV bei Kurzschluss.

Ausgangsleistung:

Wirkleistung (Summe der Leistungsanteile von Grund- und Oberschwingungen), die an den Ausgangsanschlüssen dauernd oder als zeitlich begrenzte Überlast abgegeben wird. Üblicherweise werden Scheinleistung und der minimal zulässige Leistungsfaktor angegeben.

Automatic Voltage:

Spannungsregelung allgemein, in USV meistens über Elektronik oder Relais umschaltbare Transformatorenwicklungen. Sie erweitern den praktisch nutzbaren Toleranzbereich der Eingangswechselspannung über die von der Norm vorgegebenen ± 10 % hinaus.

Autonomiezeit:

Mindestzeit für die USV beständige Versorgung der Last, welche die USV unter festgelegten Betriebsbedingungen sicherstellt, wenn vor dem Ausfall der Wechselstromversorgung die Batterien voll geladen waren.

B

Bereitschaftsredundante USV:

USV, in der ein oder mehrerer USV-Blöcke in Bereitschaft geschaltet sind für den Fall, dass ein Block ausfällt.

Beständige Versorgung:

Beständigkeit der Stromversorgung einer Last, bei der Spannungs- und Frequenzwerte innerhalb festgelegter Toleranzen bleiben.

5. Kleines USV-Lexikon

Betriebsdauer einer Batterie:

Auch mit Nenngebrauchsdauer definierte Zeitdauer, während der eine Batterie trotz Kapazitätsverlust durch Lagerung und Temperatureinwirkung noch ausreichen Kapazität besitzt, um ihre Aufgabe zu erfüllen.

Black Out:

totaler Ausfall der Stromversorgung.

Bypass:

alternativer Strompfad einer USV zur Gleich- und Wechselrichtung.

Brown Out:

kurzzeitige Netzspannungsabsenkung.

C

Crestfaktor:

Verhältnis des Spitzenstroms zum Effektivwert des Stromes. Um den gesamten Crestfaktor mehrerer an einer USV angeschlossenen Verbraucher zu bestimmen, bildet man das Verhältnis aus der Summe aller Spitzenströme zur Summe aller Effektivwerte.

Chopper:

Zerhacker: ein Transistorschalter, der die Gleichspannung in Wechselspannung umformt, um sie einem nachgeschalteten potentialtrennenden Transformator zuzuführen.

Converter:

Energieumwandler im Leistungskreis der USV.

D

Dauerbetrieb:

Eine USV mit Dauerbetrieb speist auch im ungestörten Betrieb die angeschlossenen Verbraucher über den Netzgleichrichter und Wechselrichter.

5. Kleines USV-Lexikon

DC-USV:

unterbrechungsfreie Gleichstromversorgung; USV ohne Wechselrichter.

Dual Conversion:

USV mit zwei getrennten Stromrichtern zur Gleich- und Wechselrichtung; dies entspricht der Online-USV.

Double Conversion:

Siehe Dual Conversion.

E

Einzel-USV:

genormter Begriff für eine USV, die nur einen USV-Block enthält.

EUE:

Energieumschalteeinrichtung.

H

Halblast-Parallelbetrieb:

Parallelschaltung zweier leistungsgleicher USV-Blöcke, von denen jeder im Normalbetrieb die Hälfte des Laststromes führt. Bei Ausfall eines USV-Blockes übernimmt der andere die ganze Leistung.

Haltezeit:

anderer Begriff für Überbrückungszeit.

Hochsetzsteller:

Gleichstromsteller, der die Ausgangsspannung über die Eingangsspannung anhebt und diese bei Bedarf regelt.

5. Kleines USV-Lexikon

I

Interner Shut Down:

Abschaltung der USV bei Erreichen der Batterie-Tiefentladegrenze.

Inverter:

Wechselrichter, der Gleichstrom in Wechselstrom umwandelt.

K

Klirrfaktor:

Verhältnis aus Effektivwert aller Oberschwingungen zum Gesamteffektivwert der Wechselspannung (in Prozent). Maß für die Abweichung der Spannung vom Sinusverlauf.

Kommutierung:

Übergang des Stromes von einem Zweig des Stromrichters auf einen anderen, bei dem beide Zweige während der Kommutierungszeit (Überlappungszeit) gleichzeitig Strom führen.

Kurzschlussstrom:

(Siehe Ausgangskurzschlussstrom.)

L

Leistungsfaktor der Last:

Verhältnis von Wirkleistung zu Scheinleistung. Kenngröße einer Wechselspannungsbelastung bei sinusförmiger Spannung.

Line conditioner:

Teil, das Spannungsschwankungen ausgleicht.

M

Mitlaufbetrieb:

(Siehe Offline-USV.)

5. Kleines USV-Lexikon

Monitoring:
Überwachung der USV einschließlich Fernüberwachungsmöglichkeiten.

O

Offline-USV:
Die Offline-USV versorgt den Verbraucher im ungestörten Betrieb direkt über das Netz. Der Wechselrichter läuft im ungestörten Betrieb im aktiven Bereitschaftsbetrieb. (Umschaltzeit von Netzbetrieb zum Batteriebetrieb in etwa vier Millisekunden.)

Online-USV:
Sie speist auch im ungestörten Betrieb über den Netzgleichrichter-Wechselrichter die Verbraucher (Dauerbetrieb). Fällt die Netzspannung aus, werden die Verbraucher absolut unterbrechungsfrei weiter versorgt.

S

Spannungsspitzen:
transiente Überspannungen.

Spannungstoleranz der USV-Ausgangsspannung:
Abweichung von der Ausgangsspannung zu der Eingangsspannung.

Spikes:
kurzzeitige Spannungsspitzen.

Standby:
Betriebsform der Offline-USV.

Stützzeit der Batterie:
Überbrückungszeit.

Surge protection:
Überspannungs-Schutzeinrichtung.

5. Kleines USV-Lexikon

Synchronisierbereich:

Gibt an, in welchem Toleranzbereich die Wechselrichterfrequenz mit der Netz-Frequenz synchronisierbar ist (bei einigen USV-Anlagen einstellbar).

T

Teilparallel-USV:

USV-Anlage mit parallel arbeitenden Wechselrichtern mit gemeinsamer Batterie und/oder gemeinsamen Gleichrichter oder einer gemeinsamen Gleichrichterkombination.

Teilredundante USV:

USV mit Redundanz bezüglich der Wechselrichter und/oder anderer USV-Komponenten.

Transienten:

kurzzeitig auftretende Überspannungen, die im µs-Bereich liegen. Verursacht durch Kurzschlüsse, Schaltvorgänge und Blitzeinschläge.

U

Überbrückungszeit:

Mindestzeitspanne für die USV-Versorgung, wenn bei Ausfall der Netzspannungsversorgung die Batterien voll geladen sind.

Umgehung:

Normgerechter Begriff für den heute meistens als Bypass bezeichneten alternativen Strompfad, der Gleich- und Wechselrichter umgeht.

Umschalteinrichtung:

Einrichtung zur Umschaltung der Verbraucher vom Netz auf den Wechselrichter oder vom Wechselrichter auf das Netz. Kleinere USV lösen diese Aufgabe mit Schaltkontakten; leistungsfähigere Modelle werden meist über elektronische Umschalteinrichtungen auf Thyristorbasis geschaltet.

5. Kleines USV-Lexikon

Umschaltzeit:

Zeitspanne zwischen dem Einleiten einer Umschaltung und dem Zeitpunkt, an dem die Umschaltung ausgeführt ist.

Unterbrechungszeit:

Umschaltzeit zuzüglich der Zeit, während der die Ausgangsspannung unterhalb des Toleranzbereiches der USV liegt.

W

Wiederaufladezeit:

längste Mindestzeitspanne, die zur völligen Aufladung einer entladenen Batterien benötigt wird.

6. Prüfung

6.1 Prüfung der Bauteile

Bei einer Überlastung kann sich die U/I-Kennlinie eines Metalloxid-Varistors verändern. Ein zu hoher Stoßstrom legt die Kennlinie meist nur etwas tiefer. Maßgebend für die Bewertung des Zustande eines Varistor ist der 1-mA-Punkt. Grundsätzlich stellt der Varistorhersteller für seine Produkte Kennlinien zur Verfügung, aus denen die zulässigen Toleranzbereiche der 1-mA-Punkte hervorgehen. Die Varistorprüfung kann mit einem gewöhnlichen Isolationsmessgerät erfolgen, das parallel zu einem Voltmeter betrieben wird. Für die Varistorprüfung geeignete Isolationsmessgeräte kommen in der Regel auch für die Messung des Isolationswiderstandes von Haupt-, Verbindungs- und Installationsleitungen von elektrischen Anlagen zum Einsatz.

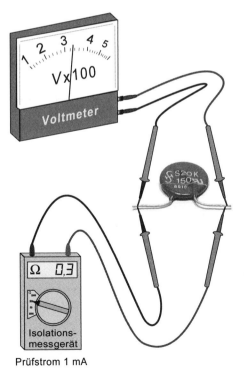

Bild 6.1.1

Diese Isolationsmessgeräte verfügen über einen integrierten Generator, der die zur Messung erforderliche Prüfspannung von 500 oder 1.000 V erzeugt. Der Prüfstrom ist stabilisiert und beträgt bei solchen Messgeräten exakt 1 mA. Fließt bei der Prüfung 1 mA über den Prüfling, so muss er die 500-V-Prüfspannung auf einen Wert begrenzen, der innerhalb des vom Varistorhersteller vorgegebenen Toleranzbereiches liegt. Das Bild 6.1.1 zeigt den Prüfaufbau mit den zwei parallel geschalteten Messgeräten. In der Tabelle (Bild 6.1.2) sind die Toleranzbereiche der Spannungen enthalten, die zum Beispiel für den 1-mA-Punkt von 20er Scheiben-Varistoren gelten. Die Toleranzbereiche von Metalloxid-Varistoren mit einem größeren oder kleinerem Durchmesser können geringfügig von denen der 20er Scheiben abweichen. In der Regel liegt die gemessene Spannung bei einem

Prüfstrom 1 mA

6. Prüfung

Bild 6.1.2

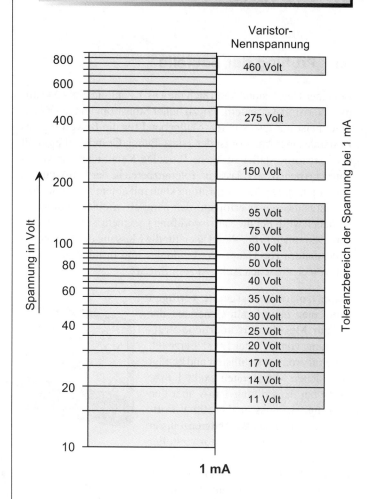

überlasteten Varistor unterhalb des Toleranzbereiches. Zum Beispiel wäre ein 20er Scheibenvaristor mit der Nennspannung 11 V in Ordnung, wenn sich bei der Prüfung eine Spannung ergibt, die zwischen 16 und 20 V liegt (Bild 6.1.2). Messergebnisse unterhalb von 16 V bestätigen die Überlastung bzw. den Defekt eines 11-V-Metalloxid-Varistors.

Eine bipolare Suppressor-Diode kann bei Überlastung in beiden Richtungen oder nur in einer beliebigen Richtung niederohmig werden. Für 98 % aller Fälle ist die Prüfung mit einem gewöhn-

6.1 Prüfung der Bauteile

Bild 6.1.3

	Prüfung 1	Prüfung 2
Diode in Ordnung	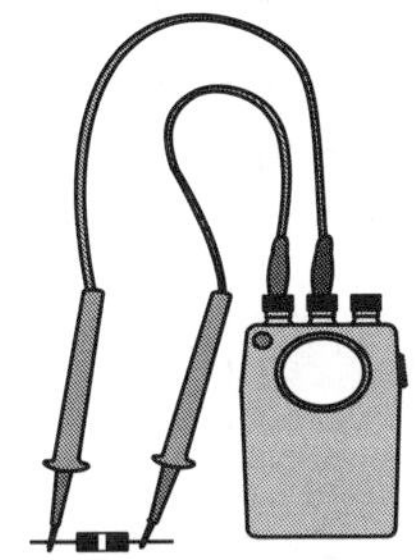 Prüfung 1 (kein Durchgang)	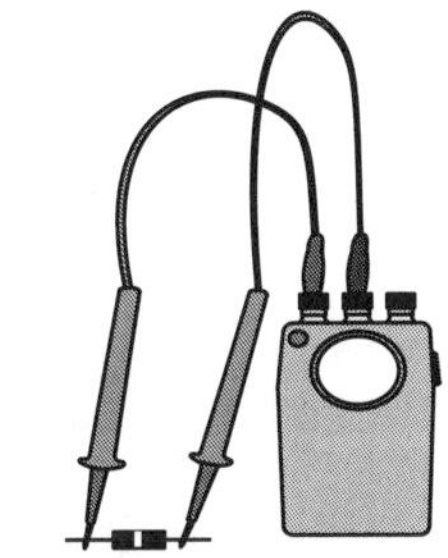 Prüfung 2 (kein Durchgang)
Diode defekt	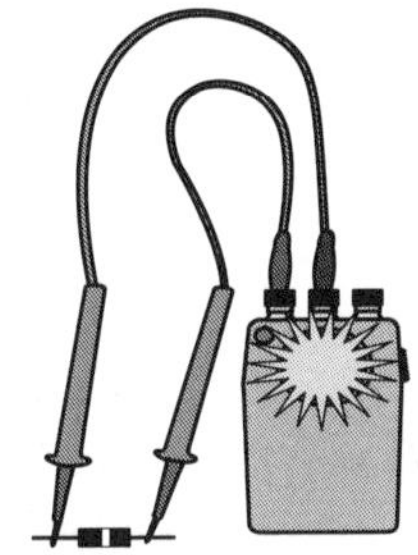 Prüfung 1 (Durchgang)	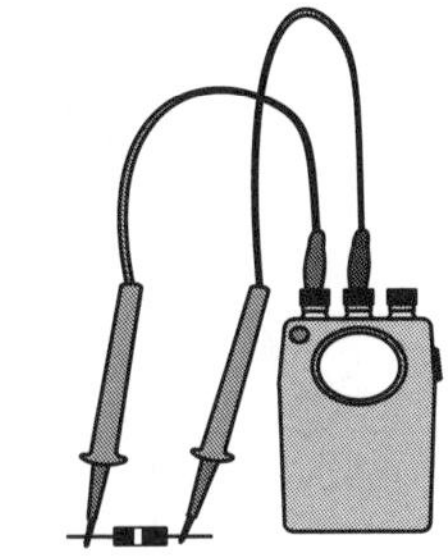 Prüfung 2 (kein Durchgang)
Diode defekt	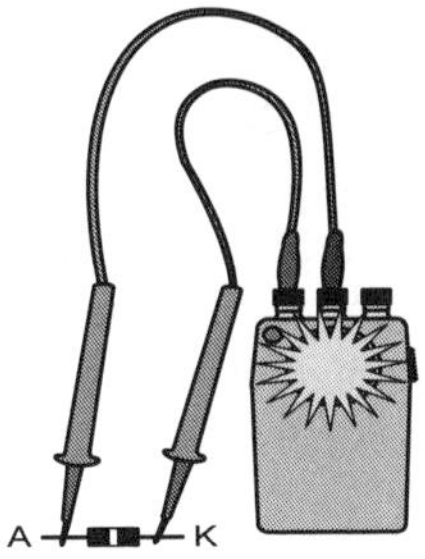 Prüfung 1 (Durchgang) A ▶▌◀ K	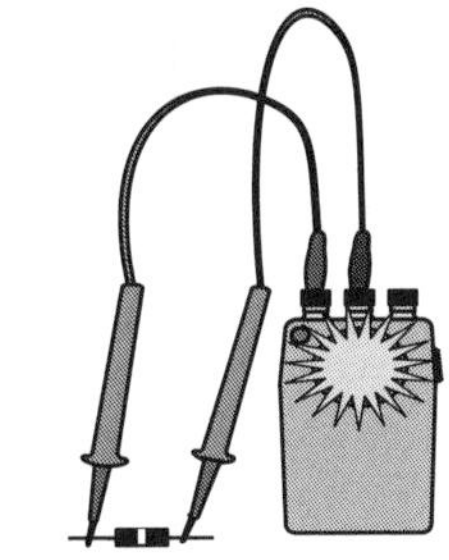 Prüfung 2 (Durchgang)
Diode defekt	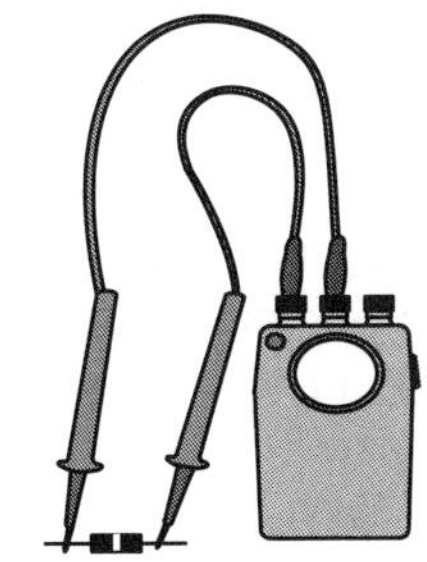 Prüfung 2 (kein Durchgang)	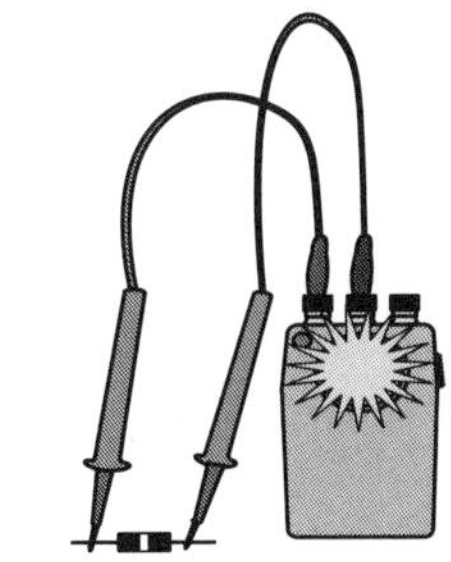 Prüfung 1 (Durchgang)

6. Prüfung

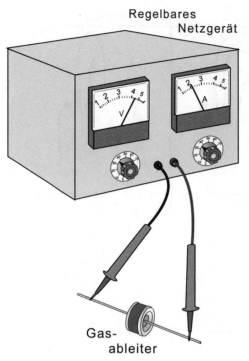

Bild 6.1.4

lichen Durchgangsprüfer ausreichend. Dazu werden die Prüfspitzen des Durchgangsprüfers für die Prüfung 1 mit den Drahtenden der Diode verbunden. Die Prüfung 2 erfolgt mit getauschter Polarität des Durchgangsprüfers. Die Diode ist defekt, wenn bei den Durchgangsprüfungen in einer beliebigen Polarität oder in beiden Polaritäten ein Durchgang gemessen wird. Funktionsfähig ist die Suppressor-Diode, wenn in beiden Richtungen kein Durchgang vorhanden ist. Wie in Bild 6.1.3 dargestellt ist, sind nur zwei Durchgangsprüfungen notwendig, die auch von einem elektrotechnischen Laien problemlos durchgeführt werden können.

Die Prüfung der Ansprechgleichspannung eines Gasableiters kann mit einem regelbaren Netzgerät erfolgen. Das Netzgerät muss kurzschlussfest sein und sollte über eine regelbare Strombegrenzung verfügen. Die maximale Ausgangsspannung des Netzgerätes muss deutlich über der Nennansprechgleichspannung des zu prüfenden Gasableiters liegen. Die Prüfung eines Gasableiters, für den eine Nennansprechgleichspannung von 90 V ausgewiesen ist und dessen Toleranz ± 20 % beträgt, kann zum Beispiel mit einem Netzgerät durchgeführt werden, das über einen Gleichspannungsregelbereich von 0 bis 150 V verfügt.

Anmerkung:

Beim Arbeiten unter Spannungen, die über die Bereiche der Schutzkleinspannung hinausgehen (50 V– oder 120 V~), sind die einschlägigen Sicherheitsbestimmungen zu beachten.

Um die Ansprechgleichspannung eines Gasableiters zu messen, ist die Ausgangsgleichspannung am Netzgerät mit etwa 100 V pro Sekunde langsam zu erhöhen. Nach dem Ansprechen bricht die Spannung auf den Wert der Bogenbrennspannung zusammen. Direkt nach dem Ansprechen ist das Hochdrehen der Spannung zu beenden. Nach dem Abziehen der Prüfleitung stellt sich am Voltmeter der Wert ein, bei dem der Gasableiter angesprochen hat. Wesentlich genauer kann die Ansprechgleichspannung ermittelt werden, wenn ein speziell für diesen Zweck konzipiertes Messgerät verwendet wird, das die Prüfspannung automatisch mit 100 V pro Sekunde erhöht und nach dem Ansprechen automatisch abschaltet. Das Prüfgerät speichert das Messergebnis, so dass auch nach dem Abschalten der Prüfspannung das Ablesen des Messwertes möglich ist.

6.2 Wirksamkeit der Überspannungs-Schutzgeräte

Für die Prüfung der Wirksamkeit von Überspannungs-Schutzgeräten ist ein so genannter Hybridgenerator erforderlich (siehe auch Kapitel 3.8), der leitungsgebundene impulsförmige Stoßspannungen nachbildet, wie sie infolge von Blitzeinwirkungen entstehen. Der Hybridgenerator ist ein kombinierter Stoßstrom-Stoßspannungsgenerator, der bei hochohmig belastetem Ausgang eine Normstoßspannung mit der Kurvenform 1.2/50 µs liefert und bei kurz geschlossenem Ausgang einen Normstoßstrom mit der Kurvenform 8/20 µs erzeugt. In Verbindung mit einem Einkoppelnetzwerk können auch 3-phasige Prüflinge und mehrere Signalleitungen gleichzeitig mit dem Prüfimpuls beaufschlagt werden. Bei der gleichzeitigen Beaufschlagung von mehreren Prüflingen ist zu beachten, dass sich die Prüfströme über alle angeschlossenen Leiter aufteilen, wodurch der Prüfstrom pro Pfad dementsprechend geringer ist. Ein Einkoppelnetzwerk ermöglicht zum Beispiel auch die Stoßstromversuche an einer im Prüflabor funktionsfähig aufgebauten Anlage während des Anlagenbetriebs, weil die Verbindungen von den einzelnen Leitungen zum Hybridgenerator zum Beispiel über Gasableiter geführt werden (Bild 6.2.1). Zu beachten ist, dass die hier gezeigten Prüfmethoden (wie die Gewitterüberspannungen) nicht exakt mit der Norm übereinstimmen.

Aufgrund der Gasableiter, die sich zwischen den Anschlüssen befinden, sind die Signaladern nur sehr hochohmig miteinander verbunden, so dass ein ungestörter Betrieb der Anlage möglich ist. Erst mit dem Stoßstrom zünden die Gasableiter im Einkoppelnetzwerk durch und stellen für die Zeitdauer des Prüfimpulses die niederohmige Verbindung zum Prüfgerät bzw. zum Prüfling her.

6. Prüfung

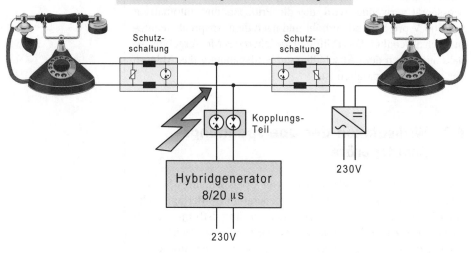

Bild 6.2.1

Die maximale Energie, die sich im Kondensator eines Hybridgenerators speichern lässt, ist verhältnismäßig gering und beträgt nur einige wenige Hundert Wattsekunden. Der Kondensator eines Hybridgenerators, der einen Stoßstrom von maximal 3.000 A erzeugen kann, speichert zum Beispiel maximal 200 Ws elektrische Energie. Das ist die Energie, die eine 100-W-Glühlampe benötigt, um zwei Sekunden zu leuchten.

Obwohl die im Hybridgenerator gespeicherte Energie sehr gering ist, kann sie tödlich sein. Deshalb sind beim Arbeiten mit einem Hybridgenerator alle maßgebenden Sicherheitsbestimmungen einzuhalten. Zum Beispiel müssen im unbenutzten Zustand die Steckbuchsen des Prüfanschlusses generell kurz geschlossen sein, und während der Prüfung müssen die Prüflingsklemmen und der Prüfling gegen Berühren gesichert sein.

Bei den meisten Hybridgeneratoren lässt sich die Höhe der Ladespannung stufenlos über eine gewöhnliche Phasenanschnittsteuerung (Dimmerschaltung) auf den gewünschten Spannungswert einstellen. Der Ladevorgang beginnt mit der Betätigung eines Tasters. Durch Loslassen des gleichen Tasters kommt der Prüfstoßstrom über den angeschlossenen Prüfling zum Fließen.

Da sich der vom Hersteller angegebene Schutzpegel für ein Überspannungs-Schutzgerät nur auf den so genannten Nenn-

6.2 Wirksamkeit der Überspannungs-Schutzgeräte

ableitstoßstrom bezieht, sollten mehrere Prüfungen mit Stoßströmen in unterschiedlicher Höhe durchgeführt werden, um sicherzugehen, dass der zu prüfende Überspannungsschutz bei geringeren Stoßströmen keinen wesentlich höheren Schutzpegel aufweist.

Mit Nennableitstoßstrom bezeichnet man die Höhe des Stoßstromes, mit dem ein Überspannungs-Schutzgerät 20-mal beaufschlagt werden kann, ohne dass es dabei Schaden nimmt. Beim Grenzableitstoßstrom handelt es sich um den Stoßstrom, mit dem ein Überspannungsschutz mindestens ein- oder zweimal beaufschlagt wird, ohne dass dabei Schäden am Schutzgerät bzw. am Schutzbauteil entstehen.

Die Prüfung mit Stoßströmen in unterschiedlicher Höhe ist deshalb so wichtig, weil sich der von den Herstellern angegebene Schutzpegel eines Überspannungs-Schutzgerätes meist auf den angegebenen Nennableitstoßstrom bezieht. Bei geringeren Stoßströmen kann der Schutzpegel niedriger oder auch viel höher sein. Dies gilt vor allem für Überspannungs-Schutzgeräte, die Entkopplungsglieder für die Entkopplung von Gasableiter und Varistor bzw. Gasableiter und Suppressor-Diode benötigen.

In der Regel beginnt die Prüfung mit einem Stoßstrom von 0,5 oder 1 kA; für die nachfolgenden Prüfungen steigert man die Stoßströme in 0,5 oder 1 kA Schritten. Die Prüfungen an einer funktionsfähig aufgebauten und sich in Betrieb befindenden Anlage haben den Vorteil, dass der Prüfer sofort nach der Stoßstrombeanspruchung erkennt, ob die zu prüfende Anlage noch heil ist.

Bei der Stoßstromprüfung kann man zwischen dem Überspannungs-Schutzgerät und dem zu schützenden Gerät mit einem digitalen Speicheroszilloskop die Restspannung bzw. den Schutzpegel messen, also die Spannung, auf die das Überspannungs-Schutzgerät begrenzt. Die Messergebnisse belegen, wie hoch die Restspannung war, auf die das Schutzgerät begrenzt hat und die der Prüfling eventuell standhalten konnte oder die zur Zerstörung des Prüflings führte. Grundsätzlich sollte jede einzelne Prüfung protokolliert werden, damit es nachvollziehbar ist, bei welcher Höhe des Stoßstromes die unterschiedlichen Restspannungen gemessen wurden.

6. Prüfung

Anmerkung:

Zu beachten ist, dass Restspannungsmessungen grundsätzlich ohne eine Begrenzung der Bandbreite an einem 100-MHz-Oszilloskop durchzuführen sind.

Die Prüfung der Wirksamkeit eines Netzsteckdosenadapters oder einer Überspannungs-Schutzeinrichtung der Anforderungsklasse D erfolgt in drei Prüfschritten. Zuerst sollte der Prüfling unsymmetrisch mit dem Prüfimpuls beaufschlagt werden, das heißt, die Einkopplung findet zwischen Außenleiter und Schutzleiter sowie zwischen Neutralleiter und Schutzleiter (PE) statt. Besonders wichtig ist die Prüfung, bei der die Stoßspannung symmetrisch zwischen Außen- und Neutralleiter eingekoppelt wird, da häufig die Querspannungsfestigkeit der zu schützenden Geräte nicht ausreicht.

Die jeweiligen Prüfungen müssen nicht mit unterschiedlich hohen Stoßströmen durchgeführt werden. Bei dieser Art von Schutzgeräten reicht es aus, wenn die Höhe des Prüfstoßstromes dem für das Schutzgerät angegebenen Nenn- oder Grenzableitstoßstrom entspricht.

Das Bild 6.2.2 zeigt den Prüfaufbau, der für eine unsymmetrische Einkopplung erforderlich ist. Das Bild 6.2.3 zeigt den Prüfaufbau, den eine symmetrische Einkopplung erfordert. Mit diesen Tests kann zum Beispiel auch die Wirksamkeit einer Überspannungs-Schutzeinrichtung der Anforderungsklasse D geprüft werden, an der ein schutzbedürftiger PC angeschlossen ist. Funktioniert der PC nach erfolgter Prüfung einwandfrei, so hat das Überspannungs-Schutzgerät die Prüfung erfolgreich bestanden. Funktioniert der PC nicht mehr, dann war der Schutzpegel des Überspannungs-Schutzgerätes zu hoch. Der Schutzgeräte-Hersteller haftet nur dann für den Schaden, den sein Schutzgerät nicht verhindern konnte, wenn der Nachweis erbracht werden kann, dass der eigentliche Schutzpegel des Schutzgerätes höher ist als der, den der Hersteller angibt.

Für Geräte, die an zwei Netze angeschlossen sind, zum Beispiel am öffentlichen Netz der Telekom und am Netz des örtlichen Energieversorgers, sollte die Wirksamkeit der Überspannungs-Schutzgeräte an beiden Netzen geprüft werden. Auf dem Bild 6.2.1 sehen wir die Prüfung der Wirksamkeit von Überspannungs-Schutzgeräten, die vor leitungsgebundenen Überspannungen aus dem Telekomnetz schützen sollen; das Bild 6.2.4 zeigt die

6.2 Wirksamkeit der Überspannungs-Schutzgeräte

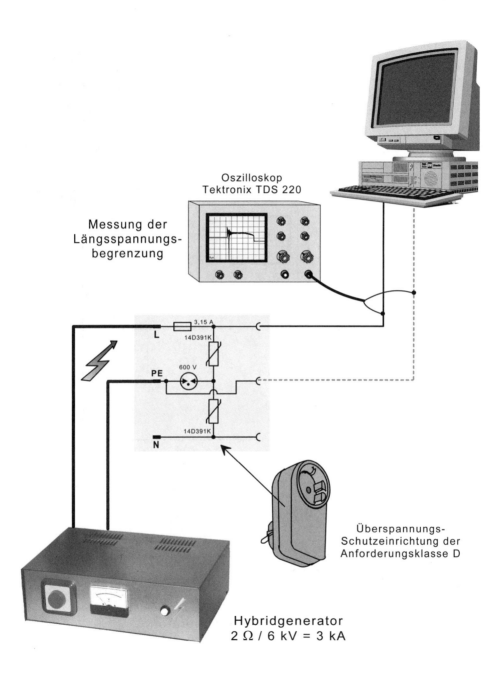

Bild 6.2.2

6. Prüfung

Bild 6.2.3

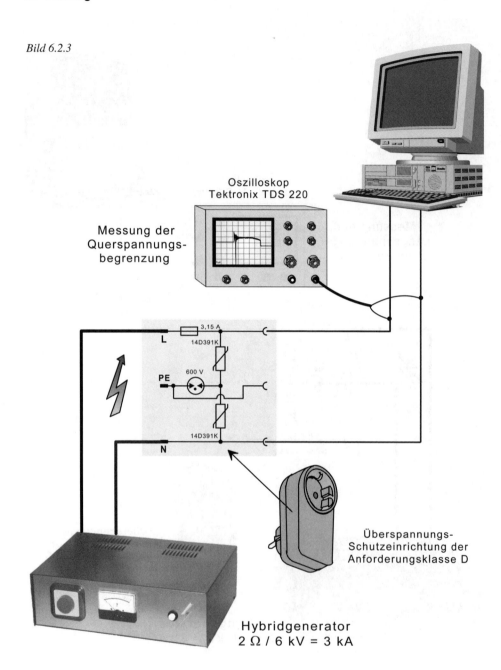

6.2 Wirksamkeit der Überspannungs-Schutzgeräte

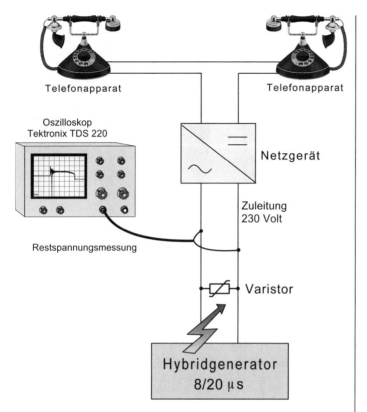

Bild 6.2.4

Überspannungs-Schutzbeschaltung der 230-V-Zuleitung, die eine Telefonanlage mit der Netzspannung versorgt und einen Varistor zum Schutz vor Stoßspannungen enthält. Die Prüfungen kann man getrennt durchführen. Besser ist jedoch die gleichzeitige Prüfung, die mit Hilfe eines Einkoppelnetzwerkes durchgeführt werden kann.

Auf dem Bild 6.2.5 ist die Einkopplung des Prüfimpulses in das Antennenkabel und gleichzeitig in die Spannungsversorgung eines Fernsehgerätes dargestellt. Ein 100-MHz-Speicheroszilloskop mit zwei Kanälen ermöglicht die gleichzeitige Messung der Restspannung an beiden Leitungen. Damit die Wirksamkeit des Schutzgerätes geprüft werden kann, ist der Fernseher vor der Prüfung über beide Leitungen mit dem Überspannungs-Schutzgerät zu verbinden. Zu beachten ist, dass das Fernsehgerät bei der Prüfung auch im ausgeschalteten Zustand zerstört werden kann, wenn der Schutzpegel des Überspannungs-Schutzgerätes zu hoch ist.

6. Prüfung

Bild 6.2.5

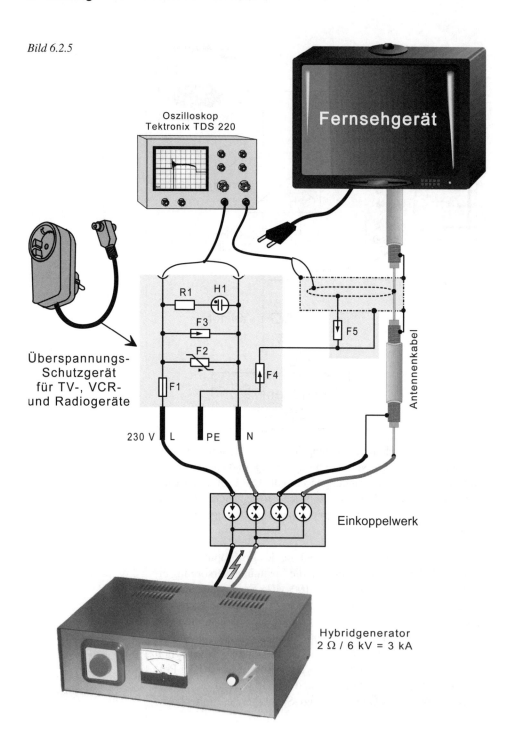

6.2 Wirksamkeit der Überspannungs-Schutzgeräte

Das Bild 6.2.6 zeigt den Aufbau für die Prüfung der Wirksamkeit eines Überspannungs-Schutzgerätes, das vor leitungsgebundenen Überspannungen aus der Meldelinie einer Einbruchmeldeanlage schützen soll. Zu beachten ist, dass für die Prüfung von Überspannungs-Schutzgeräten, die Entkopplungsglieder benötigen, mehrere Prüfungen mit Stoßströmen in unterschiedlicher Höhe erforderlich sind.

Bild 6.2.6

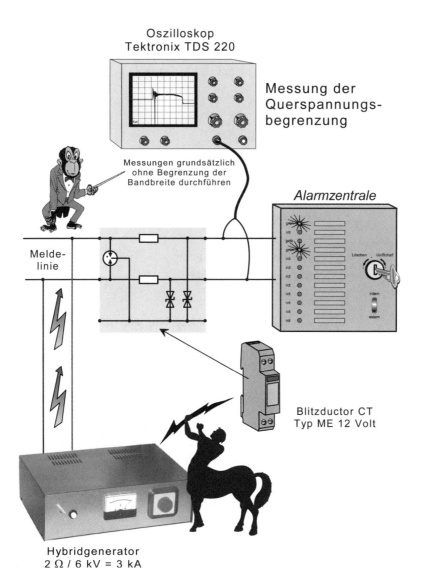

6. Prüfung

Anmerkung:
Alle elektrischen und elektronischen Geräte müssen bereits seit einigen Jahren dem EMV-Gesetz entsprechen.

Das EMV-Gesetz enthält zum Beispiel eine Schutzanforderung, die besagt, dass elektrische und elektronische Geräte eine angemessene Störfestigkeit aufweisen müssen. Berücksichtigt sind auch Stoßspannungen, die leitungsgebunden auftreten und über Anschlussleitungen (Netzzuleitungen und Datenleitungen) Geräte in ihrer Funktion beeinträchtigen können (VDE 0847 Teil 4-5).

Die folgenden Produkte fallen ausdrücklich unter das EMV-Gesetz und sollen in jedem Fall EMV-gerecht gestaltet sein:

- Rundfunkgeräte
- Fernsehgeräte
- Elektro-Haushaltsgeräte
- Handgeführte Elektrowerkzeuge
- Leuchten
- Leuchtstofflampen
- Funkgeräte verschiedenster Art
- Industrieausrüstungen
- informationstechnische Geräte
- Telekommunikationsgeräte

Anmerkung:
Ausgenommen von der EMV-Regelung sind zum Beispiel Amateurfunkgeräte-Eigenbauten, da hier ein einzigartiger Sonderstatus besteht. Amateurfunk ist gesetzlich genau beschrieben und darf nicht mit CB-Funk usw. verwechselt werden.

Das EMV-Gesetz hat zur Folge, dass die Hersteller der zuvor aufgeführten Geräte Stör- und Überspannungs-Schutzmaßnahmen in ihren Produkten realisieren müssen und deren Wirksamkeit prüfen. Zum Beispiel sind für den Überspannungsschutz von allen EMV-konformen Geräten Überspannungs-Schutzeinrichtungen der Anforderungsklassen C und D überflüssig, wenn die EMV-konformen Geräte den Stoßspannungsprüfungen ab Prüfschärfegrad 3 standhalten (siehe auch Kapitel 6.3).

Auf die zuvor beschriebene Weise kann man mit einem Hybridgenerator nicht nur die Wirksamkeit der Überspannungs-Schutz-

6.2 Wirksamkeit der Überspannungs-Schutzgeräte

Stör- und Überspannungschutz eines EMV-gerechten Schaltnetzteils

Bild 6.2.7

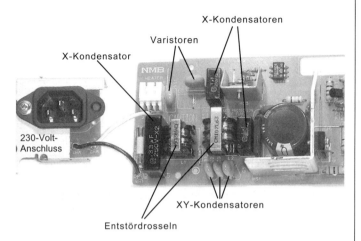

einrichtungen prüfen, sondern auch die Wirksamkeit von EMV-Überspannungs-Schutzmaßnahmen, die Hersteller von elektronischen Geräten aufgrund des EMV-Gesetzes bereits werkseitig in ihren Erzeugnissen realisieren. Für diese Prüfung ist der Hybridgenerator ohne ein Schutzgerät direkt am zu prüfenden Gerät anzuschließen.

Auf dem Bild 6.2.7 ist das Schaltnetzteil eines NEC Laserdrukkers Typ SuperSkript 660 plus zu sehen, das bereits herstellerseitig vorbildlich gegen Stör- und Überspannungen geschützt ist. Für den Schutz vor leitungsgebundenen Stoßspannungen, die nahe oder ferne Blitzeinschläge hervorrufen können, benötigt ein derartiges Netzgerät keine Überspannungs-Schutzeinrichtungen der Anforderungsklasse C und D. Nur wenn so ein Netzteil auch vor der harten Bedrohung eines direkten Blitzeinschlages geschützt werden soll, müssen Überspannungs-Schutzeinrichtungen der Anforderungsklasse B eingesetzt werden, deren Schutzpegel bei etwa 1.000 V liegt.

Das in Bild 6.2.7 abgebildete Schaltnetzteil hat alle Stoßspannungsprüfungen bis zu einer Höhe von 3.000 V ohne ein vorgeschaltetes Überspannungs-Schutzgerät problemlos bestanden. Erst bei der Prüfung mit einer höheren Spannung konnte das Netzgerät beschädigt werden.

6. Prüfung

6.3 Störfestigkeit gegen Stoßspannungen

Die DIN EN 61000-4-5 (Dezember 2001) beschreibt die Prüfung der Störfestigkeit von elektrischen und elektronischen Geräten gegenüber Stoßspannungen, wie sie bei Blitzeinwirkungen und Schalthandlungen entstehen.

Die Prüfspannungen werden über die ein- und ausgehenden Leitungen dem Prüfling zugeführt. Geprüft werden Versorgungsleitungen für Gleich- und Wechselstrom sowie Daten, Steuer- und Kommunikationsleitungen. Hierzu wird mit Impulsen aus einem „Hybrid-Generator" getestet.

Es wird nach verschiedenen Installationsklassen und entsprechend hohen Stoßspannungsamplituden (Bild 6.3.1) bzw. Prüfschärfegraden (Bild 6.3.2) unterschieden. Je nach Art, Länge und Lage der geprüften Leitungen sowie der Art der Ankopplung des Prüfsignals werden unterschiedliche Quellimpedanzen in der Einspeisung benötigt.

Im Anhang dieser Norm finden wir die folgende Zuordnung der Prüfschärfegrade zu den Installationsklassen:

Klasse 0: Gut geschützte elektrische Umgebung.

Klasse 1: Teilweise geschützte elektrische Umgebung.

Klasse 2: Elektrische Umgebung, in der Kabel auch auf kurzen Entfernungen gut voneinander getrennt verlegt sind.

Klasse 3: Elektrische Umgebung, in der Kabel parallel verlaufen.

Klasse 4: Elektrische Umgebung, in der Verbindungskabel als Außenkabel zusammen mit Starkstromkabeln verlegt sind und in der sowohl elektronische als elektrische Stromkreise verwendet werden.

Klasse 5: Elektrische Umgebung, in der elektronische Betriebsmittel mit Fernmeldeleitungen und Freileitungen in nicht dicht besiedelten Gebieten verbunden sind.

Klasse x: Besondere Bedingungen, die in den Produktspezifikationen angegeben werden.

6.3 Störfestigkeit gegen Stoßspannungen

In der Installationsklasse 0 sind alle ankommenden Kabel mit einem primären und sekundären Überspannungsschutz gegen Überspannungen geschützt. Zum Beispiel kann der Primärschutz für die EVU-Zuleitung eines Wohnhauses aus Überspannungs-Schutzeinrichtungen der Anforderungsklasse B bestehen, deren Schutzpegel 4.000 V beträgt; den Sekundärschutz könnte eine Überspannungs-Schutzeinrichtung der Anforderungsklasse D übernehmen. Die elektronischen Einrichtungen in der Installationsklasse 0 müssen über ein gutes Erdungssystem miteinander verbunden sein, das weder durch die Stromversorgung noch durch Blitze wesentlich beeinflusst wird.

Installationsklasse	Prüfgenerator - Leerlaufspannung in kV	
	Stromversorgung Kopplungsart	
	zwischen Leitung und Leitung	zwischen Leitung und Erde
0	—	—
1	—	0,5
2	0,5	1,0
3	1,0	2,0
4	2,0	4,0
5	Abhängig vom EVU	Abhängig vom EVU

Bild 6.3.1

Zu beachten ist der Mindest-Störfestigkeitspegel, der von Geräten einzuhalten ist, die an das öffentliche Stromversorgungsnetz angeschlossen werden können (Bild 6.3.3).

Für Geräte, die in den elektrischen Umgebungen der Installationsklassen 0 bis 3 eingesetzt werden, gelten demzufolge nur die Mindestanforderungen aus der Tabelle in Bild 6.3.3.

Da die Querspannungsfestigkeit für Geräte, gemäß der Prüfanforderungen für Installationsklassen 0 bis 3, zum Beispiel 600 V betragen darf, muss man die Wirksamkeit des primären und sekundären Überspannungsschutzes in Frage stellen, weil die Überspannungs-Schutzeinrichtungen, die im energietechnischen Netz eingesetzt werden, Überspannungen nur auf etwa 900 V begrenzen

Bild 6.3.3

Prüfschärfegrad	Prüfgeneratorg - Leerlaufspannung in kV
1	0,5
2	1,0
3	2,0
4	4,0
X	gemäß Festlegung

Bild 6.3.2

Mindest-Störfestigkeitspegel für den Anschluss an das öffentliche Stromversorgungsnetz	
Stromversorgung Kopplungsart	
zwischen Leitung und Leitung	zwischen Leitung und Erde
0,5	1,0

6. Prüfung

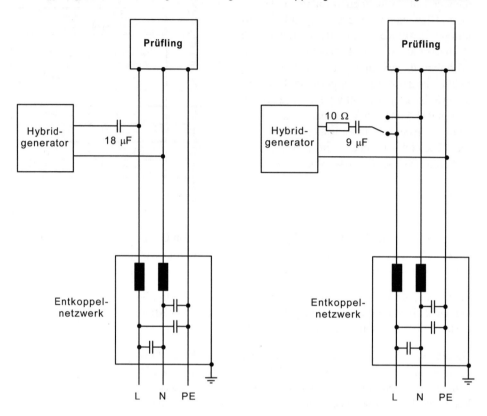

Bild 6.3.4

zen können. Ein dem EMV-Gesetz entsprechender und wirkungsvoller sowie unkompliziert realisierbarer Überspannungsschutz wäre zum Beispiel möglich, wenn alle elektrischen und elektronischen Geräte dem Prüfschärfegrad 3 entsprechen müssten und somit eine Quer- und Längsspannungsfestigkeit von 2.000 V besitzen müssten.

Das Bild 6.3.4 zeigt den Prüfaufbau gemäß der DIN VDE 0847 für die Prüfung zwischen Leitung und Leitung sowie Leitung und Erde.

Entsprechend der zuvor genannten Norm ist mit mindestens fünf positiven und fünf negativen Impulsen an den ausgewählten Punkten zu prüfen. Die Wiederholungsrate der Prüfimpulse darf höchstens einen Impuls pro Minute betragen.

7. Blitzschutzzonenkonzepte

Blitzschutzzonenkonzepte beinhalten in der Regel alle Maßnahmen, die zur Realisierung eines aufeinander abgestimmten Äußeren und Inneren Blitzschutzes einschließlich der Gebäude-, Raum- und Geräteschirmung notwendig sein sollen.

Die Einteilung der Blitzschutzzonen beginnt mit Zone 0: der Bereich im Freien, in dem sich direkte Blitzeinschläge ereignen können. Die Zone 1 liegt innerhalb von einem gegen direkten Blitzeinschlag geschütztem Gebäude, und die Zone 2 bildet ein Raum, in dem die zu schützenden elektrischen und elektronischen Geräte platziert sind. Die Blitzschutzzone 3 ist dem Inneren der Geräte zugeordnet, die vor den zerstörerischen Auswirkungen eines direkten Blitzeinschlages zu schützen sind.

Bei EMV-gerechten Blitzschutzzonenkonzepten ist es notwendig, anstelle des herkömmlichen Äußeren Blitzschutzes, der mit Fang- und Ableitungen realisiert werden kann, die Metallverkleidung oder den Betonstahl eines Gebäudes als Blitzfangeinrichtung und Blitzableitung heranzuziehen, um eine Schirmung gegen die elektromagnetischen Felder eines Blitzschlages für die Blitzschutzzone 1 zu erhalten. Das Gleiche gilt auch für den Raum der Blitzschutzzone 2, in dem sich die zu schützenden Gerätschaften befinden. Für die Schirmung von Geräten der Personenschutzklasse 1 können die Metallgehäuse der Geräte ausreichend sein, um die Forderungen für eine Schirmung der Blitzschutzzone 3 zu erfüllen. Voraussetzung dafür ist, dass nicht nur das 230-V-Netzgerät ein Metallgehäuse besitzt, sondern das gleiche oder ein zusätzliches Metallgehäuse die vom Netzgerät versorgte Elektronik voll umschließt. Elektrische und elektronische Geräte der Personenschutzklasse 2 haben ein isolierendes Kunststoffgehäuse. Aus diesem Grund ist ein zusätzliches Metallgehäuse zur Schirmung eines Gerätes der Personenschutzklasse 2 erforderlich, um den Anforderungen eines EMV-Blitzschutzzonenkonzeptes gerecht zu werden.

Der Aufwand für die Schirmung eines Gebäudes ist erheblich und im Nachhinein kaum noch möglich; zumindest dann nicht, wenn die dafür erforderlichen Kosten geringer sein sollen als der eventuell von einem Blitzeinschlag verursachte Schaden, den eventuell ein Zonenblitzschutz verhindern kann. Das gilt auch

7. Blitzschutzzonenkonzepte

Bild 7.1.1

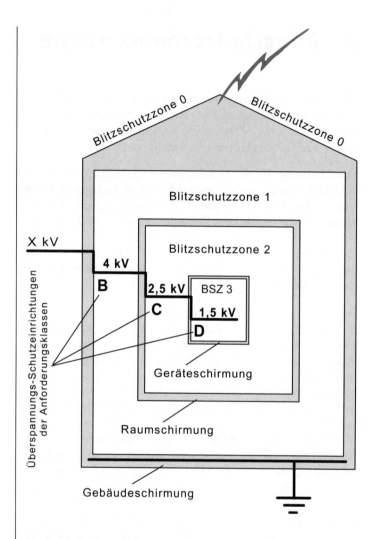

für die Maßnahmen, die zur Schaffung einer Raumschirmung der Blitzschutzzone 2 nötig sind.

Selbst wenn die Kosten keine Rolle spielen, ist es in der Praxis fast unmöglich, das Gebäude für die Blitzschutzklasse 1 und den Raum für Blitzschutzklasse 2 ausreichend zu schirmen, da zum Beispiel in den Gebäudeschirmen große und für elektromagnetische Strahlung durchlässige Löcher bleiben, in Form von Fenstern und Türen. Hinzu kommt, dass die Blitzschutzklasse 2 einen Raum ohne Gebäudeaußenwand erfordert. Das heißt, ein geeigneter Raum muss im Zentrum eines Gebäudes angeordnet sein

7. Blitzschutzzonenkonzepte

und darf keine Fenster besitzen; die Tür sollte aus einem metallischen Werkstoff bestehen, so dass eine Rundum-Schirmung gegeben ist. Eine gute Schirmung für einen Raum der Blitzschutzzone 2 ist deshalb so wichtig, weil die Gebäudeschirmung bei einem direkten Blitzeinschlag keine Schirmung ist, die auf elektromagnetische Felder dämpfend wirkt. Das Gegenteil ereignet sich, wenn zum Beispiel ein Blitzstrom die Metallverkleidung bzw. die Schirmung eines Gebäudes durchfließt; dann wirkt diese nicht störstrahlungsdämpfend, sondern wie eine Sendeantenne störstrahlungsaussendend. Störstrahlungsaussendend wirkt auch die Schirmung eines Raumes der Blitzschutzzone 2, wenn sie zum Beispiel aus Betonstahl besteht und der Betonstahl des Raumes leitend mit dem Betonstahl der Gebäudeschirmung in Verbindung steht.

Für den Abbau der Überspannungen, die bei einem direkten Blitzeinschlag über elektrische Leitungen in das Gebäude eindringen können, sorgen mehrfach gestaffelte Überspannungs-Schutzschutzeinrichtungen, die jeweils an den Blitzschutzzonenübergängen von Zone 0 auf 1, von 1 auf 2 und von Zone 2 auf 3 einzusetzen sind (Bild 7.1.1). Das heißt, auch hier werden die Überspannungen stufenweise abgebaut. Ein geeigneter Ort für die Schutzbeschaltung der EVU-Zuleitung mit auf 4 kV begrenzenden B-Ableitern kann der Gebäudeeintritt sein, also der Übergang von Blitzschutzzone 0 auf 1. Mit den auf 2.500 V begrenzenden Überspannungsschutzeinrichtungen der Anforderungsklasse C sind die von außen kommenden Leitungen am Raumeintritt zu beschalten; die auf 1.500 V begrenzenden Überspannungs-Schutzeinrichtungen der Anforderungsklasse D sind im Rahmen eines gut durchdachten Blitzschutzzonenkonzeptes in unmittelbarer Nähe der zu schützenden Geräte zu montieren. Die ISDN-Kommunikationsleitung kann man am Gebäudeeintritt mit einem Gasableiter beschalten, und in nächster Nähe des NT oder am Übergang von der Blitzschutzzone 1 auf 2 kann für den Überspannungsschutz des NT eine Parallelschaltung „Gasableiter/ Varistor" zur Anwendung kommen.

Für viele Personen ist es nahezu unmöglich, die im konkreten Blitzeinschlagsfall auftretende elektromagnetische Störstrahlung und deren Auswirkung auf Leitungen und elektronische Geräte richtig einzuschätzen. Dieser Umstand gibt verkaufsorientierten Beratern die Möglichkeit, Schutzkonzepte so zu gestalten, dass sie den Herstellerumsatz erhöhen, obwohl der Wirkungsgrad des

7. Blitzschutzzonenkonzepte

Blitzschutzes nur sehr geringfügige Steigerungen erhält. Bei solchen Beratungen gerät der Verbraucher meist ins Hintertreffen und zahlt die Rechnung. Dabei wäre es so einfach, ein wirtschaftliches und ausgewogenes Blitzschutzzonenkonzept zu planen und kostengünstig zu realisieren, das den Verbraucher nicht nur vor den Auswirkungen eines Blitzeinschlages, sondern auch vor zu hohen Kosten schützt.

Für ein wirkungsvolles Blitzschutzzonenkonzept, bei dem auch das Preisleistungsverhältnis stimmt, reicht fast immer ein konventioneller Blitzableiter. Für den Schutz vor leitungsgebundenen

Bild 7.1.2

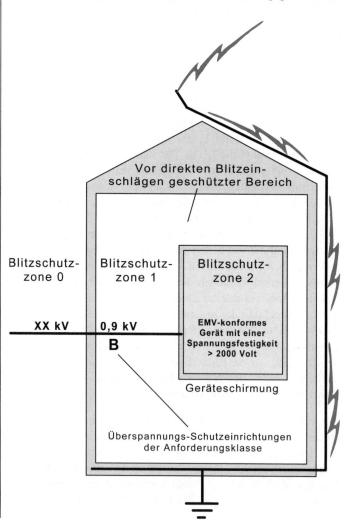

7. Blitzschutzzonenkonzepte

Stoßspannungen aus der EVU-Zuleitung sorgen Überspannungs-Schutzeinrichtungen der Anforderungsklasse B, die einen Schutzpegel < 900 Volt aufweisen. Voraussetzung dafür ist, dass die zu schützenden Geräte dem Prüfschärfegrad 3 nach VDE 0847-4-5 entsprechen bzw. eine Spannungsfestigkeit gegen symmetrische und unsymmetrische leitungsgebundene Stoßspannungen von 2.000 Volt aufweisen (Bild 7.1.2). Die Gebäude- und Raumschirmung kann vernachlässigt werden, weil EMV-konforme Geräte vor den Störstrahlungen, die ein Blitzeinschlag verursacht, ausreichend geschirmt sind.

Ein derartiger Blitzschutz verhindert zu hohe Gewinne der Blitzschutz-Hersteller und schont die Finanzen des Verbrauchers, weil nur noch zwei Blitzschutzzonenübergänge vorhanden sind. Den Übergang von der Blitzschutzschutzzone 0 auf 1 bildet der Gebäudeeintritt, an dem alle in das Gebäude eingeführten elektrischen Leitungen mit Überspannungs-Schutzeinrichtungen zu beschalten sind; den Übergang von Blitzschutzzone 1 auf 2 bildet das zu schützende EMV-gerechte Gerät (Bild 7.1.2).

8. Häufig gestellte und interessante Fragen

Schlägt der Blitz immer im höchsten Bauwerk oder an der höchsten Stelle eines Bauwerks ein?

Nein: Der Blitz kann in bauliche Anlagen, die höher als einige Dutzend Meter sind, auch in die Seitenwände einschlagen. Bei Fernmeldetürmen kommt es zum Beispiel öfters vor, dass der Blitz seitlich in den Betonturm einschlägt und Teile des Betonstahls aussprengt. Der Blitz soll zum Beispiel in die Zeltdachkonstruktion des Olympiastadions öfter einschlagen als in den 290 Meter hohen Olympiaturm (Bild 8.1.1).

Wie hoch und wie gefährlich ist die Spannung eines Blitzes?

Die Spannung eines Blitzes kann 100.000.000 V und mehr betragen, wobei die ursprüngliche Spannung unwichtig ist für die Gefahren, die von Blitzeinschlägen ausgehen. Bei einem Blitzeinschlag ist nicht die Höhe der Spannung, sondern die Höhe des Blitzstroms, die Blitzstromsteilheit und die Ladung des Blitzes maßgebend für sein Zerstörungspotential, das nicht immer gleich, sondern sehr unterschiedlich ist. (Bild 8.1.2). Dabei können wir zwischen einem Erstblitz, der mit hoher Spannung sowie geringer Stromanstiegsgeschwindigkeit auftritt, und einem Folgeblitz, der sich mit geringerer Spannung und hoher Stromanstiegsgeschwindigkeit ereignet, unterscheiden. Ein mittlerer Erstblitz erreicht nach etwa 10 µs einen Strom von etwa 30 kA, der nach etwa 300 µs abgeklungen ist. Ein mittlerer Folgeblitz erreicht bereits nach 0,3 µs seinen etwa gleich großen Strom, lässt ihn aber bereits nach 100 µs abklingen. Bei Erstblitzen ist ihre Energie, bei Folgeblitzen ihre hohe Stromanstiegsgeschwindigkeit besonders gefährlich.

Bild 8.1.1

8. Häufig gestellte und interessante Fragen

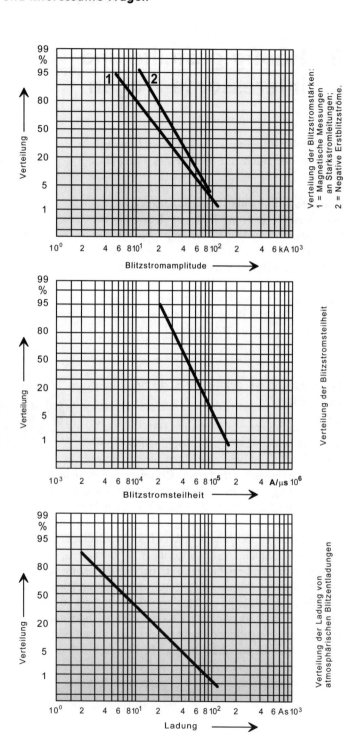

Bild 8.1.2

8. Häufig gestellte und interessante Fragen

Sind statische Aufladungen für den Menschen gefährlich?

Der menschliche Körper kann sich bei den alltäglichen Aktivitäten, wenn geringe Luftfeuchtigkeit herrscht, bis auf 35.000 V aufladen. Für Mensch und Tier ist das weniger gefährlich. Wird aber zum Beispiel ein nicht EMV-konformes elektronisches Gerät berührt, so kann die Entladung einer Person durch Berühren oder infolge eines Funkenüberschlages von der Person zu einem ungeschützten Gerät zu Speicherverlust oder zur Zerstörung von Halbleiterbauelementen führen.

Bild 8.1.3

Ist die alte Bauernregel richtig: Wenn die Schwalben tief fliegen, kommt ein Gewitter oder schlechtes Wetter zieht heran?

Schwalben sind Insektenjäger und fliegen immer dann tief, wenn sich die Insekten in Bodennähe befinden Bild 8.1.3. Bei Insekten ist das ähnlich wie bei den Flugzeugen; was für Flugzeuge das Kerosin ist, ist für die Insekten der Sauerstoff. Sie sind abhängig vom Sauerstoff, weil er für sie als Energielieferant dient.

Sie nehmen den Sauerstoff nicht über Lungen, sondern über Tracheen auf. Wenn der Luftdruck bei einem heranziehenden Gewitter fällt, lässt der Sauerstoffgehalt in den oberen Luftschichten nach, so dass nur noch in Bodennähe ausreichend viel Sauerstoff für die Insekten vorhanden ist.

Bild 8.1.4

Gibt es Hexen, die ein Gewitter herbeizaubern?

Laut evangelischer Kirche gibt es heute noch 1.000 selbst ernannte „Hexen" (Bild 8.1.4) in Deutschland. Ein Gewitter herbeizaubern können sie vermutlich nicht. Sie nutzten früher die Heilkräfte zum Beispiel von Kräutern und Gewürzen, wie Johanniskraut, Anis, Ingwer, Petersilie usw. Bei den alten Germanen wurden die Hexen geachtet und waren hoch angesehen. Sie waren meist sehr klug und als Lehrerinnen sowie als Ärztinnen tätig. Das englische Wort für Hexe, „witch" stammt von „wisdom" (= Weisheit) ab.

8. Häufig gestellte und interessante Fragen

Erst das Christentum ordnete etwa von 400 bis 1630 die Hexen dem Bösen zu, verfolgte, folterte, ertränkte und verbrannte sie.

Bild 8.1.5

Ist man während eines Gewitters unter einer Hochspannungsleitung vor Blitzschlag geschützt?

Unter einer Hochspannungsleitung (Bild 8.1.5) sind Sie sicher, weil der Blitz nicht durch die Hochspannungsseile hindurch kann, sondern in das Hochspannungs-Drahtseil einschlägt.

Zu beachten ist, dass Sie nicht zu nahe am Mast Schutz suchen, wegen des Potentialtrichters, der bei einem Blitzeinschlag in den Mast oder in die Freileitung um den Mast herum entsteht. Dieser kann dazu führen, dass eine hohe bzw. lebensgefährliche Schrittspannung am Boden abgegriffen wird. Deshalb ist die Mitte zwischen zwei Hochspannungsmasten der sicherste Ort.

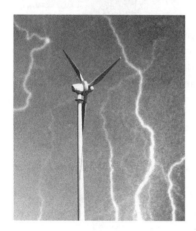

Was habe ich bei Gewitter unter einem Windkraftwerk (Bild 8.1.6) zu befürchten?

Der Blitz kann in das Windrad einschlagen, so dass das getroffene Rotorblatt oder Teile davon brennend auf Sie fallen.

Im Winter 2002 schlug zum Beispiel der Blitz in der Nähe von Vincenzenbronn in ein 70 Meter hohes Windkraftwerk ein, setzte ein Glasfaserrotorblatt in Brand, und die freiwillige Feuerwehr musste aus sicherer Entfernung zusehen, wie der 24 Meter lange Flügel lichterloh abbrannte.

Bild 8.1.6

Warum brannten so viele Bauernhöfe nach einem direkten Blitzeinschlag ab (Bild 8.1.7), obwohl sie mit einem Blitzableiter ausgerüstet waren?

Die Gründe dafür sind meist abgerostete und nicht mehr funktionsfähige Erdungsanlagen oder zu geringe Näherungsabstände

8. Häufig gestellte und interessante Fragen

von metallenen Installationen, elektrischen Leitungen und/oder elektrischen Anlageteilen, zu denen der Blitz von der Blitzableitung außen am Gebäude nach innen hin, durch das Dach oder durch die Wand durchschlägt und aufgrund seiner hohen Temperatur zum Beispiel in der Scheune gelagertes Heu entzündet.

Bild 8.1.7

Wäre der Bergsteiger nicht tödlich vom Blitz getroffen worden, wenn an seinen Schuhen (Bild 8.1.8) keine metallenen Spikes gewesen wären?

Ihn hätte mit großer Wahrscheinlichkeit auch dann der Blitz erschlagen, wenn er Schuhe mit dicken Gummisohlen getragen hätte.

Bild 8.1.8

Darf ich bei einem Gewitter telefonieren?

Mit dem Handy oder einem schnurlosen Telefon können Sie gefahrlos Telefongespräche auch während eines Gewitters führen.

Am 3. Juni 1998 telefonierte eine junge Dame im Südtiroler Ederhof. Plötzlich gab es einen gewaltigen Knall (Bild 8.1.9), und das Mädchen fiel bewusstlos zu Boden. Die Eltern alarmierten sofort das Weiße Kreuz, daraufhin kam kurze Zeit später der Rettungshubschrauber namens Pelikan mit dem Notarzt, der das Mädchen sofort wiederbelebte. Anschließend wurde sie mit Verbrennungen im Gesicht und an den Händen sowie einem „Elektroschock" ins Krankenhaus geflogen. Im Hof und auch am Telefon waren keine sichtbaren Schäden zu erkennen. Nur der Telefonapparat war defekt. Der Blitz dürfte vermutlich in der Nähe des Hofes in die Telefonleitung eingeschlagen haben, ohne sichtbare Spuren zu hinterlassen.

Bild 8.1.9

8. Häufig gestellte und interessante Fragen

Dieses Beispiel zeigt uns, dass wir außer mit drahtlosen Telefonen während eines Gewitters nicht telefonieren sollten, auch dann nicht, wenn das Telefon oder die Telefonanlage mit Überspannungsableitern ausgestattet ist. Das bestätigt ein direkter Blitzeinschlag in den Freileitungsholzmast einer Telefonleitung, die in ein Anwesen in Neumarkt/Schaffhof führte und dort die Überspannungs-Schutzeinrichtung der Telekom explosionsartig zerplatzen ließ.

Ist das Baden in Hallenbädern bei Gewitter erlaubt?

Bild 8.1.10

Erlaubt ist es schon, weil in Fußböden von Hallenbädern zumindest um den Beckenrand eine so genannte Potentialsteuerung vorhanden sein muss, die im Blitzeinschlagsfall Schrittspannungen reduziert. Allerdings ist es fraglich, ob diese Reduzierung der Schrittspannung ausreicht, um im Blitzeinschlagsfall tödliche Unfälle zu verhindern. Auf Grund der baulichen Gegebenheiten kann es in manchen Hallenbädern sogar sehr gefährlich sein, während eines Gewitters zu baden. Das Bild 8.1.10 zeigt ein Hallenbad, das ein pyramidenförmiges Blechdach besitzt. Bei einem direkten Blitzeinschlag in das Dach würde der größte Teil des Blitzstromes über die Stahlstütze fließen, die in der Mitte des Gebäudes steht und mit der Spitze des Pyramidendaches sowie mit dem Fußboden elektrisch leitend in Verbindung steht. Die Schwimmbecken sind um die Stahlstütze herum angeordnet. Bei so einer ungünstigen Konstellation sollte man bei einem Gewitter sicherheitshalber das Schwimmbecken verlassen. Gefordert wird das allerdings nicht.

Bild 8.1.11

Kann ich zu Hause bei Gewitter in meiner Wanne baden?

Selbst wenn der zusätzliche Potentialausgleich nach DIN VDE 0100 Teil 701 konsequent durchgeführt ist, sollten Sie das unterlassen. Die häufigsten tödlichen Strom-

8. Häufig gestellte und interessante Fragen

unfälle ereignen sich in der Badewanne (Bild 8.1.11), das bestätigt auch ein Artikel aus den NN (Bild 8.1.12). Bei einem Blitzeinschlag beträgt die Spannung, die Sie in der Wanne abgreifen können, nicht nur 230 V, sondern sie kann einige zehntausend Volt und mehr betragen, wenn Sie in der Badewanne sitzen zum Beispiel den Wasserhahn berühren. Aus diesem Grund sollten wir während eines Gewitters weder baden noch duschen.

Tödlicher Stromschlag

ABENSBERG (dpa) — Ein 29jähriger ist an einem Stromschlag in seiner Badewanne im niederbayerischen Abensberg (Landkreis Kelheim) gestorben. Nach Angaben der Polizei stand in dem Einfamilienhaus aus noch ungeklärten Gründen offenbar die ganze Wasserleitung unter Strom. Als der Mann die Armaturen anfaßte, erlitt er den Schlag. Er erlag im Krankenhaus seinen schweren Verletzungen.

Quelle: Nürnberger Nachrichten 6./7. Juli 1996

Bild 8.1.12

Warum ist nach einem direkten Blitzeinschlag in unsere Kirche nur immer die Glühlampe vom ewigen Licht kaputt?

Weil die Kirche einen Blitzableiter hat, der einen Brand und andere Schäden am Kirchengebäude verhindert und weil es außer dem ewigen Licht (Bild 8.1.13) keine weiteren elektrischen Einrichtungen in Ihrer Kirche gibt.

Bild 8.1.13

Wie wird mit dem Blitzkugelverfahren der Schutzraum (Blitzschutzzone 0_B) ermittelt?

Das Blitzkugelverfahren soll für die Planung von Blitzableitern angewendet werden, indem man ein maßstabsgerechtes Modell

8. Häufig gestellte und interessante Fragen

Bild 8.1.14

des zu schützenden Bauwerkes, zum Beispiel mit einem Ball, überrollt. Der Ball muss einen der gewählten Blitzschutzklasse entsprechenden Radius aufweisen, der mit dem Maßstab des Gebäudemodells übereinstimmt.

An allen Stellen, die beim Überrollen vom Ball berührt werden, sind Blitzfangleitungen erforderlich, die das Gebäude schützen und zugleich einen Schutzraum bilden. Das Bild 8.1.14 zeigt das Modell einer Kirche, die ein Blitzableiterplaner mit einem gelben Gummiball überrollt.

Alle Bereiche, die beim Überrollen nicht vom Gummiball berührt werden, gelten als Schutzräume. Von Experten werden diese Schutzräume auch Blitzschutzzone 0_B genannt. Außen am Gebäude angebrachte Leuchten, Messwertgeber usw., die sich zum Beispiel in der Blitzschutzzone 0_B befinden, sind vor direkten Blitzeinschlägen geschützt. Bereiche außerhalb der Schutzräume, in die ein direkter Blitzeinschlag möglich ist, bezeichnet man als Blitzschutzzone 0_A.

Die Enddurchschlagsstrecke, die zum Beispiel von einer Kirchturmspitze dem Leitblitzkopf entgegenwächst (Bild 8.1.15), beträgt bei dem sehr geringen Blitzstrom von nur 3.000 A, bereits 20 Meter. Das entspricht dem Radius einer Blitzkugel der Blitzschutzklasse 1; der Blitzkugelradius von 45 Metern entsprechend der Blitzschutzklasse 3 geht von einem Blitz aus, der einen Blitzstrom von 10.000 A verursacht. Auf dem Bild 8.1.16 ist der kleinere Schutzraum deutlich zu erkennen, der von einer 20

8. Häufig gestellte und interessante Fragen

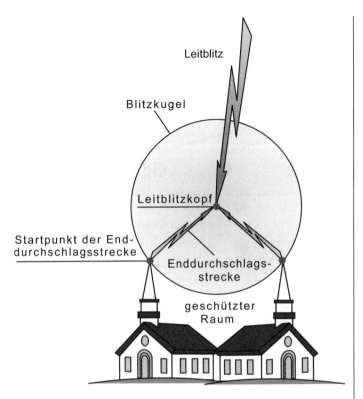

Bild 8.1.15

Meter hohen Blitzfangstange ausgeht, wenn an ihr eine Blitzkugel mit 20 Meter Radius (Blitzschutzklasse 1) anliegt. Den größeren Schutzraum bildet die Blitzkugel mit dem 45 Meter Radius, der bei geringeren Anforderungen an den Blitzschutz eines Gebäudes bzw. einer Anlage anzuwenden ist.

Darf ich während eines Gewitters alle Stecker von meinen elektrischen und elektronischen Geräten aus den Steckdosen ziehen?

Es wäre besser, wenn Sie die Stecker schon vor dem Gewitter aus den Dosen ziehen. Ein Fall ist bekannt, bei dem ein Mitarbeiter einer weltbekannten Blitzschutzfirma während eines Gewitters den Netzstecker seines Fernsehgerätes herauszog und genau in diesem Augenblick der Blitz in sein Haus einschlug, so dass er beim Herausziehen des Steckers einen heftigen Stromschlag erhielt und danach sein Dachstuhl völlig ausbrannte. Natürlich wäre

8. Häufig gestellte und interessante Fragen

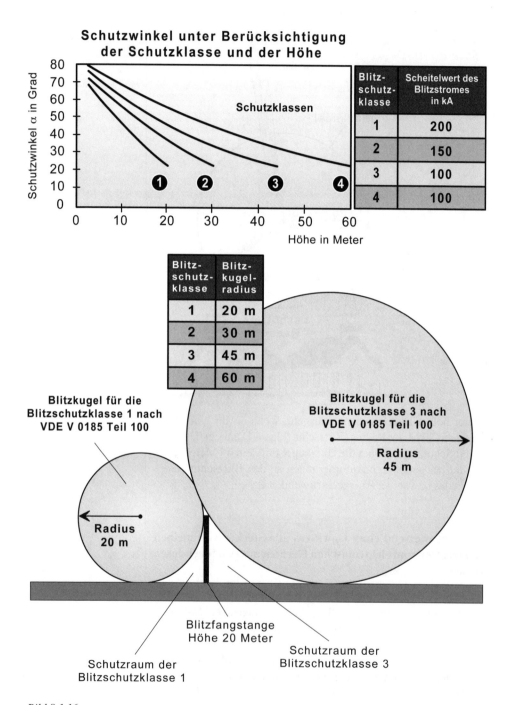

Bild 8.1.16

8. Häufig gestellte und interessante Fragen

der Dachstuhl auch dann abgebrannt, wenn er den Stecker nicht gezogen hätte, aber der „Elektroschock" wäre ihm sicher erspart geblieben.

Kann mich der Blitz erschlagen, wenn ich schlafe?

Wenn Sie zum Beispiel im Freien oder in einem Holzhaus ohne Blitzableiter schlafen, dann ja. Nur die alten Römer glaubten, dass ein Schlafender grundsätzlich vor Blitzschlägen geschützt sei, weil sie dachten, im Schlaf sei der Körper des Menschen ohne Lebensgeister, so dass der Blitz durch den Körper fahren könne, ohne ihn zu verletzen.

Warum hat der RTL-Moderator Wolfram Knos so großen Respekt vor Gewittern?

Weil er im Wonnemonat Mai auf dem Gelände einer Baumschule mit einem aufgespannten Regeschirm stand, an dem ein Blitz vorbeizuckte. Anschließend hatte der bekannte Moderator nur noch das verkohlte Gerippe des Schirms in der Hand und sah silbern leuchtende Regenbögen. Zwei Tage nach dem Ereignis verstummte das pfeifende Geräusch in seinen Ohren, aber die Angst vor Gewittern ist bis heute geblieben.

Kann ein Gewitter die Luft reinigen?

Das Gegenteil ist der Fall. Blitze verschmutzen die Luft, indem sie etwa 20 Millionen Tonnen Stickoxide pro Jahr erzeugen.

Weshalb schlug der Blitz in einen Kamin ein und nicht in die am Kamin angebrachte Blitzfangstange?

Die Blitzentladung ist ein Ereignis mit einem Frequenzspektrum, das zwischen einigen Hertz und etwa einem Megahertz liegt. Jeder Blitzableiter besitzt eine Induktivität, deren Wirkwiderstand mit höher werdender Blitzfrequenz zunimmt. Bekanntermaßen geht der Strom (auch der Blitzstoßstrom) immer den Weg des geringsten Widerstands.

8. Häufig gestellte und interessante Fragen

Für einen Blitz mit sehr hoher Frequenz kann der senkrechte Weg nach unten (Bild 8.1.17) über die Rußschicht im Kamin einen geringeren Widerstand darstellen als der Umweg über den Blitzableiter. Aus diesem Grund kann es ab und zu vorkommen, dass der Blitz eine Fangstange übersieht und daneben einschlägt.

Was ist ein Elmsfeuer?

Das Elmsfeuer ist eine elektrische, blaue Leuchterscheinung (Bild 8.1.18), die zum Beispiel an Kirchturmspitzen, Bäumen, Mastspitzen und Dachkanten entsteht. Sogar an den Händen, an den Fingern kann das Elmsfeuer aufleuchten. Der Name Elms geht vermutlich auf Erasmus, den Schutzheiligen der Seefahrer zurück, da diese Leuchterscheinung besonders oft auf hoher See beobachtet wurde. Bei gewittrigen Wetterlagen mit Potentialdifferenzen von mehr als 100.000 V pro Meter kann das Elmsfeuer entstehen und der Vorbote eines Blitzeinschlages sein. Wenn man ein Elmsfeuer in der Nähe sieht, besteht höchste Gefahr. Die Entstehung eines Elmsfeuers bzw. einer Blitzentladung kann sich auch dadurch zeigen, dass einem die Haare zu Berge stehen. In diesem Fall ist der Ort sofort zu verlassen, da ein Blitzschlag unmittelbar bevorstehen kann. In der Hochspannungstechnik wird das Elmsfeuer Büschelentladung genannt. Die büschelförmige Erscheinung kann in der Natur eine Länge von 50 cm erreichen und zwei bis drei Minuten andauern.

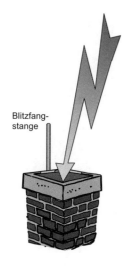

Bild 8.1.17

Bild 8.1.18

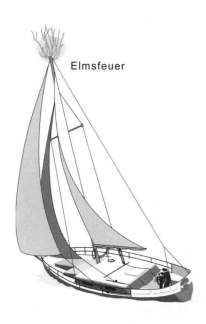

Kann mich ein Schutzengel (Bild 8.1.19) vor den Gefahren eines Gewitters beschützen?

Warum nicht: Nichts ist unmöglich. Darüber hinaus hilft natürlich auch die Versicherungskammer, die im Rahmen einer Wohngebäudeversicherung alle Schäden erstattet, die an einem gut versicherten Eigenheim durch Blitzeinschläge entstehen können. Das ist so sicher wie das Amen in der Kirche. Weitere Informationen erhalten Sie unter:

www.bvk.de

8. Häufig gestellte und interessante Fragen

Bild 8.1.19

Warum sind verseilte Adernleitungen so sicher gegen Störeinstrahlungen?

Durch die Verseilung entsteht eine Symmetrisierung, die induktiv eingekoppelte Spannungen zwischen den Nachbarschlaufen kompensiert. Die kompensierende Wirkung erhöht sich mit zunehmender Leitungslänge und mit zunehmender Schlaufenzahl. Kommunikationsleitungen verfügen in der Regel über 20 bis 60 Schlaufen pro Meter (Bild 8.1.20). Energietechnische Leitungen, wie zum Beispiel die Typen NYM und NYY, besitzen keine paarweise Verseilung, sondern eine gemeinsame Verseilung von allen in der Leitung enthaltenen Adern, die vergleichbar ist mit der so genannten Sternviererverseilung von Kommunikationsleitungen. Darüber hinaus kompensieren verseilte Leitungen nicht nur eingestrahlte, sondern auch abgestrahlte Störfelder.

Bild 8.1.20

Verseilte Doppelader, DA (engl. twisted pair)

Typisch sind 20 bis 60 Schlaufen pro Meter

8. Häufig gestellte und interessante Fragen

Wie kann ich ein Gewitter erkennen, das in weiter Entfernung den Himmel zur Hölle macht und eventuell auf mich zukommt, wenn noch keine Donnergeräusche hörbar und keine Blitze sichtbar sind?

Bild 8.1.21

Sie schalten einen Rundfunkempfänger (Bild 8.1.21) auf Langwellenempfang (150 kHz bis 420 kHz). Anschließend suchen Sie eine freie Stelle, auf der sich kein Sender befindet. Wenn Sie dann in unregelmäßigen Abständen zischende und kratzende Geräusche (Spherics) hören, so ist das ein verhältnismäßig sicheres Zeichen für ein Gewitter, das zum Beispiel in über 100 km Entfernung sein Unwesen treibt. Mit Hilfe der Tuninganzeige des Rundfunkgeräts lässt sich sogar die Feldstärke der Blitze bestimmen.

Wenn nach einigen Minuten die knackenden Störgeräusche intensiver, häufiger und lauter werden, kommt das Gewitter auf Sie zu.

Wie lang ist ein Blitz?

Die durchschnittliche Länge von senkrecht verlaufenden Blitzen beträgt ca. 4 bis 6 km; die Länge von waagrechten Blitzen liegt in etwa bei 6 bis 8 km. Mit Radargeräten wurden auch schon sehr selten vorkommende, waagrechte Blitze mit einer Länge von über 100 km geortet.

Wie entsteht der Donner?

Der Blitz erreicht Temperaturen bis zu 30.000 Grad, wodurch sich die Luft entlang dem Blitzkanal erhitzt und sich blitzschnell ausdehnt. Durch die Ausdehnung entsteht eine Druckwelle, die so laute Schallwellen verursacht, dass sie in 15 bis 20 km Entfernung noch hörbar sind. Der Donner verursacht ein sehr kurzes Geräusch, wenn sich der Blitz in einer nahezu gleich bleibenden Entfernung ereignet und der Blitzkanal verhältnismäßig kurz ist. Bewegt sich aber ein sehr langer waagrecht verlaufender Blitz

8. Häufig gestellte und interessante Fragen

auf den Beobachter zu oder entfernt sich, dann kann das Donnergeräusch einige Sekunden dauern.

Für welche Blitzschäden kommt die Versicherung auf?

Schäden, die durch einen nachweisbaren direkten Blitzeinschlag verursacht wurden, zahlt die Feuer- oder Wohngebäudeversicherung. Einen Überspannungsschaden, der zum Beispiel an einer Telefonanlage infolge eines Blitzferneinschlages entstanden ist, übernimmt normalerweise die Hausratversicherung. Der zentrale Service der Telekom (Am TÜV 5 in 30519 Hannover) erstellt für 37 Euro eine Prüfbescheinigung, aus der hervorgeht, ob das geprüfte Gerät durch Überspannung zerstört wurde. Nach Vorlage der Prüfbescheinigung zahlt die Versicherung meist problemlos.

Bei jedem Gewitter löst meine Fehlerstrom-Schutzeinrichtung (FI) mehrfach aus – wie kann ich das verhindern?

Das Fehlauslösen einer Fehlerstrom-Schutzeinrichtung (Bild 8.1.22) bei Gewittern kann man nur verhindern, indem man die vorhandene Fehlerstrom-Schutzeinrichtung gegen eine neue, bis 5.000 A stoßstromfeste Fehlerstrom-Schutzeinrichtung austauschen lässt. Zu beachten ist, dass die Stoßstromfestigkeit einer Fehlerstrom-Schutzeinrichtung nicht verwechselt wird mit der Kurzschlussfestigkeit, die zum Beispiel 6.000 oder 10.000 A betragen kann.

Bild 8.1.22

Wie hoch ist die Spannung an einem Blitzableiter, wenn ich ihn während eines Blitzeinschlages mit beiden Händen berühre?

Die Induktivität von 1 µH pro Meter Blitzableiterdraht führt bei einem mittleren Erstblitz mit 45.000 A pro µs zu einem Spannungsfall von 45.000 V pro Meter. Ein Folgeblitz mit 30.000 A in 0,3 µs bewirkt sogar einen Spannungsfall von 100.000 V pro Meter Blitzableitung. Dieser Spannungsfall entspricht der Span-

8. Häufig gestellte und interessante Fragen

Bild 8.1.23

nung, die sie mit beiden Händen abgreifen können (Bild 8.1.23), wenn der Abstand zwischen den Händen einen Meter beträgt. Selbst ein Vogel mit seiner geringen Schrittweite von nur 5 cm, der während eines Blitzeinschlages auf der Fangleitung eines Blitzableiters sitzt, könnte beim zuvor genannten Folgeblitz eine Spannung von 5.000 V abgreifen, aber nur dann, wenn er den Erstschlag mit 2.250 V überlebt.

Wie stark erhitzt sich ein Blitzableiterdraht, wenn er einen Blitz ableiten muss?

Die Temperaturerhöhung ist besonders abhängig von der Höhe des Blitzstromes und dem Werkstoff, aus dem der Blitzableiterdraht besteht. Blitzableiterdrähte aus Aluminium oder Kupfer erwärmen sich nur von einigen Grad bis zu einigen zehn Grad Celsius. Ein Stahldraht kann bei sehr energiereichen Blitzen Temperaturen von wenigen hundert Grad Celsius erreichen, und ein Blitzableiterdraht aus nicht rostendem Stahl (Niro) kann so heiß werden, dass er schmilzt. Das heißt, wenn Sie, wie in Bild 8.1.25 dargestellt, einen Blitzableiterdraht aus Niro während eines Blitzeinschlages berühren, dann bereitet Ihnen nicht nur der Strom Probleme, den die hohe Spannung durch ihren Körper treibt; sie verbrennen sich zusätzlich noch die Hände.

Gibt es Blitzableiter, die einen Blitzeinschlag verhindern?

In einigen Ländern, zu denen auch Frankreich gehört, sind ionisierende Fangspitzen als Blitzschutz für Gebäude erhältlich. Die Beschaffenheit der Fangspitzen soll verhindern, dass sich innerhalb eines bestimmten Bereiches Ladungsträger aufbauen, so dass

8. Häufig gestellte und interessante Fragen

Blitze nur neben dem mit einer Fangstange geschützten Haus einschlagen können.

Wieso dringen bei einem direkten Blitzeinschlag in gebäudeintern verlegte Leitungen Überspannungen, wenn die geforderten Näherungsabstände konsequent eingehalten sind?

Durch die Einhaltung von Näherungsabständen kann man eine so genannte galvanische Kopplung verhindern (Bild 8.1.24). Bei einer galvanischen Kopplung kommt es zu unkontrollierten Überschlägen vom Blitzableiter zu den Installationen im Gebäude, wodurch hohe Blitzteilströme zum Beispiel durch elektrische Leitungen fließen, die nicht nur angeschlossene sensible Geräte beschädigen, sondern durch ihre dynamischen Kräfte selbst unter Putz verlegte Leitungen aus der Wand reißen und sie zerstören.

Bei eingehaltenen Näherungsabständen ist die galvanische Kopplung nicht möglich, zumindest dann nicht, wenn ein Blitz einschlägt, der die Norm gelesen hat. Bei einen so belesenen Blitz kommt nur noch die induktive Kopplung zum Tragen (Bild 8.1.25), die auch dann Spannungen in elektrische Leitungen einkoppeln kann, wenn sie weit von den Näherungsbereichen entfernt sind.

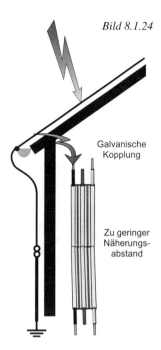

Bild 8.1.24

Bin ich während eines Gewitters in einem Auto mit geschlossener Metallkarosserie immer vor Blitzschlägen geschützt?

Ein Auto mit geschlossener Metallkarosserie bildet zwar einen Faradayschen Käfig, in den kein Blitz eindringen kann, ist aber nicht ganz so sicher wie dieser.

Zum Beispiel eilten in Sachsen zwei Männer in ihr Auto, um sich im Wagen vor Blitz und Regen zu schützen. Nur wenige Sekunden später traf der

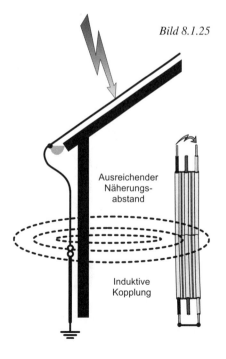

Bild 8.1.25

319

8. Häufig gestellte und interessante Fragen

Blitz den fahrbaren Untersatz, so dass die Reifen Feuer fingen (Bild 8.1.26) und anschließend das Fahrzeug ausbrannte.

Eines steht fest: Wären die Männer neben dem Fahrzeug gestanden, dann hätten sie sich nicht nur Brandverletzungen zugezogen, sondern eventuell Blitzstrom-Verletzungen mit tödlichem Ausgang erlitten.

Warum zucken in Ballungsgebieten bzw. Großstädten mehr Himmelslichter (Bild 8.1.27) als in weniger dicht bebauten Gebieten?

Bild 8.1.26

Forscher in den USA haben nachgewiesen, dass sich über Metropolen bis zu 70 % mehr Blitze abreagieren können als in den Provinzen.

Schuld für das höhere Blitzaufkommen über Großstädten sind die Hitze, die dort höher ist als auf dem Land, und die Luftverschmutzung, die für schwülere bzw. feuchtere Luft sorgen kann.

Vor allem in Städten, die Industrieunternehmen beherbergen, die viele Tonnen von Schmutzteilchen in die Atmosphäre entlassen, kann die Blitzdichte besonders hoch sein.

Bild 8.1.27

Können Meteorologen exakt vorhersagen, wo ein Gewitter entsteht?

Der beste Meteorologe kann den genauen Ort, an dem eine Wärme-Gewitterzelle entsteht, nicht vorhersagen. Die Gewitter-Vorhersagen sind vergleichbar mit einem Wassertopf, bei dem man zwar vorhersagen kann, dass sein Inhalt nach ausreichender Erhitzung zu kochen beginnt. Man kann aber nie vorhersagen, wo genau an der Wasseroberfläche die erste Blase aufsteigt. Anders ist das bei Kaltfrontgewittern, bei denen die Meteorologen beurteilen können, in welchem Gebiet die kalten und die

8. Häufig gestellte und interessante Fragen

warmen Luftmassen aufeinandertreffen. Dort, wo die Luftmassen zusammenstoßen, entstehen in der Regel die meisten Gewitter.

Treibt das Himmelsfeuer die Evolution voran?

Ja. Durch Blitzeinschläge in das Erdreich nehmen Bakterien bereitwillig fremde Gene auf; das haben französische Forscher entdeckt. Die elektromagnetischen Felder der Blitze bewirken, dass die Zellwände der Bakterien für DNS und andere Moleküle durchlässig werden, so dass die „Elektrotransformation" der himmlischen Stromgiganten dazu beitrug, viele unterschiedliche Lebensformen auf der Erde entstehen zu lassen.

Kann mein Handy durch Blitzeinwirkung zerstört werden?

Normalerweise nicht, es sei denn, das Handy wird direkt vom Blitz getroffen oder Überspannungen aus dem Akku-Ladegerät beschädigen das mobile Telefon, wenn es während eines Gewitters aufgeladen wird.

Um bei einem Blitzeinschlag, der zum Beispiel Brände verursacht und Festnetztelefone zerstört hat, mit dem Handy die Feuerwehr alarmieren zu können, ist es wichtig, dass das Funktelefon funktionsfähig bleibt. Aus diesem Grund sollte man den Akku vor einem herannahenden Gewitter aufladen und auch das Handy bereits vor den ersten Blitzen von dem Ladegerät trennen (Bild 8.1.28).

Bild 8.1.28

Wo entstehen die meisten Blitze?

Blitz und Donner treten meistens dort auf, wo es gebirgig und feuchtwarm ist. Die Karte (Bild 8.1.29) zeigt, dass die Blitze besonders gern in Zentralafrika und über Südamerika aufleuchten. Dort, wo hohe Gebirge sind, entstehen Turbulenzen, die aufsteigende Luftmassen und somit mehr Gewitter als anderswo erzeugen. Über den Weltmeeren und über großen Wüstengebieten gewittert es nur selten, weil dort die Hindernisse fehlen. Mit 50 Blitzen pro Quadratkilometer und Jahr liegt über dem Kongo das Maximum an atmosphärischen Entladungen.

8. Häufig gestellte und interessante Fragen

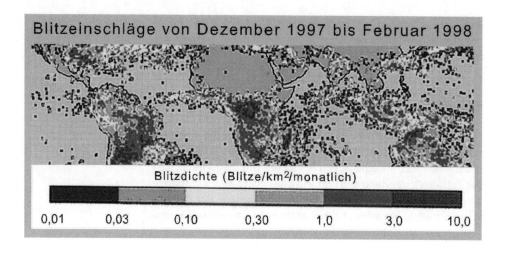

Bild 8.1.29

Wie hoch ist die Spannung, die bei einem direkten Blitzeinschlag in eine fünf Meter lange Stegleitung eingekoppelt wird?

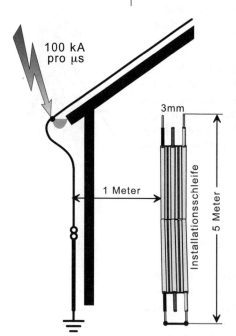

Beträgt die Blitzstromsteilheit 100.000 A pro Mikrosekunde, so können in eine 5 Meter lange Flachleitung, die in einem Meter Abstand parallel zur Ableitung des Blitzableiters verläuft, 300 V induktiv eingekoppelt werden Bild (8.1.30 und 8.1.31). Bei einer verseilten Leitung wäre bei der gleichen Beeinflussungsart die induzierte Spannung wesentlich geringer.

$$\hat{u}_s = k_{u3} \cdot l \cdot \left(\frac{di}{dt}\right)_{max}$$

$$0{,}6\,nH \cdot 5m \cdot \frac{100\,kA}{1\,\mu s} = 300\,V$$

Bild 8.1.31

Bild 8.1.30

9. Fazit

Wenn das grenzenlose Verlangen der Blitzschutz-Hersteller nach mehr Umsatz etwas gedämpft werden könnte, dann wäre in naher Zukunft für jedermann ein guter, verbraucherfreundlicher und preisgünstiger Innerer Blitzschutz möglich, der auch vor direkten Blitzeinschlägen schützt. Zur Realisierung wären nur Überspannungs-Schutzeinrichtungen der Anforderungsklasse B **„im"** Hausanschlusskasten, eine EMV-konforme Elektroinstallation (TN-S-System) und EMV-gerechte Geräte notwendig. Es wäre zum Beispiel eine preisgünstige Massenproduktion von Hausanschlusskästen mit integrierten Überspannungs-Schutzeinrichtungen der Anforderungsklasse B möglich, wenn nur gekapselte Funkenstrecken der Überspannungs-Schutzeinrichtungen ohne Gehäuse in die Hausanschlusskästen für Wohngebäude herstellerseitig montiert würden. Leider können Blitzschutz-Hersteller mit dem Verkauf von wenigeren Funkenstrecken, die ein eigenes Gehäuse benötigen, höhere Gewinne erzielen als mit der zuvor erwähnten Massenproduktion. Aus diesem Grund lässt eine verbraucher- und anwenderfreundliche Lösung für den Einsatz von Überspannungs-Schutzeinrichtungen der Anforderungsklasse B auf sich warten. Bei der Elektroinstallation von Neuanlagen und bei der Erneuerung der Elektroinstallation von bestehenden Gebäuden wurde bisher zu wenig darauf geachtet, dass nur verseilte Leitungen (z.B. NYM) zu verwenden sind, weil die Verlegung von verseilten Leitungen, störschutztechnisch betrachtet, die einzige akzeptable Lösung bietet, ohne dass hohe Mehrkosten entstehen. Der in VDE 0847 Teil 4-5 (Prüfung der Störfestigkeit gegen Stoßspannungen) in Anhang B geforderte Mindest-Störfestigkeitspegel für Geräte, die an das öffentliche Stromversorgungsnetz anschließbar sind, von 500 V zwischen den Leitungen und 1.000 V zwischen Leitung und Erde, ist sehr gering, da selbst eine gut funktionierende energetische Koordination von Überspannungs-Schutzeinrichtungen der Anforderungsklassen B bis D keinen Schutzpegel ermöglicht, der zwischen Leiter und Leiter unter 500 V liegt, und viele elektronische Geräte auf der Stromversorgungsseite eine Stoßspannungsfestigkeit aufweisen, die den zuvor genannten Mindestanforderungen entspricht, ohne dass Hersteller von elektronischen Geräten Maßnahmen für die Störfestigkeit gegen Stoßspannungen ergreifen müssen. Wünschenswert wäre die Forderung von einem Mindest-Störfestig-

9. Fazit

keitspegel, entsprechend der Installationsklasse 4 von 2.000 V zwischen den Leitern und 4.000 V zwischen Leiter und Erde. Das würde die Planung der Überspannungs-Schutzmaßnahmen auf der Stromversorgungsseite erleichtern und auch die anfallenden Kosten für Überspannungs-Schutzeinrichtungen erheblich senken, weil in den Elektroinstallationen durch die Beschaltung der EVU-Zuleitung mit Überspannungs-Schutzeinrichtungen der Anforderungsklasse B (Schutzpegel 900 V), keine weiteren Überspannungs-Schutzeinrichtungen nötig sind. Allerdings würde das den Umsatz der Blitzschutz-Hersteller deutlich reduzieren, so dass der Verbraucher vermutlich noch lange auf einen ausgewogenen und wirtschaftlichen sowie gut funktionierenden Inneren Blitzschutz für sein Wohnhaus warten muss. Dass die Produktion von elektronischen Geräten, die zum Beispiel auf der Stromversorgungsseite zwischen Leitern und Leiter sowie Erde und Leiter problemlos und ohne großen Aufwand möglich ist, zeigt das geprüfte Schaltnetzteil eines Laserdruckers der Firma NEC (siehe auch Kapitel 6.2). Ob sich die Hersteller von elektronischen Geräten an das EMV-Gesetz halten und wie sie es gegebenenfalls umsetzen, kann der Autor dieses Buches weder beurteilen noch prüfen, weil ihm das Budget von mehreren Millionen Euro fehlt, über das zum Beispiel die Stiftung Warentest verfügt. Das EMV-Gesetz steht als pdf-Datei in **www.bmwi.de** (Bundesministerium für Wirtschaft und Technologie) zum Download bereit.

Anhang

Grafische Symbole für Blitzschutzanlagen nach DIN 48 820			
·····–·····–·····–	Fundamenterder	⟋	Leitung nach oben führend
⎯⎯⎯⎯⎯	Blitzschutzleitung offen liegend	⟍	Leitung nach unten führend
– – – – – – – –	Unterirdische Leitung	G	Gaszähler
⎯⌐⎯	Leitung unter Dach	W	Wasserzähler
·····–·····–·····–	Elektrische Leitung	F	Feuergefährdete Bereiche
═══════════	Rohrleitung aus Metall	Ex	Explosionsgefährdete Bereiche
○– – – – –	Dachrinne mit Fallrohr	Spr	Explosivstoffgefähr. Bereiche
▨⎯	Betonstahl Anschluss	○○○○	Potentialausgleichs-schiene
_·_ILT_·_	Stahlkonstruktion	⊓	Überbrückung
▨▨▨▨▨	Metallabdeckung	●	Blitzfangstange
—│—│—│—│—	Schneefanggitter	⏚	Erdung
—●—	Verbindung oberirdisch	⏛	Staberder
--#----	Verbindung unterirdisch	⊕	Schutzerde
—∞—	Trennstelle	⏣	Fremdspannungs-arme Erde
—)—	Dachdurchführung	�	Masse/Gehäuse
—→ ←—	Trennfunkenstrecke	◣	Schornstein
—▷—	Überspannungsableiter	⬤	Ausdehnungsgefäß
—▨—	Blitzstromableiter	⊠	Aufzug
⊖	Gasentladungs-Ableiter	⊸	Dachständer
⊕	Gasentladungs-Ableiter (symmetrisch)	⊤	Antenne
—‖—	Gleitfunkenstrecke	⊙	Fahnenstange

Anhang

Blitzschutz für ein Wohnhaus

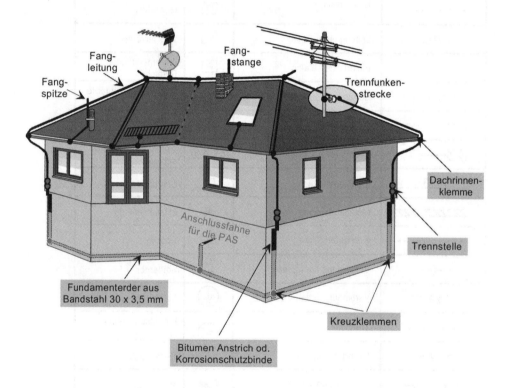

Planzeichnung der Äußeren Blitzschutzanlage

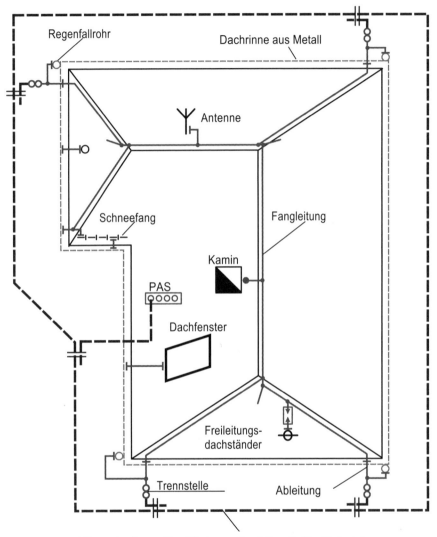

Ringerder bzw. Oberflächenerder 0,5 m tief im Erdreich

Projekt: Blitzschutzanlage für ein Wohnhaus Bauherr: Schmidtmeier			Blitz Profi GmbH Wälderstraße 25 92318 Mustermarkt Tel: 4711
M 1 : 100	Projektnummer: 1024	Datum: 23.09.98	

Anhang

Blitzschutznormen

VDE 0185 Teil 1 / 1982-11
Blitzschutzanlage
Allgemeines für das Errichten
Norm-Nr: DIN 57185-1
VDE-Klass.: VDE 0185 Teil 1

VDE 0185 Teil 10 / 1999-02
Normentwurf
Blitzschutz baulicher Anlagen
Allgemeine Grundsätze
Norm-Nr: DIN IEC 81/122/CD
VDE-Klass.: E VDE 0185 Teil 10

Vornorm VDE V 0185 Teil 100 / 1996-08
Blitzschutz baulicher Anlagen
Allgemeine Grundsätze
Norm-Nr: Vornorm DIN V ENV 61024-1
VDE-Klass: Vornorm VDE V 0185 Teil 100

VDE 0185 Teil 101:1998-11
Normentwurf
Abschätzung des Schadensrisikos infolge Blitzschlags
Norm-Nr: DIN IEC 61662
VDE-Klass.: E VDE 0185 Teil 101

VDE 0185 Teil 102:1999-02
Normentwurf
Blitzschutz baulicher Anlagen
Allgemeine Grundsätze – Anwendungsrichtlinie B:
Planung, Errichtung, Instandhaltung und Überprüfung
von Blitzschutzsystemen
Norm-Nr: DIN IEC 61024-1-2
VDE-Klass.: E VDE 0185 Teil 102

VDE 0185 Teil 103:1997-09
Schutz gegen elektromagnetischen Blitzimpuls
Allgemeine Grundsätze
Norm-Nr: DIN VDE 0185-103
VDE-Klass.: VDE 0185 Teil 103

Blitzschutznormen

VDE 0185 Teil 104:1998-09
Normentwurf
Schutz gegen elektromagnetischen Blitzimpuls (LEMP)
Schirmung von baulichen Anlagen, Potentialausgleich innerhalb baulicher Anlagen und Erdung
Norm-Nr: DIN IEC 81/105A/CDV
VDE-Klass.:   E VDE 0185 Teil 104

VDE 0185 Teil 105:1998-04
Normentwurf
Schutz gegen elektromagnetischen Blitzimpuls
Schutz für bestehende Gebäude
Norm-Nr: DIN IEC 81/106/CDV
VDE-Klass.:   E VDE 0185 Teil 105

VDE 0185 Teil 106:1999-04
Normentwurf
Schutz gegen elektromagnetischen Blitzimpuls (LEMP)
Anforderungen an Störschutzgeräte (SPDs)
Norm-Nr: DIN IEC 81/120/CDV
VDE-Klass.:   E VDE 0185 Teil 106

VDE 0185 Teil 106/A1:1999-04
Normentwurf
Schutz gegen elektromagnetischen Blitzimpuls (LEMP)
Anforderungen an Störschutzgeräte (SPDs) –
Koordination von SPDs in bestehenden Gebäuden
Norm-Nr: DIN IEC 81/121/CD
VDE-Klass.:   E VDE 0185 Teil 106/A1

VDE 0185 Teil 107:1999-01
Normentwurf
Prüfparameter zur Simulation von Blitzwirkungen an Komponenten des Blitzschutzsystems
Norm-Nr: DIN IEC 81/114/CD
VDE-Klass.:   E VDE 0185 Teil 107

Vornorm VDE V 0185 Teil 110:1997-01
Blitzschutzsysteme
Leitfaden zur Prüfung von Blitzschutzsystemen
Norm-Nr: Vornorm DIN V VDEV 0185-110
VDE-Klass.:   Vornorm VDE V 0185 Teil 110

Anhang

VDE 0185 Teil 2:1982-11
Blitzschutzanlage
Errichten besonderer Anlagen
Norm-Nr: DIN 57185-2
VDE-Klass.: VDE 0185 Teil 2

VDE 0185 Teil 201:2000-04
Blitzschutzbauteile
Anforderungen für Verbindungsbauteile
Norm-Nr: DIN EN 50164-1
VDE-Klass.: VDE 0185 Teil 201

VDE 0185 Teil 312-5:2001-04
Schutz gegen elektromagnetischen Blitzimpuls
Anwendungsrichtlinie
Norm-Nr: DIN IEC 61312-5
VDE-Klass.: E VDE 0185 Teil 312-5

Herstelleradressen

Folgende Liste erhebt keinen Anspruch auf Vollständigkeit!

Erdung, Potientialausgleich, Blitz- und Überspannungsschutz

Erdungsmaterial:

- AMP Deutschland GmbH, Amperestr. 7–11, D-63225 Langen

- Erico GmbH, D-66851 Schwanenmühle, Tel. 06307/918-10

- Framatome Connectors Deutschland GmbH

- Hauff Technik GmbH & Co. KG, In den Stegwiesen 18, D-89542 Herbrechtingen

- Kleinhuis, Hermann GmbH & Co. KG, An der Steinert 1, D-58507 Lüdenscheid

- OBO Bettermann GmbH & Co., Hüingser Ring 52, D-58710 Menden

- Pröbster, J. GmbH, D-92318 Neumarkt

- Schroff GmbH, Langenalberstr. 96–100, D-75334 Straubenhardt

- UGA Sicherheits-Systeme GmbH & Co. KG, Gartenstr. 28, D-89547 Gerstetten

- Werit Kunststoffwerke W. Schneider GmbH & Co, Kölner Str., D-57610 Altenkirchen

Potientialausgleich:

- Busch-Jaeger Elektro GmbH, Postfach 1280, D-58513 Lüdenscheid

- Kleinhuis, Hermann GmbH & Co. KG, An der Steinert 1, D-58507 Lüdenscheid

- murrplastik Systemtechnik GmbH, Fabrikstr. 10, D-71570 Oppenweiler

Anhang

- OBO Bettermann GmbH & Co, Hüingser Ring 52, D-58710 Menden

- Phoenix Contact GmbH, D-32825 Blomberg

- Pröbster, J. GmbH, D-92318 Neumarkt

- Rittal-Werk, Rudolf Loh GmbH, Auf dem Stützelberg, D-35745 Herborn

- Werit Kunststoffwerke W. Schneider GmbH, Kölner Str., D-57610 Altenkirchen

Äußerer Blitzschutz:

- Kleinhuis, Hermann GmbH, An der Steinert 1, D-58507 Lüdenscheid

- OBO Bettermann GmbH, Hüingser Ring 52, D-58710 Menden

- Pröbster, J. GmbH, D-92318 Neumarkt

Innerer Blitzschutz:

- Alarmcom Leutron GmbH, Bereich Überspannungsschutz, Humboldtstr. 30, D-70771 Leinfelden-Echterdingen

- Felten & Guilleaume Energietechnik AG, Schanzenstr. 24, D-51063 Köln

- Kleinhuis, Hermann GmbH, An der Steinert 1, D-58507 Lüdenscheid

- OBO Bettermann GmbH, Hüingser Ring 52, D-58710 Menden

- Phoenix Contact GmbH, D-32825 Blomberg

- Popp GmbH, Kulmbacher Str. 27, D-95460 Bad Berneck

- Pröbster, J. GmbH, D-92318 Neumarkt

- Weidmüller GmbH, An der Talle 89, D-33102 Paderborn

Herstelleradressen

Netzschutz:

- Alarmcom Leutron GmbH, Bereich Überspannungsschutz, Humboldtstr. 30, D-70771 Leinfelden-Echterdingen

- Kleinhuis, Hermann GmbH, An der Steinert 1, D-58507 Lüdenscheid

- OBO Bettermann GmbH, Hüingser Ring 52, D-58710 Menden

- Phoenix Contact GmbH, D-32825 Blomberg

- Pröbster, J. GmbH, D-92318 Neumarkt

- Wago Kontakttechnik GmbH, Hansastr. 27, D-32423 Minden

Geräteschutz:

- Alarmcom Leutron GmbH, Bereich Überspannungsschutz, Humboldtstr. 30, D-70771 Leinfelden-Echterdingen

- GB Electronic, Egelseestr. 16, D-86949 Windach

- Kleinhuis, Hermann GmbH, An der Steinert 1, D-58507 Lüdenscheid

- OBO Bettermann GmbH, Hüingser Ring 52, D-58710 Menden

- Phoenix Contact GmbH, D-32825 Blomberg

- Pröbster, J. GmbH, D-92318 Neumarkt

- Rutenbeck, Wilhelm GmbH, Niederworth 1–10, D-58579 Schalksmühle

- Schroff GmbH, Langenalberstr. 96–100, D-75334 Straubenhardt

Abschirmungen:

- bst – Brandschutztechnik Döpfl GmbH, Albert-Schweizer-Gasse 6c, A-1140 Wien

- GB Electronic, Egelseestr. 16, D-86949 Windach

Anhang

- Hummel Elektrotechnik GmbH, Merklinstr. 34, D-79183 Waldkirch
- Pröbster, J. GmbH, 92318 Neumarkt
- Rittal-Werk, Rudolf Loh GmbH, Auf dem Stützelberg, D-35745 Herborn
- Schroff GmbH, Langenalberstr. 96–100, D-75334 Strauben-hardt
- Wago Kontakttechnik GmbH, Hansastr. 27, D-32423 Minden
- Weidmüller GmbH, An der Talle 89, D-33102 Paderborn

Materialien und Ausrüstungen zum Schutz gegen elektrostatische Aufladungen

- Pröbster, J. GmbH, D-92318 Neumarkt
- Rittal-Werk, Rudolf Loh GmbH, Auf dem Stützelberg, D-35745 Herborn

Funkenstörfilter:

- Phoenix Contact GmbH, D-32825 Blomberg
- Popp GmbH, Kulmbacherstr. 27, D-95460 Bad Berneck
- Pröbster, J. GmbH, D-92318 Neumarkt
- Tesch GmbH, Gräfratherstr. 124, D-42329 Wuppertal

Erdungsmessgeräte:

- Chauvin, Arnoux GmbH, Straßburger Str. 34, D-77694 Kehl
- GMC-Instruments Deutschland GmbH, Thomas-Mann-Str. 16–20, D-90471 Nürnberg
- LEM Instruments GmbH, Marienbergstr. 80, D-90411 Nürnberg

Herstelleradressen

USV-Anlagen:

- Advanced Power Systems eK, Bayreuther Straße 6, D-91301 Forchheim

- AKI Power Systems, D-64354 Reinheim

- Aros Vertriebs GmbH, Angerbrunnenstraße 12, D-85356 Freising

- Gertek Stromversorgungen GmbH, D-90592 Schwarzenbruck

- KW Control Systems GmbH, Otto-von-Guericke-Straße 1, D-38122 Braunschweig

- MAGPULS Stromversorgungs Systeme GmbH, Im Unterfeld 19, D-76547 Sinzheim

- MGE USV-Systeme GmbH, D-41468 Neuss

- Powerbox GmbH, Summerside Avenue C207, D-77836 Rheinmünster

- R&P ELEKTRONIK USV-ANLAGEN GmbH, Delvenauweg 6, D-23879 Mölln

- Sicon-Socomec Energietechnik GmbH, Heppenheimer Straße 57, D-68309 Mannheim

- Siemens AG SPLS IT Distribution, Werner-von-Siemens-Straße 6, D-86159 Augsburg

- SRB Industrieelectronic GmbH, Sunnerwiesen 6, D-76863 Herxheim

- STRÜVER, AD, KG (GmbH & Co), Niendorfer Weg 11, D-22453 Hamburg

- U.T.E. Electronic GmbH & Co KG, D-58454 Witten

- AEG SVS Power Supply Systems GmbH, D-59581 Warstein

- APC Deutschland GmbH, D-40764 Langenfeld

- Best Power Technology (Germany) GmbH, D-91058 Erlangen

Anhang

- Errepi unterbrechungsfreie Stromversorgungen GmbH, D-82290 Landsberied
- Schorisch Energy GmbH, D-21465 Reinbek
- Telem Telekommunikations-Entwicklung und -Marketing GmbH, D-58455 Witten

Internet-Adressen

www.conrad.de

Conrad Electronic bietet eine faszinierende Entdeckungsreise durch die Welt der Elektrotechnik und Elektronik. Hier finden Sie viele technische Neuigkeiten mit interessanten Ideen und Möglichkeiten. Mit der neuen und erweiterten Navigation durch das große Sortiment ist es jetzt noch leichter, das Richtige aus einer Vielfalt von qualitativ hochwertigen und preisgünstigen Produkten auszuwählen. Unter **www.conrad.de** finden Sie das gesamte Onlinesortiment mit 50.000 Artikeln. Dazu erhalten Sie per Internet immer die aktuellsten Angebote. Die Inhalte werden ständig aktualisiert, reinklicken lohnt sich also immer wieder. Ganz gleich, ob Sie nun bei Conrad im Versand, per Internet oder in den Filialen einkaufen. Sie werden auch in puncto Blitz- und Überspannungsschutz bei Conrad immer gut bedient und beraten.

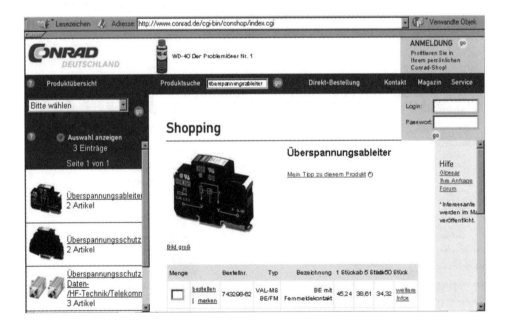

Anhang

www.phoenixcontact.com

PHÖNIX CONTACT zählt zu den führenden Herstellern folgender Produktlinien:

- Reihenklemmen,
- Industriesteckverbinder,
- Leiterplattenanschlusstechnik,
- Automation,
- Interfacetechnik,
- Überspannungsschutz.

Die Gesamtinvestitionen am Standort Blomberg von ca. 60 Mio. DM im Jahre 2000 kommen im Wesentlichen einer Verbesserung der Logistik und dem Ausbau von Serviceleistungen zugute. Die breite Produktpalette mit mehr als 20.000 Artikeln deckt weite Bereiche der Elektrotechnik ab. Mit der Produktreihe **TRABTECH** bietet PHOENIX CONTACT den kompletten Überspannungsschutz von der Stromversorgung über die Mess-, Steuer- und Regeltechnik, Telekommunikations- und Datennetzen, bis hin zum Schutz für Sende- und Empfangsanlagen.

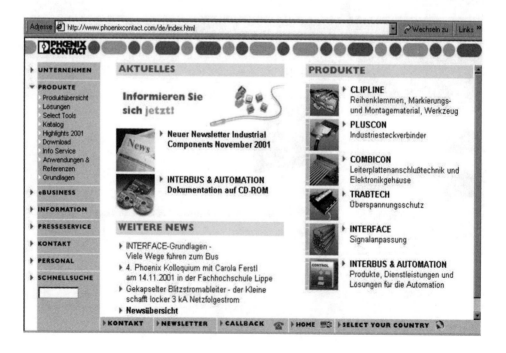

Internet-Adressen

www.bluewater.de

Bluewater bietet ein reichhaltiges Angebot an Informationen für Seeleute und solche, die es werden wollen. Neben umfangreichen Berichten über Segeltouren und der dafür erforderlichen Funktechnik bis hin zur Bordmedizin ist alles Wichtige drin. Darüber hinaus wird auch das Thema Blitz- und Überspannungsschutz für Yachten in den folgenden Seiten berücksichtigt:

www.bluewater.de/blitzschlag.htm

www.bluewater.de/blitzschutz.htm

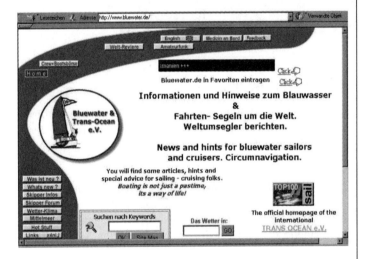

www.wetteronline.de

WetterOnline wird mit weit über 30 Millionen Seitenaufrufen (IVW) häufiger als jedes andere Wetterangebot im deutschsprachigen Raum genutzt. Damit hat WetterOnline seine Marktführerschaft im Internet weiter ausgebaut. Der Grund für die Beliebtheit des Anbieters von meteorologischen Dienstleistungen ist die Art und Weise, wie die Daten zum weltweiten Wettergeschehen aufbereitet und dargestellt werden. Wem zum Beispiel das mitteleuropäische Novemberwetter zu viele Gewitter enthält, der kann sich schnell einen Ort suchen, der zu dieser Zeit von Blitz und Donner verschont bleibt (siehe Bild).

Anhang

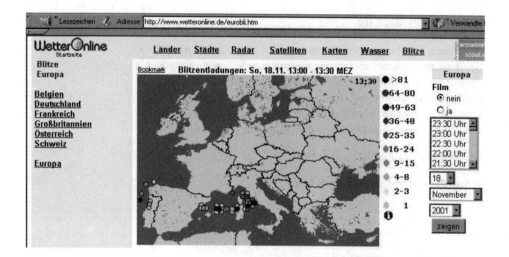

www.proepster.de

Die 30-jährige Erfahrung des Firmengründers Johann Pröpster sen. in Konstruktion, Entwicklung und Fertigung für die Bereiche der Blitzschutztechnik sind Grundlage des erfolgreichen Unternehmens.

Nach dem Motto *mit Sicherheit immer eine Idee voraus* fertigt die Firma Pröpster seit 15 Jahren Blitzschutz-Bauteile, die sich inzwischen weltweit bewährt haben. Durch die multifunktionalen Bauteile, die Pröpster für die Errichtung von Äußeren Blitz-

schutzanlagen herstellt, ist es heute möglich, mit nur wenigen Komponenten eine ordnungsgemäße Blitzschutz-Anlage aufzubauen. Als erfahrene Praktiker optimieren Pröpster junior und senior ständig ihre Blitzschutz-Produktpalette. Die Fertigung von Sonderbauteilen nach Kundenwunsch (auch in Kleinserien) ist bei dieser Firma eine Selbstverständlichkeit.

www.bettermann.de

OBO Bettermann ist ein Hersteller, der eine ganze Bandbreite von Produkten der Elektroinstallationstechnik vertritt und aus einer Hand Konzepte für komplexe Gebäudesystemtechniken anbietet.

In allen Erdteilen werden die Produkte dieser Firma eingesetzt. Für OBO ist es gelebte Realität, in Zusammenarbeit mit Planern und Elektroinstallateuren an ehrgeizigen Projekten zu arbeiten.

Individuelle Planungen, die nach spezifischen Lösungen verlangen, stellen immer wieder neue Herausforderungen für dieses Unternehmen dar. Neben der Herstellung von Verbindungs-, Befestigungs-, Kabeltrag-, Brandschutz-, Leitungsführungs- und Unterflur-Systemen ist OBO Bettermann auch einer der größten Hersteller von Produkten bzw. Systemen für den Äußeren und Inneren Blitzschutz.

Anhang

www.citel.de

CITEL bietet neben einer reichhaltigen Auswahl an Überspannungsschutzprodukten auch ein umfangreiches Angebot an USV-Anlagen (Unterbrechungsfreie Stromversorgungen); eine sachkundige sowie fachkompetente Beratung ist bei der Firma Citel selbstverständlich.

Citel USV-Serie Powerware

Serie Powerware	Produkt-Name
Serie 3	Powerware 3115
Serie 5	Powerware 5115
	Powerware 5119 (1000-3000VA)
	Powerware 5140 (6.000VA)
Serie 9	Powerware 9110 (700-6000VA)
	Powerware 9150 (8-15kVA)
	Powerware 9305 (7.5-45kVA)
	Powerware 9315 (40-625kVA)

Internet-Adressen

Die Citel USV-Anlagen schützen gegen:
- Stromausfall
- Spannungseinbrüche
- Stromstöße
- Unterspannung
- Überspannung
- Schaltspitzen
- Störspannungen
- Frequenzabweichungen
- Harmonische Oberwellen

www.leutron.de

Die Firma Leutron ist ein Hersteller von Blitz und Überspannungsschutzgeräten, der im Internet für jedes seiner Produkte den Preis angibt und ein Datenblatt im PDF-Format bereitstellt.

www.kleinhuis.de

Kleinhuis ist ein bedeutender Hersteller von Produkten für die Elektroinstallation. Unter anderem werden bei dieser Firma wertvolle Produkte für Erdung, Blitz- und Überspannungsschutz produziert.

Zu den Grundprinzipien von Kleinhuis gehört nicht nur eine hochwertige Produktpolitik, sondern auch eine partnerschaftliche Vertriebspolitik. Deshalb praktiziert Kleinhuis mit seinen Vertre-

Anhang

tungen in ganz Europa den 3-stufigen Fachvertrieb und bedient das Elektrohandwerk und die Industrie über den beratungsstarken Großhandel in Ihrer direkten Nähe.

www.bodo-kroll.de/stories/blitz.htm

Seltsame und mystische Geschichte eines Degenfechters, der auf seiner Kawasaki vom Blitz getroffen wurde und danach in ein paralleles Universum gelangte.

Internet-Adressen

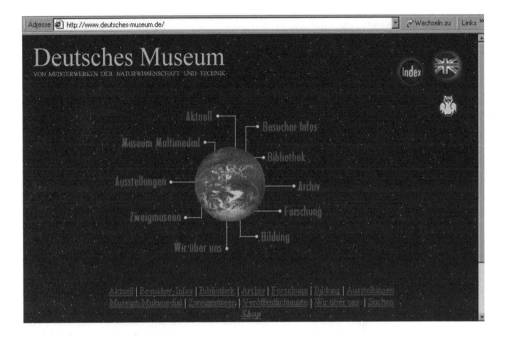

www.deutsches-museum.de

Das Deutsche Museum zeigt Experimente mit Wechselspannung bis zu 300.000 Volt und mit Wechselströmen bis zu 1.000 Ampere und solche mit impulsartigen Spannungen, die Blitzeinschläge simulieren und ihren Höchstwert von 800.000 Volt in zwei millionstel Sekunden erreichen. Damit wird mittels Haus- und Kirchturmmodellen die Wirksamkeit unterschiedlicher Erdungsmaßnahmen beim Blitzeinschlag simuliert, so wie es Benjamin Franklin 1750 vorgeschlagen hatte.

http://www.deutsches-museum.de/ausstell/dauer/starkst/strom3.htm#spannung

Photos aus der Hochspannungsvorführung:

Anhang

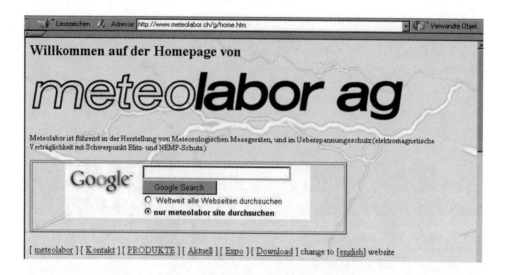

www.meteolabor.ch

Die Schweizer Firma Meteolabor ist ein führender Hersteller von meteorologischen Messgeräten und Einrichtungen für den Überspannungsschutz und der EMV mit Schwerpunkt Blitz- und NEMP-Schutz.

www.b-s-technic.de

Die Firma B-S ist Hersteller von Materialien, die für die Errichtung eines Äußeren Blitzschutzes wichtig sind. Dieses Unternehmen ist so innovativ, dass sich der Bau und die Gestaltung von Blitzschutzanlagen nachhaltig verändert. Infolgedessen führt es

zu zahlreichen Nachahmungen, auch durch die Marktführer. Zu erwähnen sind hier die Einführung von Edelstahl und die darauf folgende Verdrängung verzinkter Dachleitungsträger sowie diverser Schnapphalter aus hochwertigem Nylon und Edelstählen. Gegenwärtig ist B-S als kleines mittelständisches Unternehmen mit jährlich steigenden Umsätzen auf Erfolgskurs. Die Zukunft sichert dieses Unternehmen durch Kundenzufriedenheit, die es durch hohe Qualität, schnelle Lieferungen und günstige Preise erreicht, sowie durch ständige Erweiterung und Verbesserung der Produktpalette.

www.vdb.blitzschutz.com

Der VDB (**V**erband **D**eutscher **B**litzschutzfirmen) Blitzschutz verfolgt mit seinen Absichten die Förderung qualitativ hochwertiger Arbeit, die Entwicklung richtungsweisender Standards und die stete Anpassung des Blitzschutzes an den technischen Fortschritt. Weiterhin stellt der VDB grundlegendes Informationsmaterial und verschiedene VDB-Werbeträger bereit. Diese werden in den VDB-Internetseiten aufgeführt.

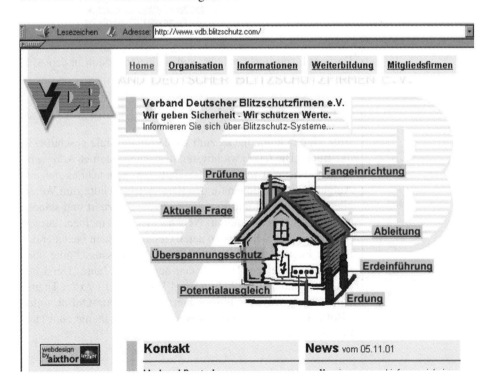

Anhang

www.aixthor.com

Aix Thor bietet Software-Lösungen für die Berechnungen zum Blitzschutz an:

Blitzschutzklassenberechnung nach DIN V ENV 61024-1 und die neue Aix-Thor-Software zur IEC 61662.

Darüber hinaus steht eine kostenlose Demoversion in den Aix-Thor-Internetseiten zum Herunterladen bereit.

www.blitzschutz.de

Blitzschutz-Online hat es zum wiederholten Male geschafft, in das Buch „Die 6.000 wichtigsten deutschen Internet-Adressen" aufgenommen zu werden. Blitzschutz Online macht es sich zur Aufgabe, Informationen für den Bereich Blitzschutz zum Vorteil aller Interessierten und Beteiligten optimal sortiert und ständig aktualisiert bereitzustellen. Neben einer allgemeinen, kurzen Abhandlung über Blitze und deren Gefahren finden Sie unter der Rubrik Fundstücke auch interessante Zeitungsausschnitte über die spektakulärsten Blitzschäden der letzten Jahre. Der Link „Infos" beinhaltet Artikel und viel Wissenswertes zum Thema Blitzschutz. Darüber hinaus bietet Blitzschutz-Online unter **„Hotlinks"** folgende Top-Adressen im Netz, nicht nur zum Thema Blitzschutz:

Internet-Adressen

- BLDN – Blitzortung in den BeNeLux-Ländern
- BLIDS – der Blitz-Informations-Dienst von Siemens
- VdS-Schadenverhütung
- VDE-Ausschuss Blitzschutz und Blitzforschung
- Infos zum Thema Gewitter
- Themen rund ums Dach
- Lexikon zur Sach-/Feuerversicherung
- Baulexikon – Wissenswertes von A bis Z

Anhang

www.chauvin-arnoux.de

Chauvin-Arnoux ist ein führender Hersteller von Mess- und Prüfgeräten.

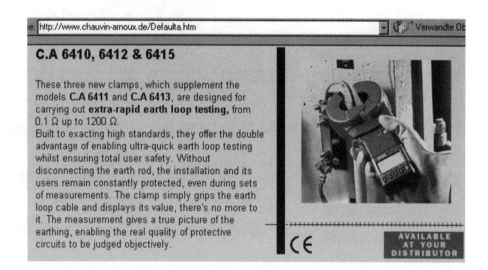

www.vds.de

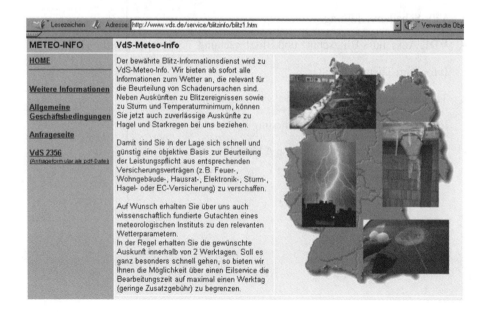

Internet-Adressen

www.baumarkt.de

www.baumarkt.de/b_markt/fr_info/gewitter.htm

Dieser Online-Dienst wendet sich an alle, die bauen, ausbauen, anbauen, sanieren und renovieren. Durch eine sehr einfache Menüführung oder über die Suchmaschine werden Sie zu Produkten, Herstellern und Handelsunternehmen geführt.

Baumarkt.de deckt den ganzen Baumarkt ab – vom Keller bis zum Dach – und bietet darüber hinaus eine Menge an Informationen zum Thema Blitz und Donner.

dach-info.de

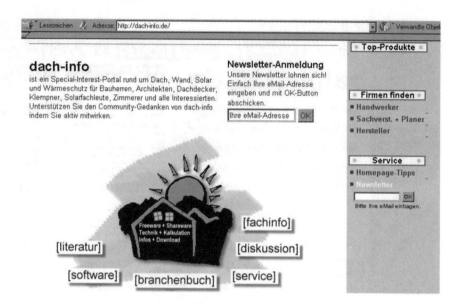

Dach-Info bietet viele Informationen rund ums Dach sowie den Software-Download für mehrere PC-Programme, zu denen zum Beispiel auch ein Freeware Programm gehört, das die Windlastberechnung für auf dem Dach montierte Solarmodule ermöglicht.

home.t-online.de/home/NDickmeis/blitz.htm

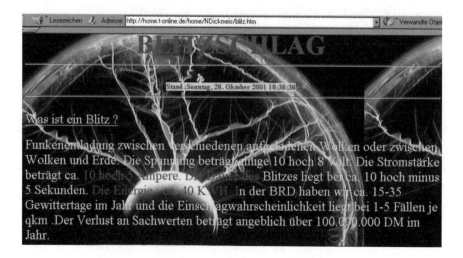

Ein sehr schön gemachtes Lexikon, das sich für den Hausgebrauch gut eignet. Die Schwerpunkte des Lexikons liegen in den Bereichen: Wirtschaft, Recht, Wissenschaft, Versicherungswesen, Technik, Biologie, Physik, Chemie und Astronomie. Weiterhin befindet sich in diesem Online-Lexikon auch viel Wissenswertes zum Thema Blitzschlag und Gewitter.

www.vde.de

Der VDE (Verband der Elektrotechnik, Elektronik und Informationstechnik, ihrer Wissenschaften und der darauf aufbauenden Technologien und Anwendungen) ist einer der größten technisch-wissenschaftlichen Verbände Europas. Der VDE ist das Dach für spezialisierte Fachgesellschaften und Ausschüsse, Träger des VDE-Verlags, der DKE, der nationalen Organisation für die Erarbeitung von Normen und Sicherheitsbestimmungen auf allen Gebieten der Elektro- und Informationstechnik und Repräsentant auf internationalen Ebenen.

Abraham Lincoln, 16. Präsident der USA, sagte:

„Ausführungsbestimmungen sind Erklärungen zu den Erklärungen, mit denen man eine Erklärung erklärt."

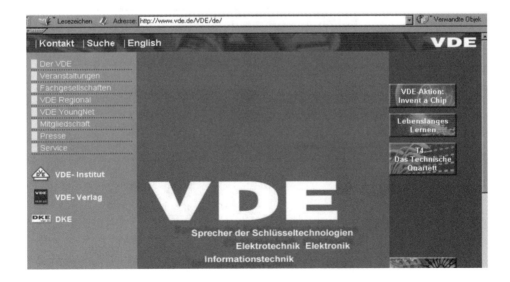

Anhang

www.din.de

Das DIN Deutsches Institut für Normung ist ein technisch-wissenschaftlicher Verein und bildet gemeinsam mit seinen Tochtergesellschaften die DIN-Gruppe. Die DIN-Gruppe in ihrer Gesamtheit ist ein modernes Dienstleistungsunternehmen zur Erstellung technischer Regeln und Förderung ihrer Anwendung. Beim DIN und dem VDE können Sie alle wichtigen Normen und Bestimmungen für den Blitz- und Überspannungsschutz käuflich erwerben.

www.nedri.de

Die Firma Nedri ist der führende Hersteller von Blitzableiterdrähten in Europa.

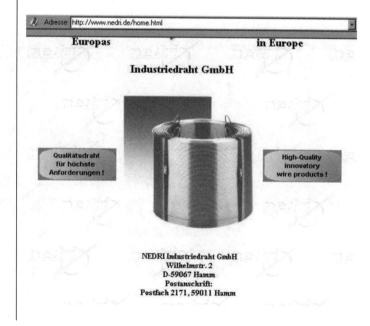

NEDRI Industriedraht GmbH
Wilhelmstr. 2
D-59067 Hamm
Postfach 2171
59011 Hamm

www.va.austriadraht.at/langproduktegruppe

VOEST-ALPINE AUSTRIA DRAHT steht für Qualität, Flexibilität, Zuverlässigkeit und Problemlösungskompetenz. Gut ist für Austria-Draht, was hilft, die Produktideen der Auftraggeber kostengünstig und bedarfsgerecht zu realisieren, und gut ist, was in der Weiterverarbeitung optimale Ergebnisse sicherstellt. Unter beiden Aspekten sind die Austria-Drahthersteller in Bruck an der Mur ganz schön auf Draht.

www.hofi.de

Hofi ist ein relativ unbekannter Hersteller von koaxialen Überspannungsschutzgeräten für die Funktechnik.

Anhang

www.raychem.de

Raychem ist ein weltweites Technologieunternehmen mit Hauptsitz in Menlo Park, Kalifornien. Dieses Unternehmen ist Marktführer auf dem Gebiet der molekular vernetzten Kunststoffe und anerkannter Entwickler einer Reihe von innovativen Technologien. Raychem-Produkte bieten zuverlässige, wirtschaftliche und umweltfreundliche Lösungen für eine Vielzahl von Anwendungen.

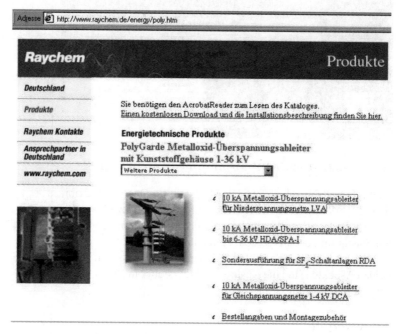

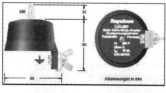

Raychem hat sich auf folgende Märkte spezialisiert: Elektrische Energieverteilung, Automobiltechnik, Computerindustrie, Medizintechnik, Wehrtechnik, Telekommunikation, Bau- und Verfahrenstechnik sowie Korrosionsschutz- und Rohrverbindungstechnik. Darüber hinaus ist Raychem ein namhafter Hersteller von Überspannungsableitern für Nieder- und Mittelspannungs-Freileitungsnetze.

Internet-Adressen

www.berlinonline.de

Quelle: Archiv Berliner Kurier

www.kopp-ag.de

Nach stetiger Entwicklung bietet Kopp die Sicherheit eines internationalen erfolgreichen Unternehmens mit rund 1.300 Mitarbeitern und sechs Werken im In- und Ausland mit modernster Technologie. Das Unternehmen Kopp stellt auch Überspannungsfilter für Fernsehgeräte her, die in fast allen Baumärkten erhältlich sind.

Anhang

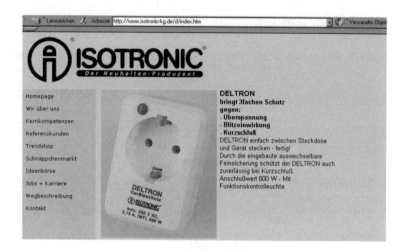

www.isotronic-kg.de

Die Firma Isotronic besitzt regionale Vertriebsagenturen im gesamten Bundesgebiet (getrennt nach Baumärkten und Lebensmittelhandel) mit geschulten Außendienstmitarbeitern und Servicekräften, starke Vertriebspartner in 15 Ländern in Europa. Der ISOTRONIC Überspannungsschutz DELTRON wurde von der Stiftung Warentest mit „gut" beurteilt und ist im Baumarkt erhältlich.

www.popp-elektro.de

Mit den drei Komponenten: Schalten, Leuchten, Verteilen hat sich das 1930 in Oberfranken gegründete Unternehmen einen Namen gemacht. Durch die erfolgreiche Verbindung von Tradition und Innovation hat sich POPP als führender Anbieter von Elektroinstallationsprodukten auf dem Markt etabliert. Mit vollautomatischen Fertigungsstraßen, mit SAP R3 zur effizienten Steuerung der ca. 3.700 Artikel sowie dem 3D-CAD-Entwicklungsprogramm Pro Engineer zählt POPP zu den innovativen Betrieben in der Bundesrepublik.

Auch der Überspannungsschutz-Zwischenstecker der Firma Popp wurde von der Stiftung Warentest mit „gut" beurteilt.

Internet-Adressen

www.helita.com

In einigen Ländern, zu denen auch Frankreich gehört, sind ionisierende Fangspitzen als Blitzschutz für Gebäude zulässig. Man unterscheidet zwei unterschiedlich wirkende Fangspitzen. Bei der einen Funktionsweise wird der Blitz von der Fangspitze angezogen und über die daran angeschlossene Leitung zerstörungsfrei ins Erdreich geleitet. Das andere Prinzip soll verhindern, dass sich innerhalb eines bestimmten Bereiches Ladungsträger aufbauen, so dass Blitze nur neben dem mit einer Fangstange geschützten Haus einschlagen können. Zu den bekanntesten Fangspitzenherstellern gehört die Firma Helita.

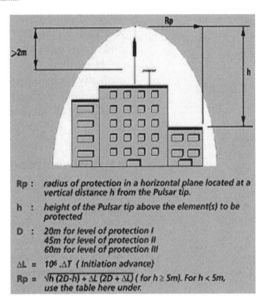

Anhang

www.spherics.de

Die Firma SPHERICS Mess- und Analysetechnik GmbH besteht seit 1993. Sie beschäftigt sich mit der Messung und Auswertung elektromagnetischer Langwellensignale atmosphärischen Ursprungs. Diese natürlichen Signale, so genannte Spherics, werden in der Auswertung bestimmten Wetterereignissen zugeordnet. Durch das Verfahren der Fa. Spherics wird eine neue Qualität zeitlicher wie auch räumlicher Präzision in der kurzfristigen Wettervorhersage erreicht. Diese sind für viele Unternehmen von hoher wirtschaftlicher Relevanz. Die dazu notwendigen Mess- und Analyseverfahren wurden im Hause Spherics entwickelt und sind weltweit patentiert. Mittlerweile ist die Entwicklung so weit fortgeschritten, dass das Unternehmen über ein Sortiment von qualitativ hochwertigen Vorhersageprodukten auf exzellenter wissenschaftlicher Grundlage verfügt, um Kunden Dienstleistungen anzubieten, die ihnen offensichtliche wirtschaftliche Vorteile bringen.

www.wlwonline.de

„Wer liefert was?" ist bekannt als Informationsanbieter für Firmen, Produkte und Dienstleistungen in Deutschland, Österreich, Schweiz, Holland, Belgien, Luxemburg, Großbritannien, Italien, Frankreich, Slowenien, Tschechien, Kroatien und der Slowakei. 1932 wurde das Nachschlagewerk „Wer liefert was?" zum ersten Mal in Leipzig herausgegeben. Im Jahr 1948 wurde der Hamburger Verlag gegründet, der seitdem die „Wer liefert was?"-Infor-

Internet-Adressen

mationen veröffentlicht. Angesichts der wachsenden Bedeutung des grenzüberschreitenden Warenverkehrs und der Möglichkeiten in Richtung Electronic Commerce, setzt der Verlag auf europaweite Expansion und technische Innovation. Unterstützt wird WLW bei der Entwicklung vom Einkaufsführer zum gesamteuropäischen Wirtschaftsinformationsdienstleister durch die Muttergesellschaft ENIRO AB.

Zum Beispiel können über **wlwonline.de** auch tschechische Hersteller ermittelt werden, die sehr preisgünstig Bauteile für den Äußeren Blitzschutz liefern.

www.dejure.org

In **dejure.org** finden Sie tagesaktuelle Gesetzestexte und mehr. Gesetze und Rechtsprechung zum europäischen, deutschen und baden-württembergischen Recht. **dejure.org** stellt eine kostenlose effiziente Umgebung für das Arbeiten mit neuen Gesetzes-

Anhang

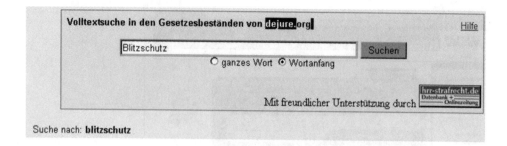

texten zur Verfügung. Die Volltextsuche in den Gesetzesbänden ermöglicht die Suche nach ganzen Wörtern oder dem Wortanfang. Zum Beispiel bringt der Suchbegriff Blitzschutz folgendes Ergebnis aus der Landesbauordnung:

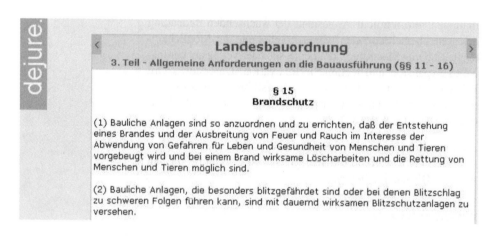

www.met.fu-berlin.de

Das Institut für Meteorologie befasst sich mit der allgemeinen Meteorologie und mit globalen Umweltveränderungen. Unter anderem enthalten die Seiten auch einen interessanten Bericht über Kugelblitze. Reinklicken lohnt sich!

Internet-Adressen

Kugelblitz ueber Neuruppin

Im Januar 1994 wurde in Neuruppin (Brandenburg/Ostprignitz) ein Kugelblitz beobachtet. Die Sensation an dieser Sache ist, dass es bis heute Wissenschaftler gibt, die die Existenz von Kugelblitzen abstreiten. Jedoch darf man nie vergessen, dass "Wissenschaftler" - so lehrt uns die Geschichte - schon viel abgestritten haben. So galt als gesichert, dass die Erde eine Scheibe ist, dass sich die Sonne um die Erde dreht oder dass der Mensch niemals fliegen wird, da der menschliche Körper eine Geschwindigkeit von mehr als 30 km/h nicht überleben kann. Wie gesagt, das waren "gesicherte" Erkenntnisse der Wissenschaft. Deshalb sollte man sich nicht treu ergeben dazu hinreissen lassen zu behaupten, es gäbe keine Kugelblitze, da irgendwelche Wissenschaftler zu ihrer PERSÖNLICHEN Schlussfolgerung gekommen sind, dass es nun einmal keine Kugelblitze gibt.

Nun wurde in Neuruppin jedoch nicht nur von Laien, sondern auch von erfahrenen und ausgebildeten Wetterbeobachtern eine solche Erscheinung gesichtet.

www.naturschau.at

Vorarlberger Naturschau

Das Naturmuseum Vorarlbergs

Die Vorarlberger Naturschau ist in Österreich das naturhistorische Museum des Bundeslandes Vorarlberg. Auf rund 2.000 Quadratmetern Ausstellungsfläche, verteilt auf drei Stockwerke, wird dem Besucher die belebte und unbelebte Vorarlberger Natur vorgestellt. Der Gründer Dr. Siegfried Fussenegger aus Dornbirn (1894–1966) sammelte in jahrzehntelanger Kleinarbeit geologisches und

Bibliothekskatalog	Heilsteine ?	Igel	Geologie auf Ansichtskarten
Vögel im Winter	Gewitter	Kugelblitz	Vorarlberger Geotopinventar
Bildschirmschoner	Ameisen	Felssturz	Orchideen	Mineralien

Anhang

biologisches Material und legte damit den maßgeblichen Grundstein für das heutige Naturmuseum. Die Internetseiten des Museums bieten viel Wissenswertes auch über Gewitter und deren Kugelblitze.

www.gmc-instruments.de

Die GMC-Gruppe ist im ihrem Vertrieb weltweit präsent. Die Vorteile aus der Globalisierung der Märkte sollen den GMC-Kunden in aller Welt zugute kommen. Das Produktionszentrum mit Fertigungsstätten in Nürnberg, Frankfurt und in Wohlen ist in der Lage, die vom Kunden gewünschten Produkte in kürzester Zeit an jeden Punkt der Welt zu liefern, um die schnelle Verfügbarkeit und Einsatzbereitschaft der hochwertigen Produkte sicherzustellen.

Zu der Produktvielfalt von GMC gehört auch das folgende moderne Erdungsmessgerät, das die Messung des Erdungswiderstandes und spezifischen Erdwiderstand ermöglicht:

◀ ▶ Erdung, Isolation, Niederohm · Prüftechnik · elektrisch · Produkte
GEOHM C (M590A)

Erdungsmessgerät, batteriebetrieben (auch für spezifische Erdwiderstandsmessungen)

Kompaktes, handliches, menuegeführtes Erdungswiderstandsmeßgerät für 3- und 4-Leitermessungen. Ständige Überwachung von Störspannungen und Hilfserder-/ und Sondenwiderstand mit Signalisierung bei Überschreitung der zul. Grenzwerte. Komplettanzeige aller notwendigen Werte auf großem Punktmatrixdisplay oder Warnung über 4 LED´s. Sehr verständliche und einfache Bedienung mittels 4 Tasten.

- Erdungswiderstandsmessung in 5 Bereichen bis 50 kW
- Spannungsmessung 10...260 V
- Frequenzmessung 46...200 Hz
- Batterie-/Akkukontrolle und Selbsttest
- Eingebauter Speicher mit IrDA-Schnittstelle
- Werkskalibrierzertifikat
- Äußerst robustes Gehäuse in 2K-Technik
- Erdungsmessgerät nach DIN VDE 0413 Teil 6

Internet-Adressen

www.stp-gateway.de/Archiv/archiv369.html

Zuckende Blitze verlieren bald ihren Schrecken. Physiker aus Jena und Berlin haben mit dem weltweit ersten mobilen Hochleistungslaser der Terawatt-Klasse im Labor erfolgreich Blitze gelenkt. Wie die Universität Jena mitteilte, konnten die Forscher in einem Hochspannungslabor der Technischen Universität Berlin künstliche Blitze auf die Bahn des Laserstrahls zwingen. Mobile Laser-Blitzableiter können eventuell in Zukunft Flughäfen, Kraftwerke usw. vor Blitzeinschlägen schützen. Für den Schutz von Wohngebäuden sind Laser wegen der hohen Kosten eher ungeeignet.

Zwischen zwei Elektroden haben die Forscher 3 Millionen Volt Spannung angelegt, die ein hochintensiver Laserstrahl zielgerichtet und kontrolliert entlädt - deshalb hat dieser künstliche Blitz eineschnurgerade Linie. (Dateigröße: 1030 kb) (Quelle: Uni Jena/FU Berlin/TU Berlin, Deutschland)

Anhang

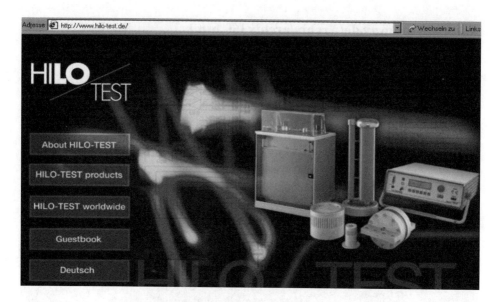

www.hilo-test.de

Seit 1978 produziert die Firma HILO-TEST den historischen Stoßstromgenerator EMC 2000 zur Prüfung von Überspannungsschutzgeräten. Das Prüfgerät erzeugt einen Stoßstrom (20 kA, 8/20 µs), mit dem Spannungen und Ströme nachgebildet werden, die als Folge von Blitzferneinschlägen entstehen. Für diesen Klassiker ist auch heute noch eine rege Nachfrage vorhanden. Darüber hinaus befindet sich im umfangreichen Angebot der Firma HILO-TEST auch ein Crowbar-Surge-Generator, der einen Stoßstrom von 20 kA mit der Wellenform 10/350 µs erzeugt, mit dem ein direkter Blitzeinschlag simuliert werden kann.

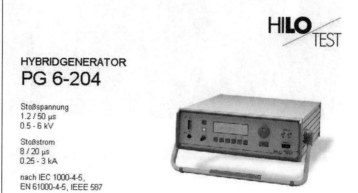

HILO TEST

HYBRIDGENERATOR
PG 6-204

Stoßspannung
1.2 / 50 µs
0.5 - 6 kV

Stoßstrom
8 / 20 µs
0.25 - 3 kA

nach IEC 1000-4-5,
EN 61000-4-5, IEEE 587

Internet-Adressen

www.tektronix.de

Tektronix ist Hersteller von hervorragenden digitalen Speicher-Oszillographen, die sich für die Messung von Überspannungen sehr gut eignen.

www.telem.de

Die Produktlinie der Firma Telem reicht vom Überspannungsschutz über die Vernetzungstechnik mit dem Schwerpunkt „Glasfaser zum Arbeitsplatz" bis zur Schulung von Netzwerk- und Systemtechnikern. Telem ist eine der wenigen Firmen, die in Deutschland Netzwerkprodukte bauen, und liefert deshalb auch Antworten aus erster Hand. Wer die Geräte, die er vertreibt, auch selber entwickelt hat, weiß, wovon er spricht.

Anhang

www.forschungsportal.net

In den Seiten von *Forschungsportal* finden Sie interessante Berichte zum Blitzschutz sowie Blitzforschung und vieles andere mehr.

www.lga.de

Die Landesgewerbeanstalt Bayern bietet Abnahmeprüfungen, regelmäßige und baubegleitende Prüfungen von Blitzschutzsystemen nach den anerkannten Regeln der Technik und bildet im Rahmen eines einwöchigen Blitzschutzseminars staatlich geprüfte Blitzableitersetzer aus.

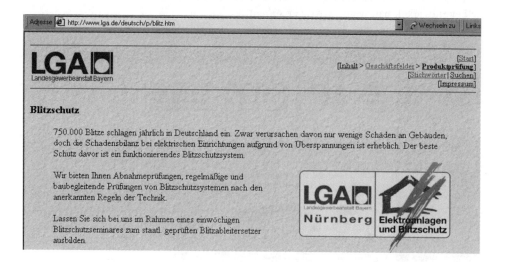

Internet-Adressen

www.aufzu.de

Dieser Informationsdienst hat immer auf und niemals zu. Die Seiten von **aufzu.de** beinhalten 368 Halbleiter-Hersteller mit Adressen in Deutschland, Telefon, Fax, E-Mail, WWW-Link und 223 Halbleiter-Distributoren, Broker und Versender in Deutschland, Österreich und der Schweiz. Auch viele und namhafte Hersteller von Überspannungs-Schutzbausteinen sind hier vertreten.

www.denkste.de

Die Informations-Drehscheibe von Verbrauchern – für Verbraucher. Hier kann zum Beispiel jedermann seine guten oder schlechten Erfahrungen, die er mit Blitz- und Überspannungsableitern sammeln konnte, eintragen. Alle Informationen und Hinweise zum Verbraucherschutz sind willkommen.

Anhang

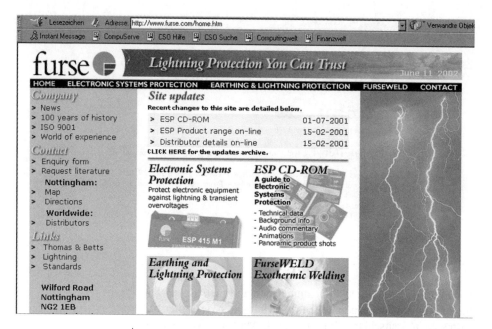

www.furse.com

Die Firma Furse ist unter anderem ein erfolgreicher Hersteller von Überspannungs-Schutzgeräten mit weltweitem Vertrieb.

www.elektra-versicherungen.de

Die Elektra-Versicherung ist ein Tochterunternehmen der Bosch Telecom GmbH mit Sitz in Stuttgart. Unter anderem versichert die Elektra auch Betriebsunterbrechung/Ertragsausfall bei Störung des Unternehmens.

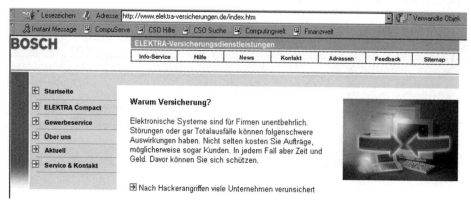

Internet-Adressen

www.swr-online.de

Das Südwest Fernsehen SWR zeigt auf seinen Internetseiten das fantastische Bild eines Erde-Wolke-Blitzes und erklärt auf der gleichen Seite, wie die Blitze entstehen.

www.meteoros.de

Hier gibt es Hunderte Seiten über leuchtende Nachtwolken, verschiedene Arten von Blitzen und vielen anderen Himmelserscheinungen bis hin zu vermeintlichen UFOs. Darüber hinaus ist von Claudia Hetze die Mythologie und Geschichte der Blitze sehr schön erklärt.

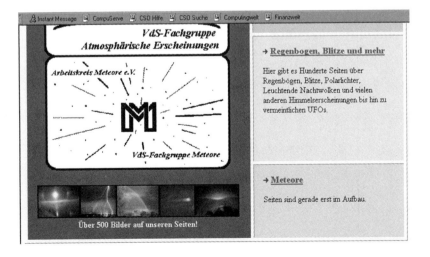

Anhang

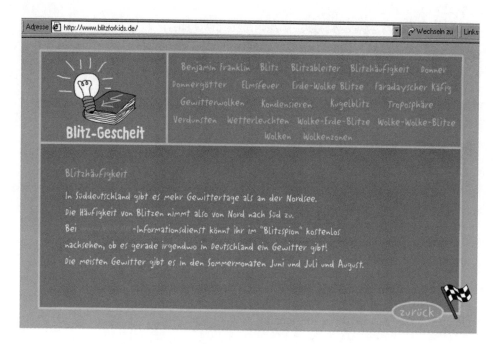

www.blitzforkids.de

blitzforkids.de bietet auf den Seiten Blitz-Gescheit viele, auch für Kinder verständlich geschriebene Erklärungen über Blitzableiter und rund um das Thema Blitz und Donner.

Begriffserklärungen

Ableiter
Ein Betriebsmittel, das aus spannungsabhängigen Widerständen und /oder Funkenstrecken besteht. Beide Bauteile können in Reihe oder parallel geschaltet sein oder einzeln angewendet werden. Sie haben die Aufgabe, Kabel und Leitungen sowie elektrische und elektronische Geräte vor Überspannungen zu schützen.

Ableitstoßstrom
Der Maximalwert des Stoßstromes, der nach dem Ansprechen durch den Ableiter fließt.

Ableitstrom
Der Strom, der betriebsmäßig von aktiven Teilen über die Betriebsisolierung zur Erde fließt.

Ableitung
Elektrisch leitende Verbindung zwischen dem Erder und der Fangeinrichtung.

Abtrennvorrichtung
Trennt einen Überspannungsableiter im Falle seines Versagens so vom Netz, dass eine Brandgefahr vermieden werden kann und der Defekt des Ableiters signalisiert wird.

Aktive Teile
Leitfähige Teile, die bei ungestörtem Betrieb unter Spannungen stehen.

Ansprechspannung
Der höchste Spannungswert, der vor dem Ansprechen des Ableiters an seinen Klemmen ansteht.

Asymmetrische Störung
Bei einer asymmetrischen Störung fließt der Störstrom von der Störquelle über die Leiter zur und über den Schutzleiter und/oder Potentialausgleichsleiter und die Erde zurück. Häufig wird auch der englische Begriff „common mode" verwendet.

Äußerer Blitzschutz
Gesamtheit aller Einrichtungen zum Auffangen und zum Ableiten des Blitzstromes in die Erdungsanlage.

Anhang

Auslösestrom der Abtrennvorrichtung

Effektivwert des Stromes durch den Ableiter, bei dem die Abtrennvorrichtung innerhalb von 30 Sekunden anspricht.

Berührungsspannung

Teil der Erdungsspannung, die von Menschen überbrückt werden kann. Der Stromweg verläuft beim Abgriff über den menschlichen Körper von der Hand zum Fuß oder von Hand zu Hand.

Bezugserde

Ein Bereich des Erdbodens, der von den zugehörigen Erdern so weit entfernt ist, dass als Folge eines Blitzeinschlages in die Erde keine messbaren Spannungen zwischen beliebigen Punkten des Erdbodens auftreten.

Blitznaheinschläge

Blitznaheinschläge verursachen Überspannungen mit einem Energieinhalt, der einen großen Teil der Gesamtenergie der Blitzentladung darstellt.

Blitzschutzanlage

Gesamtheit aller Einrichtungen für den äußeren und inneren Blitzschutz der zu schützenden Anlage.

Blitzstoßspannung 1,2/50

Die Blitzstoßspannung 1,2/50 hat eine Stirnzeit von 1,2 µs und eine Rückenhalbwertzeit von 50 µs (DIN VDE 0432)

Blitzstrom-Ableiter

Ableiter, über die Stoßströme fließen können, die als Folge eines direkten Blitzeinschlages oder eines Blitznaheinschlages entstehen. Der Ableiter darf beim Ableitvorgang nur dann zerstört werden, wenn der Energieinhalt des abzuleitenden Blitzstoßstromes größer ist als der Energieinhalt des genormten 10/350-µs-Stoßstromes.

Blitz-Überspannung

Überspannung, die als Folge einer Blitzentladung entsteht.

Bogenbrennspannung

Die Bogenbrennspannung ist der Augenblickswert der Spannung an einer Entladungsstrecke während eines Ableitvorgangs.

Begriffserklärungen

Burst
In einem bestimmten Zeitintervall wiederkehrende Störimpulse.

Direkte Blitzeinschläge
Direkte Blitzeinschläge verursachen Überspannungen mit einem Energieinhalt, der einen großen Teil der Gesamtenergie der Blitzentladung darstellt.

Elektromagnetische Beeinflussung
Die elektromagnetische Beeinflussung kann zum Qualitätsverlust des Betriebsverhaltens eines Betriebsmittels führen und Fehlfunktion oder den Ausfall von elektrischen und elektronischen Geräten verursachen.

Elektromagnetische Verträglichkeit
EMV ist die Fähigkeit eines Betriebsmittels, zufriedenstellend in seiner elektromagnetischen Umgebung zu funktionieren, ohne dass es dabei andere andere Betriebsmittel störend beeinflusst.

Erdboden
Ausdruck für die Erde als Ortsbezeichnung.

Erde
Die Bezeichnung für das Erdreich und den Erdboden sowie für die Kugel, auf der wir leben.

Erden
Erden heißt, ein elektrisch leitfähiges Teil über eine Erdungsanlage mit der Erde zu verbinden.

Erder
Ein elektrischer Leiter, der in die Erde eingebettet ist und mit ihr in leitender Verbindung steht. Teile von Zuleitungen zu einem Erder, die erdfühlig in der Erde liegen, gelten als Teile des Erders.

Erdreich
Ausdruck für den Erdboden als Stoffbezeichnung wie z.B. Kies, Gestein, Humus, Lehm und Sand.

Erdung
Die Gesamtheit aller Maßnahmen und Mittel zum Erden.

Anhang

Erdungsleiter

Ein Leiter, der ein Betriebsmittel mit einem Erder verbindet.

Erdungsstrom

Der durch einen Erder in die Erde fließende Strom.

Erdungsspannung

Die zwischen einem Erder und der Bezugserde auftretende Spannung.

Erdungswiderstand

Der Widerstand zwischen der Erdungsanlage und der Bezugserde. Früher waren für den Erdungswiderstand auch die Bezeichnungen Erdausbreitungswiderstand und Erdübergangswiderstand üblich.

Fachkraft

Als Fachkraft bzw. Fachmann gilt, wer auf Grund seiner fachlichen Ausbildung Kenntnisse und Erfahrungen der einschlägigen Bestimmungen besitzt und die ihm übertragenen Arbeiten ausführen sowie beurteilen kann. Darüber hinaus muss die Fachkraft mögliche Gefahren erkennen können.

Fangeinrichtung

Gesamtheit der Metallteile an und auf der baulichen Anlage, die zum Auffangen des Blitzes dienen.

Ferneinschläge

Verursachen Überspannungen mit einem verhältnismäßig geringerem Energieinhalt.

FI-Schutzschalter

FI-Schutzschalter sind Schutzschalter, die ausschalten, wenn der Fehlerstrom gegen Erde einen bestimmten Wert überschreitet. Die üblichen Werte sind 30 mA, 0,3 A und 0,5 A.

Folgestrom

Der einem abgeleiteten Stoßstrom folgende Netzstrom, der mit seinem Scheitelwert angegeben wird.

Fundamenterder

Leiter, der in das Betonfundament eines Gebäudes eingebracht ist.

Begriffserklärungen

Gasentladungsableiter

Eine Entladungsstrecke mit einem anderen Füllgas als Luft; im Allgemeinen werden Edelgase für die Füllung verwendet.

Gleitentladungsableiter

Eine Entladungsstrecke, bei der die Gasentladung durch Gleitentladung eingeleitet wird.

Grenzableitstoßstrom

Ein Stoßstrom mit der Wellenform 8/20, bei dem die Abtrennvorrichtung üblicherweise anspricht, ohne dass der Ableiter einen mechanischen Schaden nimmt.

Innerer Blitzschutz

Gesamtheit der Maßnahmen gegen die Auswirkungen des Blitzstromes mit seinen elektrischen und magnetischen sowie elektromagnetischen Feldern auf elektrische und elektronische Anlagen.

Kopplung

Eine Wechselwirkung zwischen Stromkreisen, bei der Energie von einem Kreis auf einen anderen Kreis übertragen wird.

Längsspannung

Die Längsspannung ist die im Beeinflussungsfall zwischen den aktiven Leitern und Erde oder einem geerdeten Leitungsschirm auftretende Spannung.

Löschspannung

Die Löschspannung ist für Ableiter mit Funkenstrecke der maximal zulässige Effektivwert der Netzspannung, bei dem kein Netzfolgestrom zum Fließen kommen kann. Diese Spannung kann ständig am Ableiter anliegen.

N-PE-Ableiter

Ableiter, die nur für die Installation zwischen N-Leiter und PE-Leiter zulässig sind.

Näherungen

Die Näherung ist ein zu geringer Abstand zwischen Blitzschutzanlage und metallenen Installationen oder elektrischer Anlagen, bei der die Gefahr eines Überschlages bei einem Blitzeinschlag besteht.

Anhang

Nennableitstoßstrom

Der Nennableitstoßstrom ist der Scheitelwert eines Stoßstromes mit der Wellenform 8/20 µs.

Nennspannung

Die Nennspannung ist ein Spannungswert, der sich für den Betrieb eines Betriebsmittels eignet. Dieser Wert wird vom Hersteller angegeben und darf nicht wesentlich unter- oder überschritten werden.

Oberflächenerder

Ein Erder, der ca. 0,5 m tief ins Erdreich eingebracht wird. Der Oberflächenerder kann z.B. aus Rund- oder Flachleitern bestehen und als Strahlen- oder Ringerder ausgeführt sein.

Potentialausgleich

Potentialausgleich ist das Beseitigen von Potentialdifferenzen zwischen leitfähigen Teilen. Bei einem wirkungsvollen Potentialausgleich müssen alle Punkte annähernd gleiches Potential annehmen.

Potentialausgleichsanlage

Gesamtheit der miteinander verbundenen Potentialausgleichsleiter, einschließlich der in gleicher Weise wirkenden leitfähigen Teile.

Potentialausgleichsschiene

Verbindet Schutzleiter, Potentialausgleichsleiter und Leiter für die Funktionserdung über den Erdungsleiter mit den Erdern.

Potentialausgleichsleitung

Eine elektrisch leitende Verbindung zum Herstellen des Potentialausgleichs.

Potentialsteuerung

Maßnahme zur Beeinflussung des Erdoberflächenpotentials, die durch eine besondere Anordnung von Erdern zur Verminderung der Schrittspannungen führt.

Querspannung

Die im Beeinflussungsfall zwischen zwei Leitern eines Stromkreises auftretende Spannung. Für symmetrische Störung wird auch häufig der englische Begriff „differential mode" verwendet.

Restspannung

Die Restspannung wird angegeben mit dem Scheitelwert der Spannung, die an den Klemmen des Ableiters beim Fließen des Ableitstoßstromes anliegt.

Ringerder

Ein Oberflächenerder, der in ca. 0,5 m Tiefe als geschlossener Ring um das Gebäude verlegt ist.

Schalt-Überspannung

Überspannung, die eine Schalthandlung verursacht.

Schrittspannung

Ein Teil der Erdungsspannung, den ein Mensch mit einem 1 m langen Schritt überbrückt.

Schutzbereich

Der Schutzbereich ist ein Raum, der durch eine Fangeinrichtung vor Blitzeinschlägen geschützt ist.

Schutzpegel

Der jeweils höhere Wert aus der 100%-Ansprechstoßspannung und der Restspannung beim Fließen des Nennableitstoßstrom.

Schutzwinkel

Winkel zwischen der senkrechten und der äußeren Begrenzungslinie des Schutzbereiches durch einen beliebigen Punkt einer Fangeinrichtung.

Selektive FI-Schutzschalter

Selektive FI-Schutzschalter sind Schutzschalter, die zeitlich verzögert auslösen und durch hohe Stromstöße mit der Wellenform 8/20 µs (meist 3 kA oder 5 kA) nicht fehlauslösen.

Staberder

Vertikal in die Erde eingebrachter einteiliger Stab aus elektrisch leitendem Material.

Anhang

Störquelle
Die Störquelle ist der Verursacher von einer oder mehreren Störungen.

Störsenke
Eine elektrische Einrichtung, deren Funktion durch Störungen beeinflußt werden kann. Die Beeinflussung der Funktion kann bis zum Funktionsausfall führen.

Störspannung symmetrisch
Störspannung zwischen zwei Adern einer Leitung bzw. zwischen zwei Anschlussstellen einer elektrischen Einrichtung, an der diese Leitung aufliegt.

Störspannung unsymmetrisch
Störspannung zwischen einer der Adern einer Leitung und/oder einer Anschlussstelle einer elektrischen Einrichtung, an der diese Leitung aufliegt, und dem Bezugspotential.

Stoßstrom 8/20
Der Stoßstrom 8/20 hat eine Stirnzeit von 8 µs und eine Rückenhalbwertzeit von 20 µs.

Strahlenerder
Oberflächenerder aus Einzelleitern, die in der Regel strahlenförmig verlegt sind.

Symmetrische Störung
Symmetrisch heißt, dass die Störquelle erdpotentialfrei ist. Die Störgröße wandert von der Störquelle auf einen Leiter in Richtung Störsenke, und auf dem anderen Leiter kehrt sie zurück. Häufig wird auch der englische Begriff „differential mode" verwendet.

Tiefenerder
Erder, der einige Meter tief und vertikal ins Erdreich eingebracht wird. Der Tiefenerder kann aus Rohr-, Rund- oder anderem Profilmaterial bestehen und zusammensteckbar sein.

Temperaturbereich
Der Bereich zwischen der minimalen und maximalen Temperatur, die am und im Gehäuse entstehen darf.

Begriffserklärungen

Transiente

Eine nichtperiodische und relativ kurze positive und/oder negative Spannungs- oder Stromänderung zwischen zwei stationären Zuständen.

Trennfunkenstrecke

Funkenstrecke zur Trennung von elektrisch leitenden Anlageteilen von der Blitzschutzanlage. Bei einer Blitzbeeinflussung werden die Anlageteile durch das Ansprechen der Funkenstrecke vorübergehend leitend verbunden.

Trennstelle

Lösbare Verbindung in einer Ableitung, die zur Prüfung der Blitzschutzanlage geöffnet wird.

Überspannung

Eine Spannung, die zwischen den Leitern oder zwischen Leiter und Erde in fehlerfreien Anlagen dauernd oder kurzzeitig auftreten kann. Eine Personengefährdung und schädigende bzw. zerstörende Wirkungen auf Leitungen und Geräte ist als Folge einer Überspannung zu erwarten.

Überspannungsableiter

Ein Gerät, das zur Begrenzung von Stoßspannungen geeignet ist, wie sie als Folge von Blitzferneinschlägen, Schalthandlungen oder elektrostatischen Entladungen entstehen.

Überspannungsbegrenzer

Überspannungsbegrenzer sind Bauteile und Schutzschaltungen, die Überspannungen in Anlagen bzw. Geräten auf zulässige Werte begrenzen.

Überspannungsschutzeinrichtung

Überspannungsbegrenzer aller Einrichtungen in Fernmeldeanlagen, einschließlich deren Leitungen, die dem Überspannungsschutz dienen.

Überspannungsschutzvorkehrung

Ein Element, eine Gruppe oder eine Einrichtung, die eventuelle Überspannungen begrenzt.

Anhang

Varistoren

Ein Widerstand mit symmetrischer Spannungs-Stromkennlinie, dessen Widerstandswert mit steigender Spannung abnimmt.

Ventilableiter

Ein Überspannungsschutzgerät zur Verbindung der Blitzschutzanlage mit aktiven Teilen der energietechnischen Anlage, z.B. bei Blitzüberspannungen. Er besteht aus einem Varistor und einer Funkenstrecke in Reihenschaltung.

Zu schützendes Volumen

Das Volumen einer baulichen Anlage oder ein Bereich, für den Blitzschutz empfohlen wird.

Nachts im Sturme
    auf dem Turme,
im Gewitter
    stand ein Ritter
in der Rüstung
    an der Brüstung
eines Schlosses
    seines Bosses,
der war Graf
    und lag im Schlaf.
Schnarchend träumt er,
    drum versäumt er,
wie sein Weibchen
    nur im Leibchen
stieg voll Minne
    hoch zur Zinne
zu dem Ritter
    im Gewitter.
Der war stolz,
    doch nicht aus Holz.
War Genießer
    und kein Büßer
und statt Wache
    auf dem Dache
seines braven
    edlen Grafen,
spielt er Haschen,
    um zu Naschen.
Spielt Entdecker
    und Schmecklecker.
Ei, der Daus!
    Das hat er raus!
Solche Sitten
    sind umstritten.
Konkubine
    fordert Sühne.
Und der Ritter
    zahlte bitter.
Blitz traf Brüstung,
    fuhr in Rüstung,
die zermalmte,
    Ritter qualmte
- laut Legende -.
    Und starb er sehr behende.
Auf seinem Grabstein stand
    von Ihrer zarten Hand:
Minnedienste sind gefährdet,
    ist die Rüstung nicht geerdet.

Zu Gast auf Burg Blomberg

4933 Blomberg/Lippe
Telefon (05235) 5001-0
Telefax 500145

Mit ritterlichem Gruß

Der direkte Weg zum Buch

Telefon: 0241/88909-66
Telefax: 0241/88909-77
Internet: www.elektor.de

Die erfolgreiche Montage einer SAT-Anlage

H.J. Geist /

Neu im Buch: Digitaler SAT-Empfang

Mit einem auch für Laien verständlich geschriebenen Text, der alle wichtigen handwerklichen und technischen Informationen für die Planung, Installation, Inbetriebnahme und Nachrüstung von Satellitenempfangsanlagen enthält, wird mit vielen Beispielen, Bildern und Planzeichnungen die Vorgehensweise bis ins Detail dargestellt.

Ein weiteres wichtiges Thema in diesem Buch ist die Mehrteilnehmeranlage, die es, mit einem oder mehreren Nachbarn gemeinsam gekauft, ermöglicht, Geld zu sparen, und die Gebäude vor unkontrolliertem Schüsselwuchs bewahrt.

253 Seiten, zahlreiche Abbildungen und Tabellen + 3,5" Diskette mit dem Programm TV-SAT.

€ 29,80

Elektroinstallation, Planung und Ausführung

H.J. Geist /

Besonders wertvoll, lehrreich und informativ

Von einfachen Installationsschaltungen bis hin zu der Montage von Antennen und Telefonanlagen zeigt Ihnen dieses Buch alles was für Planung, Ausführung und Prüfung von elektrischen Anlagen wichtig ist. Nicht nur Grundlagen der Befestigunstechnik, Elektrotechnik, und Elektroinstallation werden hier vermittelt, sondern alle üblichen Installationspraktiken haben wir für Sie, mit sehr vielen Bildern und Planzeichnungen, anschaulich dargestellt.

Darüber hinaus wird auch der gesamte Weg der Elektrizität von der Stromerzeugung im Kraftwerk bis hin zur Steckdose ausführlich beschrieben.

400 Seiten, **567** Bilder, Zeichnungen und Tabellen + **CD**-ROM.

€ 34,80

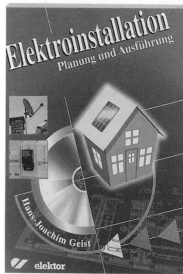

Großes Praxisbuch der Kommunikationstechnik

H.J. Geist /

Besonders wertvoll, lehrreich und informativ

Die modernen Kommunikationstechniken mit ihren Möglichkeiten, wirken auf manchen wie ein undurchdringbarer Dschungel, in dem man hoffnungslos verloren ist. Dieses Praxisbuch hilft das Dickicht zu überwinden. Von der einfachen Montage eines Telefonapparates über die Installation von modernen ISDN-Anlagen, bis hin zum schnellen ADSL Internet-Anschluss, ist in diesem Buch alles beschrieben. Darüber hinaus erklärt der Autor drahtlose Kommunikations- einrichtungen, zu denen Satelliten-, Mobil-, Bündel-, CB-, LPD-, Freenet- und Amateurfunk gehören.

320 Seiten + CD-ROM mit einigen Vollversionen und viel Freeware.

€ 34,80